U0739441

中国社会转型研究书系

刘爱华◎著

手工作坊生产与社会交换：
——以江西文港毛笔为个案

中国社会科学出版社

图书在版编目（CIP）数据

手工作坊生产与社会交换——以江西文港毛笔为个案／刘爱华著．—北京：
中国社会科学出版社，2015.9
（中国社会转型研究书系）
ISBN 978-7-5161-5788-6

Ⅰ．①手…　Ⅱ．①刘…　Ⅲ．①乡镇—毛笔—手工业史—研究—进贤县
Ⅳ．①TS951.11-092

中国版本图书馆 CIP 数据核字（2015）第 059087 号

出 版 人	赵剑英	
责任编辑	喻　苗	
责任校对	胡新芳	
责任印制	王　超	

出　　　版	中国社会科学出版社	
社　　　址	北京鼓楼西大街甲 158 号	
邮　　　编	100720	
网　　　址	http://www.csspw.cn	
发 行 部	010-84083685	
门 市 部	010-84029450	
经　　　销	新华书店及其他书店	

印　　　刷	北京君升印刷有限公司	
装　　　订	廊坊市广阳区广增装订厂	
版　　　次	2015 年 9 月第 1 版	
印　　　次	2015 年 9 月第 1 次印刷	

开　　　本	710×1000　1/16	
印　　　张	21.5	
插　　　页	2	
字　　　数	342 千字	
定　　　价	76.00 元	

凡购买中国社会科学出版社图书，如有质量问题请与本社营销中心联系调换
电话：010-84083683

版权所有　侵权必究

目 录

图目录

表目录

绪　论

在人类所有一切能够谋生的职业中，
最能使人接近自然状态的职业是手工劳动。①

——［法］卢梭

民间手工艺是我国传统社会一种重要的生产方式。在传统社会格局中，商品经济发展缓慢，商品交换落后，家庭手工业的兴起及民间手工艺的发展，弥补了商品经济落后条件下生活用品的匮乏及流通的不畅，而产品在一定范围内的销售，所得收入也贴补了家庭的开支，丰富了人们的经济生活。手工艺是一种以手工劳作为基础的民间技艺，它通过劳动者的双手去感受自然物、改造自然物，渗透着劳动主体的丰富情感，民俗文化气息厚重。同时，手工艺人群体或工艺社会，在社会变迁中，由于不断参与社会交换、人际交往，其社会流动、社会分层也会随之发生变迁，这样社会组织民俗、产销民俗等亦渗透于手工艺人日常生活中。因而，可以说，民俗文化无时不有，无处不在，不仅充斥于手工艺人工艺创造活动中，也弥漫于其日常生活中。

本书着眼于制笔技艺及笔业社会的调查，以江西文港毛笔（统称赣笔）为个案，从社会生活史的视角来探讨毛笔制作技术民俗、毛笔产销民俗、笔业社会的竞争、笔业社会的权力交换、笔业社会的结构、笔业的未来发展路径等问题，旨在从整体上思考手工作坊生产的深层次问题，探讨笔业发展困境的诸多层次因素，为现实的非物质文化遗产保护提供可参考的视角和思路。

---

① ［法］卢梭：《爱弥儿：论教育》上卷，李平沤译，人民教育出版社 2001 年版，第263 页。

第一节　文港毛笔作为研究对象的思考

对传统手工艺的研究，民俗学者一般是从更广泛意义上的民间艺术或民间工艺美术的角度进行的。钟敬文认为："民间艺术是民俗现象的组成部分。在人们的日常生活中，民俗处处存在，民间艺术同样处处存在。没有一个活着的人能脱离风俗习惯而生存，也没有一个人能够完全不与民间艺术（例如种种工艺美术品）发生关系。"① 钟先生所说的民间艺术自然包括民间手工艺，他这种从生活层面来思考民间艺术与民俗关系的研究范式也成为民俗学者民间手工艺研究的参考规范与遵循模式。

本书的研究对象是江西省进贤县文港镇（见图0—1②）的毛笔业。文港，是北宋宰相、著名词人晏殊的故里，民风淳朴，文化气息浓郁。在赣文化的熏陶下，文港人从一出生就与毛笔结缘，加之田地少，毛笔制作便成为当地人的主要家庭副业。文港毛笔制作历史悠久，一说其辖内周坊村东汉末年从河南汝州迁徙而来，其毛笔制作技艺源自秦都咸阳，③ 一说其辖内邹姓是山东迁来的，其毛笔制作技艺源自山东省邹县（今邹城市），在西晋时传入，至今有1600多年的历史。④

文港当地流传"出门一担笔，进门一担皮"的俗谚，就是说过去文港人制笔自产自销，毛笔制好后，自己要用担子挑出去销售，并沿途收购一些制笔材料——皮毛。皮毛除了作为制笔材料外，还可以用来做衣服，渐渐地，和毛笔制作技艺相伴随而生的是皮毛业，皮毛贩卖也就衍生成文港另一个重要产业。"文港人的聪明的祖先们，自从会做笔的那天起，就在兽毛上打起了主意。起初，只在外地收购一些兽皮做笔头，被（注：把）拔下背毛、尾毛的兽毛做些衣服和帽子。后来，便买进皮来自己家，拔毛、做笔、卖笔、买皮。一家一户都把笔和皮合二

① 钟敬文：《关心民俗遗产抢救民间艺术》，《西藏艺术研究》1989年第1期。
② 书中图表除注明外，均为笔者拍摄或制作，后不再一一标注。
③ 陈良学：《明清川陕大移民》，中国文联出版社2009年版，第343页。
④ 聂国柱、陈尚根主编：《江南毛笔乡》（内部资料），1993年，第8页。

为一连在一起，出门挑一担笔去卖，进门挑回买来的一担皮。文港人这一特别的行当，远近闻名。无论是大街上还是乡间小道上，凡是挑笔的，挑皮的，必是文港人无疑。"①

图0—1 文港镇大街远眺

千百年来，制笔、收皮、卖笔成为文港人生活的三部曲。而这样一种传统生活方式和谋生手段，薪火相传，成就了文港毛笔史的辉煌。清代制笔名师周坊村②人周虎臣，出身制笔世家，先后在苏州、上海开设笔店，其创设的笔店因乾隆的题匾而声名远扬。晚清时期前塘村③人邹发荣一路卖笔至武汉时才"卸下笔担"，开设"邹紫光阁"笔店，以家乡前塘村为制笔基地，以汉口为销售中心，在重庆、成都、南京等地设立分店，形成了产、供、销一条龙的庞大体系，影响深远。"上海周虎臣"、"武汉邹紫光阁"、"北京李福寿"与"湖州王一品"并称中国四大名笔，而前两个品牌的创立者周虎臣与邹发荣均为文港镇人，当地毛

---

① 郭传义：《华夏笔都》，新华出版社1993年版，第67页。
② 制笔名家周虎臣故里，毛笔制作专业村，明清时期古建筑保存较好，2010年被中国民族建筑研究会授予"中国民族优秀建筑——历史文化古村镇示范项目"荣誉称号。
③ 毛笔名店邹紫光阁创立者邹发荣的故里，民国时期作为邹紫光阁的毛笔生产制作基地。

笔产业之繁盛可见一斑。

作坊是毛笔制作技艺传承的生产空间，也是社会交往空间。在文港，人们以作坊为单位进行毛笔制作，技术民俗的传承主要依靠父传子、母传女的亲属关系链；人们白天种地，晚上制笔，赶上农历尾数为一、四、七的日子就参加镇上的"笔市"（见图0—2），产销结合。在当集的日子，全国各地客商云集，人头攒动。

毛笔制作技艺技术性强，分工细，包括笔头制作（俗称水作）、笔杆制作（俗称干作）、皮毛加工、笔杆装饰、制笔模具加工等多种分工门类。其中笔头制作最为繁杂精细，也是毛笔制作的核心部分，一支毛笔的好坏，全在毛笔头的做工上。从原材料到毛笔制成，主要包括水作、干作和笔、杆组合三个部分，工序较多，据统计，目前文港毛笔制作较精细的需要128道工序，[①] 可见毛笔制作的精细与繁杂程度。

图0—2　笔市成品区一角

"药不过樟树不名，笔不到文港不齐。"文港毛笔品种繁多，笔类

---

① 因艺人个人对制笔要求不同，很难做出完全统一的统计，据笔者观察及与文港制笔名家交流，毛笔制作工序远在128道之上。如果把制笔前的准备工作计算在内，大概一支毛笔从原料（原料加工除外）到成笔需要140—150道工序。而要完整观看完一支笔的制作过程，大约需要10天。

齐全，林林总总，有狼毫、羊毫、紫毫、石獾、斗笔、眉笔、条屏、排刷等 8 大类，1000 多个品种。同时传统毛笔产业的发展，形成了从毛笔制作、制笔模具加工到包装、专业运输、原材料供应等完备的产业链条，而这种产业集群效应，甚至带动了钢笔、中性笔、圆珠笔、水芯笔等相关产业的发展。如今，文港生产的毛笔、金属笔分别占国内市场销售额的 70% 和 50%，已成为中国制笔业的中心。有大小生产企业 3100 余家，在全国各大、中城市设立营销窗口 5000 多个，经销人员 1.2 万人，是全国最大的文化用品生产集散基地。2011 年，文港产销毛笔 6 亿支，实现产值 12.85 亿元，年出口创汇 3000 万美元。[①] 对比湖笔，赣笔并不逊色，相反，近年来在从业人员、产量、产值等方面都远远超过湖笔。《2009 年湖州蓝皮书》内有《关于湖笔产业传承与发展的对策研究》一文，对湖笔传承发展困难因素分析中多次提及赣笔近年来的迅猛发展态势，"（湖笔外部竞争激烈）随着优质原材料成本的上涨、劳动力价格的地区差异（如以日为计算，江西文港笔工的工资 18 元/天，湖州善琏笔工的工资 40 元/天，是文港笔工报酬的 1 倍还多[②]），处于毛笔市场'低端'的文港毛笔相对成本偏低，价格上的优势凸显，再加上市场意识较强和经销方式灵活，文港毛笔在市场上'异军突起'，占据了较大份额，而湖笔在国内外的市场占有率由 20 世纪 80 年代的 25% 左右，降到现在的 20% 左右"。[③] 赣笔的快速发展，也逐步为国内笔业界所认同。2004 年，中国轻工业联合会、中国制笔协会、中国文房四宝协会联合授予文港镇"华夏笔都"的荣誉称号（见图 0—3）。2006 年，文港毛笔制作技艺荣登江西省首批非物质文化遗产名录。2007 年，中国毛笔文化博物馆在文港奠基。2008 年江西省文化厅命名文港镇文化产业基地为首批省级文化产业示范基地。2010 年，全国首家毛笔文化研究机构——华夏笔都中国毛笔文化研究所在文港挂牌成立。

---

①　骆辉：《文化产业园为文港插上腾飞之翼》，《南昌日报》2012 年 3 月 21 日第 1 版。

②　这里的分析是不够客观的，从笔者调查来看，文港青壮年笔工一般都在 40—50 元/天，老年笔工也在 35 元/天以上，把文港毛笔归为"低端"、成本低是不符合实际的。湖笔的衰弱或赣笔的发展，据笔者与多位制笔技师的交谈，应为文港人自知商业环境劣势，因而敢于冒险、走出去，延续着"跑市场"的传统，使毛笔制作与市场需求紧密衔接，以适应不断变化的市场多元化用笔需求。

③　朱翔主编：《2009 年湖州蓝皮书》，杭州出版社 2009 年版，第 146 页。

图 0—3　"华夏笔都"牌匾

　　当然，文港毛笔的崛起，和中国区域经济产业结构整体转型也有关，东部沿海地区经济发达，劳动力成本较高，发展资源型传统产业难以持续，因而，近年来正在加快产业结构转型，大力发展科技含量较高的文化产业、服务业，产业升级换代的结果，必然导致劳动密集型的传统产业向中西部欠发达地区转移。这样就为江西文港毛笔产业发展提供了难得的发展机遇，加上文港长期以来积淀的毛笔产业发展基础，使得今天的文港毛笔产业全面辉煌。但是在这一繁荣景象的背后也存在潜在的危机，由于工具理性主义无限扩张，科技化、现代化的迅猛发展，世界观、价值观的变迁，发展机遇与社会诱惑的增多，年轻人不用固守在家乡从事与社会发展"脱轨"的传统手工艺，向外发展的比较效益更高，因而他们都不愿从事这种地位低下、辛苦且收入微薄的制笔工作，也就是说整个社会文化生态发生了急剧的变迁。正如有的学者所指出的，"各种民间艺术品类及其内涵的衰微或演变，正是由于民间文化生态的演化或转变"。① 这种文化生态的变迁，在科技理性主导下的现代社会表现得尤为剧烈。

　　毛笔制作技艺，作为一种文化厚重的传统手工艺，在文化生态的迅

---

　　① 唐家路：《民间艺术的文化生态论》，清华大学出版社 2006 年版，第 44—45 页。

速变迁中，其技术民俗发生了怎样的变化？毛笔制作技艺传承状况如何？毛笔产销民俗、组织民俗又如何变化？反映在制笔技艺、制笔技师群体、笔业社会等方面各有什么表现，存在什么联系？笔业的特殊性在什么地方？笔业衰微的原因有哪些？其中内在的最主要原因又是什么？对笔业社会群体流动、笔业社会秩序产生了怎样的影响？笔业有无"复兴"的可能？诸如此类的一系列问题，都是亟待解决的既具理论又具实践价值的问题，基于此，笔者选取文港毛笔作为个案，旨在从整体上围绕传统手工艺品、手工艺人、艺人社会即自然—人—社会三个层面去探讨传统手工作坊生产在当代的境遇及未来发展，不仅仅停留于遗留物的基点去思考如何保护传统手工艺这种非物质文化遗产，而是从生产力、文化价值、生活方式、社会结构、产业结构等方面综合考虑传统手工艺在当代市场社会所呈现的多维图像，从社会生活的层面去全面审视技艺、艺人与社会三者的相互联系，深入认识和理解传统手工作坊生产这样一种民间艺人的生产方式和生活方式在当代社会的变迁。

第二节　文港毛笔研究的价值与意义

一　有助于深化生产技术研究，拓宽民俗学研究的领域

长期以来，民俗学都专注于研究精神民俗事象，诸如民间信仰、岁时节日、人生礼仪、民间口头文学等，在这些领域成就较大，已奠定较坚实的学术基础。而对物质民俗的研究缺乏应有的关注，即使对物质民俗有所涉及，也只是立足于挖掘其物质技术的文化内涵、社会功能、审美价值等，对技术、工艺本身的研究较少。

直到近年，一部分青年学者才开始重视这方面的研究，开始探讨物质生产民俗的价值和意义。但总体而言，物质民俗的生产民俗、技术民俗研究还处在起步阶段，尤其是深入的个案性研究还很缺乏。

本书从社会生活史的视角去观照传统民间手工艺与社会生活的关系，通过文港毛笔业这一个案，尝试从毛笔制作技术民俗、毛笔产销民俗、毛笔组织民俗、毛笔艺人生活、笔业产业结构、笔业社会结构等方面综合考察制笔技艺、笔业社会的变迁及未来走向。毛笔制作技艺，属

于传统民间手工艺,是专业工匠集团所从事的一种专门化的生产活动,工艺性、技术性很强,但同时它又是制笔技师或笔工的主要谋生手段,因而既是一种生产方式又是一种生活方式。在当代社会,制笔技艺发生了什么变化? 笔业社会结构如何? 其影响因素是什么? 它们如何影响制笔风格,或者说笔业社会的民俗文化发生了怎样的变迁? 这样一些问题都是值得重视的,也是本书需要解决的。

毛笔文化研究属于一个交叉领域,艺术学、技术史学、美学、人类学、历史学、经济学等学科对其都有涉足,因而,把毛笔文化研究纳入民俗学的视野,从这个意义上来说,本书深化了民俗学对物质生产民俗、技术民俗,甚至经济民俗的关注和研究,拓宽了民俗学的研究领域,对民间剪纸、风筝、年画、版画、雕刻等民间手工艺或民间艺术进行物质生产技术民俗研究与分析提供了一定的借鉴意义。

二　有助于深入理解和阐释艺人的生活世界,彰显民俗学的人文关怀精神

民间手工艺不仅仅是一种技艺,若以实证科学的眼光来看待它,仅仅视其为技艺,就意味着"现代人漫不经心地抹去了那些对于真正的人来说至关重要的问题"。① 实际上,在技艺之外还存在另一更广阔的世界,也就是艺人的生活世界。胡塞尔认为日常生活世界(unsere alltägliche Lebenswelt)"是作为唯一实在的,通过知觉实际地被给予的、被经验到并能被经验到的世界",生活世界是自然科学的被遗忘了的意义基础。② 生活世界不同于"客观的"、"真实的"自然世界,它是对后者的重要补充。以民间手工艺来说,不管其风格如何变化,都始终离不开制造它的人,它的制造者——艺人始终居于主体性的地位,而后者在制造时又往往受到诸多主观因素的影响,因而,民间艺人的生活世界就是诸多变化性主观因素的共同叙事,诸如艺人的兴趣、动机,身心状况、生活境遇,政府政策等等,都可能最后影响到民间手工艺的风格与质量。因而,艺人技艺传承很大程度上是在主观因素的"藩篱"中完

---

① 〔德〕胡塞尔:《欧洲科学的危机与先验现象学》,载《胡塞尔选集》下,上海三联书店 1997 年版,第 981 页。

② 同上书,第 1027 页。

成，胡塞尔指出在"客观的"、"真实的"世界不存在一个可感知可经验的东西，而"生活世界中的主观性的东西在每个人那里恰好都是通过他的现实的可经验性才能得以表明的"。①

作为一门感受和阐释基层民众生活文化的学科——民俗学，深入体察和关心基层社会民众的生活及其精神世界应为其一以贯之的学术追求和旨趣，尤其是在文化生态急剧变迁的今天。正如德国民俗学者海尔曼·鲍辛格（Hermann Bausinger）所阐述的，"如果我们要以正确的方式执著于这一学科固有的研究对象，或者说，从现在开始才真正执著于民俗学应有的研究对象的话，那么民俗学就必须关涉到'小人物的真实世界'：在分析民众生活的社会环境时，不应该有任何神话性的和浪漫的声音"②。

由以上分析可知，对于文港毛笔业的解读，不但要做工艺流程、技术要领的分析，还要从生活文化的视角去理解艺人的技艺观、生活观、价值观及实践感受，去体验艺人的日常生活与精神状态，从自然—人—社会相互作用的关系中宏观地理解毛笔制作风格、制笔技师或笔工的技艺观、笔业社会结构及毛笔的保护与传承等问题，分析和阐释隐藏在民间手工艺背后的广阔生活世界。

三 有助于重新审视民间手工艺的价值与意义，探寻其可能发展路径

当代，工具理性的极度膨胀，科学技术的迅猛发展，伴随经济全球化的同时，西方文化的"全球化"也逐步向世界各个角落渗透，致使不少区域性的传统民族文化也迅速消亡。"在这个巨大而威猛的全球性的文化面前，所有地域性、民族的文化都会逐渐退到边缘。……每种文化对于其他文化来说都是一种'异性'，相互不能替代。文化的最高价值曾经被确定为独特性。"③ 因而，作为一个民族国家，有必要保护自

---

① ［德］胡塞尔：《生活世界现象学》，倪振梁、张廷国译，上海译文出版社2005年版，第271页。

② ［德］沃尔夫刚·卡舒巴：《面对历史转折的德国民俗学》，吴秀杰译，《民间文化论坛》2007年第1期。

③ 冯骥才：《紧急呼救——民间文化拨打120》，文汇出版社2003年版，第59页。

己独特的民族文化，如果失去培育自己文化的民族土壤，文化的精神家园也必然随之失去。"民族文化是民族存在的标志，当任何一种文化失去其'民族性'时，它作为一个独立的文化也就不存在了。"① 民间手工艺作为民族文化下层文化的重要表现形式，也是一个民族赖以存在的根性文化，为民族文化的传承发展提供了肥沃土壤。民间手工艺依靠手工劳作方式，是具有情感、饱含温暖的体化实践的产物，也是具有人的品性和体温的一种个性化的文化符号。②

在当代，民间手工艺"在人类自身的发展过程中，在满足使用（广义的）这个前提下，其价值主要体现为精神的价值——艺术性"③。也就是说，它的更大价值在于满足人们的精神需求。从生产民俗、技术民俗的视角来说，其精神的价值就是文化持有者因技术掌握程度的不同而内化于劳动过程的技术体验、生活价值观、文化观、实践感等等。从这个意义上来说，民间文化保护不仅仅需要保护民间手工艺的载体即技术产品——物，更应该关注和理解民间手工艺的主体——人。而人是生活在一定社会中的，所以我们不能离开民间艺人的社会生活来谈其人，来谈其手工艺。当然，生产民俗、技术民俗的存在离不开技术操作过程，离不开生产过程。因而，在现代技术社会，面对经济与科技的高速发展，文化生态的急剧变迁，如何传承和保护承载着厚重传统文化内涵的民间手工艺，如何以关怀的眼光去理解民间文化持有者，是一个值得深入研究和探讨的问题。文港毛笔，作为一个地方标志性文化符号，它的产生、发展及未来走向蕴含着哲学层面上人的存在的精神关怀与反思，因而，对其深入研究，重新审视民间手工艺在现代技术社会存在的价值与意义，体现了民俗学的现实参与功能及深切的人文关怀精神。

---

① 于沛：《反"文化全球化"——经济全球化背景下对文化多样性的思考》，《史学理论研究》2004年第4期。

② 这里强调包括民间手工艺在内的民族文化保护的重要性并非是无奈的守望，民族文化的新陈代谢是必然的，也是不可逆转的，否则人类就无法进步，因而，保护的目的是维护本土文化环境中文化的自然消长，维护民族文化线性传承延续的精神纽带，否则，在西方文化迅猛冲击之下必然导致民族文化的"真空"，民族国家也就失去了所依附的精神栖居之地。

③ 杭间：《手艺的思想》，山东画报出版社2003年版，第19页。

第三节　国内外相关研究综述

文港毛笔虽然是一个区域性的文化现象，但并不是一个孤立的个案，类似的研究在国内外有很多，为本书深入研究提供了一定的参考和依据。鉴于本书研究牵涉太广，相关研究比较庞杂，因此本节并不打算全面梳理相关研究成果，而主要从本书必然涉及的相关领域或理论出发，从以下三方面进行简单的勾勒。

一　关于物质生产民俗、技术民俗及经济民俗的相关研究

自 1846 年英国古物学者汤姆斯（William Thoms）创设"民俗学"（folklore）这个词汇以来，民俗学就和神话传说、风俗习惯、仪式信仰等精神文化现象紧密联系在一起。英国民俗学者班恩女士（Charlotte Sophia Bume）进一步丰富和深化民俗的内涵，在 1914 年出版的《民俗学手册》中提出了一句为民俗学者广为征引且对民俗学科影响深远的形象的对比式阐释语："引起民俗学者注意的，不是耕犁的形状，而是犁田者推犁入土时所举行的仪式；不是渔网和渔叉的构造，而是渔夫入海时所遵守的禁忌；不是桥梁或房屋的建筑术，而是施工时的祭祀以及建筑使用者的社会生活。"①

她把民俗局限于精神文化领域，甚至明确把工艺技术的物质生产民俗直接排除在外，以区别于其他学科。"简言之，民俗包括作为民众精神禀赋（the mental equipment）的组成部分的一切部分，而有别于他们的工艺技术。"② 这样民俗学就把生产、工艺、经济、制造等物质生产民俗的内容屏蔽在自己的研究视域之外，而宗教信仰、传统习俗、人生仪礼、岁时节日、口头文学就成为民俗学研究的主要范畴。

美国民俗学也一直遵循精神文化研究的传统。虽然在"俗民生活"一词进入美国民俗学家视野之前，艺术史学家已经对民间手工艺和艺术

---

① ［英］查·索·班恩：《民俗学手册》，程得祺等译，上海文艺出版社 1995 年版，第 1 页。

② 同上。

进行了不少研究，但这样大量存在的有关俗民生活物质生产民俗的研究
并未使美国民俗学者对其有更多关注。阿兰·邓迪斯在1966年所写的
《美国的民俗概念》一文中对美国不同群体的民俗概念进行了阐述，也
揭示和批评了美国民俗学研究的视野局限。他认为美国民俗学界过于强
调言语材料而忽视非言语材料，这样的后果就是造成身体动作的民俗难
以进入美国民俗学者的视线。同时，"另一种非言语的民俗形式即民间
艺术，同样很少得到研究……甚至在民间艺术和工艺中，我们也能够在
美国的移民群体中发现大量的研究素材。但是，在这个研究领域却没有
什么著作，不幸的是，美国民间博物馆非常之少"。① 直到1981年布鲁
范德发表专著《美国民俗学》时，物质生产民俗的内容才在民俗学研
究范畴中得到应有的位置。在该书第四部分设有"物质民间传统"，包
括民间建筑、民间手工艺、民间服饰和民间食物四个部分。"最后这几
章是论述物质民间传统的，它构成了俗民生活领域中最大的一个部分，
而且在美国是研究最少但也许发展最快的一部分。物质民间传统如此丰
富多样，难以用几页纸的篇幅充分加以概述，而且这个领域的研究尚不
足以提供一个可供讨论的理论框架。"②

　　近年来，美国民俗学界对物质生产民俗有了更多的关注，如对传统
民间工艺、传统民俗用具的研究，但整体而言，相关研究成果并不
丰富。

　　相对来说，日本民俗学界对物质生产民俗的研究要更早。日本民俗
学之父柳田国男虽然在研究中坚持精神民俗的研究，但在其研究中不自
觉地开始涉入物质生产民俗和物质生活民俗的内容。从20世纪30年代
起，柳田提出的"乡土生活研究"构设中，把民俗活动分为"有形文
化"、"语言艺术"和"心意现象"三大部分，其中"有形文化"部分
就包括住居、衣服、食物、生活资料的获取方法、交通、劳动、村等

---

① ［美］阿兰·邓迪斯：《民俗解释》，户晓辉编译，广西师范大学出版社2005年版，
第35—36页。
② ［美］简·布鲁范德：《美国民俗学》，李扬译，汕头大学出版社1993年版，第
227页。

22 项内容，① 实际上已包括中国民俗学所归纳的物质生产民俗和物质生活方面的内容。折口信夫在研究中进一步细化了民俗的范围，他把研究对象分为周期传承、仪式传承、语言传承、行动传承、造型传承和艺术传承六个部分。其中造形传承包括建筑与简单手工业的传承两个内容。关敬吾在编著《民俗学》中，对民俗学研究范围有了更清晰、明确的界定，几乎涉及了今天我们谈论的民俗学研究的所有领域，诸如生产形态、惯例，物质技术、技术文化，民间艺术、竞技、技艺三个方面和我们所说的物质生产民俗、技术民俗相等同。② 而与物质生产民俗、技术民俗关系密切的日本民具研究对民俗学的研究也起到很好的推动作用，日本民具学之父涩泽敬三早在 1936 年就对民具这个概念做了定义。另一位民具学家宫本常一对民具的理解是："民具乃是有形民俗资料的一部分；民具是人们手工或使用道具制作的，而不是由动力机械制作的；民具是由民众基于生产和生活的需要而制作出来的，其使用者也限于民众……"③

在国外民俗学思潮的影响下，我国的物质生产民俗研究也比较晚近。20 世纪 80 年代后，随着学术环境的宽松，民俗学逐步恢复，钟敬文、乌丙安等老一辈民俗学者在研究实践中，逐步拓宽了民俗学的研究范围。在钟敬文主编的《民俗学概论》中，由张振犁、柯杨执笔的第二章，就专门探讨物质生产民俗："物质生产民俗是一个国家、民族的特定地区、社会群体中的大众，在一定生态环境中所创造、享用和传承的物质文化事象。它包括：农业民俗；狩猎、游牧和渔业民俗；工匠民俗；商业和交通民俗等，它贯穿人类生产实践活动的全过程。"④

从物质生产民俗所涵盖的范围来看，毛笔制作技艺习俗应该和工匠民俗比较接近。乌丙安所著的《中国民俗学》也在"物质生产的民俗"专章中列出了"民间游动工匠的民俗"一节，对工匠习俗的理解是：

①　何彬：《日本民俗学学术史及研究法略述》，载《民俗学的历史、理论与方法》上册，商务印书馆 2006 年版，第 198 页。

②　［日］关敬吾编著：《民俗学》，中国民间文艺出版社 1986 年版，第 24 页。

③　周星：《日本民具研究的理论与方法》，载《民俗学的历史、理论与方法》上册，商务印书馆 2006 年版，第 277 页。

④　钟敬文主编：《民俗学概论》，上海文艺出版社 1998 年版，第 40 页。

"广泛散居在民间的工匠及他们规模极小的作坊，几千年来都在沿袭着古老的技艺传承进行作业，由于他们的主要财富是'手艺'，因此，工匠的技艺传授和师承就成为工匠习俗中的重要关键。"①

在其他类似的概论性的著作中，著者一般都会涉及物质民俗、物质生活民俗、物质生产民俗、民间手工艺民俗等内容，虽然称呼不一。

高丙中在探讨民俗学发展路径的思索中，把民俗学研究领域划分为民俗学理论与方法、社会生活民俗、口头文学、民间艺术和民俗知识与工艺五大主要领域，其中："民俗知识与工艺包括的内容就更是广博，如民间医药、饮食制作技艺、各种工具制作技艺、手工艺品，都是多少代的能工巧匠或劳动能手发明并传承下来的，是中国人动手能力、协调人与环境的思想观念和技巧的总汇。"②

关于物质生产民俗的研究比较丰富，但大多数都是局限于农业生产民俗方面的内容，对技术民俗研究比较缺乏。关于技术民俗比较深入的探讨，限于笔者目力所及，目前仅见到两部专著。一是朱霞的《云南诺邓井盐生产民俗研究》和詹娜的《农耕技术民俗的传承与变迁研究》。前者以云南省云龙县诺邓村的传统井盐生产为研究对象，围绕井盐生产的原料分配、生产组织、劳动分工、产品营运、生产仪式和信仰活动等探讨民间生产技术与民俗的关系，著者主要从社会生活的层面来思考井盐生产技术与民众生活、国家灶户制度、信仰文化等关系，依托访谈和历史资料对已经湮灭的传统井盐生产技术进行了重新建构与展示，指出"井盐生产技术是井盐生产技术民俗的核心，是观察技术社会中的民俗的基本准则"。③ 后者以辽宁省东部山区本溪满族自治县沙河沟村为研究对象，从技术民俗的视角出发，将农耕技术民俗视为民众生活层面的一种文化现象，在生产技术与民俗生活的交流互动中，对20世纪初期以来尤其是50年代以后农耕生产民俗的传承与变迁进行了阐析，探讨了特定的时空坐落及社会空间中的农耕技术民俗的择定机制、技艺操作及传承特征。这种探索旨在"指出技术在民俗系统中的

---

① 乌丙安：《中国民俗学》，辽宁大学出版社1999年版，第75页。
② 高丙中：《中国人的生活世界：民俗学的路径》，《民俗研究》2010年第1期。
③ 朱霞：《云南诺邓井盐生产民俗研究》，云南人民出版社2009年版，第217页。

角色定位及其作用机制，深入挖掘技术变化的背后永远不变的生活俗制"①。

此外，近年来，物质生产民俗的分支——经济民俗的研究也开始出现。民俗学者更多从文化学的角度去认识经济与民俗的关系。钟敬文在《民俗文化学发凡》中提出的特殊民俗文化学中就包括经济民俗文化学。他认为"经济民俗文化学，着眼于中、下层社会的生产、经营、分配、消费等活动所表现的风习的探究"②。在民俗学著述中，尤其是概论性著作中虽然也在物质民俗中提及，但对经济民俗并没有具体论述。经济民俗或经济民俗学作为一个完整的学术概念出现在民俗学者的研究视野中，要算何学威的《经济民俗学》一书，他首次提出经济民俗学这个概念，以民俗文化和市场经济的关系为研究对象，集中考察民俗文化在经济生活中的应用心理、应用过程与应用效益。在经济全球化时代，如何看待文化与经济的关系，或者说民俗文化产业理论与实践的问题是该著述突出阐述的。但限于一般概论性著作题材的局限，著述对文化与经济的关系只能是宏观性的阐述，而对具体领域的探讨仍有待深入。其他类似论文有周翠玲的《经济民俗特性与广州经济民俗》、田中娟的《论浙西南香菇山歌的经济民俗特质》、卞利的《试论明清以来徽州山区的经济民俗》等，但总体而言，相关研究仍很薄弱。

总之，物质生产民俗、技术民俗及经济民俗在人们的日常生产、生活中大量存在，但受民俗学学术传统的局限，以往的研究一般都集中在精神文化现象，即使是对物质生产民俗、技术民俗、经济民俗有所探讨，也只是出于分类的目的，而没有纳入研究的视域。近年来，物质民俗的研究才受到关注和重视。本书即在相关研究的基础上，立足于当下，以文港毛笔为研究对象，从社会生活史的视角，对文港毛笔制作技术民俗、毛笔作坊管理民俗、毛笔产销民俗、笔业社会结构、笔业当下困境及其走向进行了一番探讨。研究重点在于探讨手工作坊生产这种生产方式及其产品即手工艺品在当下为何会出现衰微迹象，其深层原因是

---

① 詹娜：《农耕技术民俗的传承与变迁研究》，中国社会科学出版社 2009 年版，第298 页。

② 钟敬文：《民俗文化学发凡》，载《民俗文化学：梗概与兴起》，中华书局 1996 年版，第 20 页。

什么，它们与市场是怎样的关系等等，从而对其未来可能发展路径进行思考。因而，从这个意义上来说，本书是物质生产民俗研究的一个深化和拓展。

二　关于手工艺的研究

手工艺广泛存在于民众生活中，具有经济的、社会的、文化的多重功能。民俗学、艺术学、人类学、历史学等学科的学者对手工艺的相关领域都有大量研究，因而手工艺的研究具有明显的跨学科趋势，鉴于学识与视野的局限，笔者仅对其现代发展线索进行一次简单勾连。

英国的手工艺研究和工艺美术运动关系紧密，手工与机械的关系成为理论研究与实践运动关注的重点。英国 19 世纪杰出的作家、批评家罗斯金（John Ruskin，1819—1900）是艺术与手工艺运动的理论奠基者，对后世影响深远，他在《建筑的七盏灯》、《威尼斯之石》等著作中，反对机械技术的发展对工人主动性的扼杀，主张回到古老的前资本主义时代，对机械文明和用机器取代手工劳动的作品予以全盘否定，极力批评机械产品的粗制滥造，"不管怎么说，有一件事我们能够办得到，不使用机器制造的装饰物和铸铁品"，"它们会使我们的理解力更肤浅，心灵更冷漠，理智更脆弱"①。他的一些艺术思想奠定了艺术与手工艺运动的理论基础，影响了不少艺术家和建筑家。英国著名画家、手工艺艺术家威廉·莫里斯（William Morris，1834—1896）就是这种思想的忠实信徒和真正实施者。1888 年莫里斯发表了《手工艺的复兴》一文，在文中他从对立的立场来看待机器文明与手工文明，认为机械化生产"不啻为一种严重的罪恶以及（对）人类生活的贬黜"②，手工艺能在劳动中创造出美与欢乐，因而，他对手工艺的复兴很乐观，"就该运动所追求的所有人生活的自由（这种自由是我们今日无比珍视的），就其在反抗精神专制方面的坚定主张，就其作为由文明社会向社会主义

---

① ［英］贡布里希：《艺术与科学———贡布里希谈话录和回忆录》，范景中等译，浙江摄影出版社 1998 年版，第 174 页。

② ［英］威廉·莫里斯：《手工艺的复兴》，张琛译，《南京艺术学院学报（美术及设计版）》2002 年第 1 期。

转变的一种标志，这场运动称得上意义显著而又鼓舞人心的"①。同时，在实践上莫里斯也倡导了一场影响深远的艺术与手工艺运动，该运动最伟大的发现之一就是"重新发掘出乡村手工作坊这座手工技能的宝库，而这似乎早已被城市遗忘了"②。这一运动也风靡欧美，20世纪初包豪斯设计学院的作坊训练与现代手工艺教学亦与其宗旨暗合。当然，不顾生产力发展、倡导手工艺的复兴、主张回到过去的思想和运动实践证明已经完全失败了。另一位英国著名艺术史家，爱德华·卢西—斯密斯（Lucie-Smith Edward）著有《世界工艺史——手工艺人在世界中的作用》一书，在书中他并没有详尽阐述手工艺的技术史，而是试图将手工艺——制作物品的手工劳动看作是社会生活的一种特殊形式，用发展的观点来看待手工艺人社会角色的变化，他并不认同上述两人的观点和实践，在该著结尾他含蓄地表达了自己对手工业和工业关系的看法。"手工艺似乎要重新担当起一种角色——这种角色并不是工业的发展而是文艺复兴理性的分类迫使它放弃的。手工艺将不会再去夺回工业本身已得到的地位，因为就'工艺'这一词最广泛的含义而言，工业也是工艺。"③

　　日本的手工艺研究，也经受欧美手工艺运动的影响。约在1926年左右，包豪斯运动传入日本，启迪了日本新的工艺意识。1927年，日本政府设立工艺指导所。也就在这时，柳宗悦发起了"民艺运动"，阐述农舍市井日常用品之美，使民间传统手工艺品也受到重视。他把民艺解释为"民众的工艺（手工艺）"，也就是为一般民众的生活所准备的实用性工艺。④他在其代表著作《工艺文化》一书中明确阐述了民艺的性质和界限，认为民艺有五个显著的特点："一、是为了一般民众的生活而制作的器物；二、迄今为止，是以实用为第一目的而制作的；三、是为了满足众多的需要而大量准备着的；四、生产的宗旨是价廉物美；

　　① ［英］威廉·莫里斯：《手工艺的复兴》，张琛译，《南京艺术学院学报（美术及设计版）》2002年第1期。
　　② 同上书，第249页。
　　③ ［英］爱德华·卢西—斯密斯：《世界工艺史——手工艺人在世界中的作用》，朱淳译，中国美术学院出版社2006年版，第180页。
　　④ ［日］柳宗悦：《民艺学概论》，陈健译，《装饰》1997年第3期。

五、作者是匠人。"①

按此限定，日本对民艺概念的理解及研究，其范围比中国民间工艺或民艺都要小。在《日本手工艺》一书中，柳宗悦在分区对日本全国各地手工艺进行介绍的基础上，对手工艺的实用之美、生活之美进一步进行了阐述。民艺学的这种研究立场，是奠基于手工艺具有重要的文化价值、文化记忆，从而可以推动其复兴的理想假设上的，柳宗悦在该著的序言中，表达了这层意思，"很可能是战争招致了手工艺的崩溃。因此，我记录在本书中的一部分手工艺品，在战争结束后的今天已经成为了过去的东西……然而，不管什么地方，失传的手艺有朝一日定会东山再起"②。此外，柳宗悦还著有《民艺学和民俗学》、《民艺和生活》、《民艺之意义》等著作，对民艺研究或民间工艺研究都颇具启发意义。在此意义上，盐野米松的专著《留住手艺——对传统手工艺人的访谈》亦是对过去手工艺的一种文化记忆和缅怀，在书中，他以访谈笔录的形式，展现了日本的宫殿木匠、木盆师、手编工艺师、纺织工艺师、船匠、铁匠、刮漆匠等各行业的手工艺人的口述史资料。作者认为虽然伴随社会变迁，事物的新陈代谢是必然的，但作为我们，"更应该保持的恰恰就是从前那个时代里人们曾经珍重的那种待人的'真诚'"。③

在欧美等国家，民艺研究侧重传统形态的民俗艺术、民族艺术和现代社会的通俗艺术，注重探究民艺的人文特质。英国民俗学家班恩女士将民艺看成民俗的重要组成部分，从而使民艺难以成为一门独立的学科。

美国手工艺研究也深受欧洲艺术与手工艺运动的影响。美国手工艺研究杂志有《手工艺》、《手工艺家》等，倡导和推广手工艺运动，但美国的手工艺运动领导人逐步和威廉·莫里斯所倡导的手工艺运动分道扬镳，认为手工艺的发展并不是和现代机械文明相抵触的，因而手工艺运动更讲究实效，大力提倡机器生产。不过，他们在强调手工艺品审美价值的同时，也关注其商业化效果，其研究进一步推动了美国艺术与手

---

① ［日］柳宗悦：《工艺文化》，徐艺乙译，广西师范大学出版社2006年版，第59页。

② ［日］柳宗悦：《日本手工艺》，张鲁译，广西师范大学出版社2006年版，第1页。

③ ［日］盐野米松：《留住手艺——对传统手工艺人的访谈》，英珂译，山东画报出版社2000年版，第1页。

工艺运动的普及。在民俗学界，著名民俗学家迈克尔·欧文·琼斯从事手工艺研究多年，所著《手工艺·历史·文化·行为：我们应该怎样研究民间艺术和技术》一文，阐发了手工艺研究方法，具有重要学术价值。在文中他对美国民俗学领域中的手工艺研究方法做了系统梳理，指出美国民俗学者研究日常生活中人们制作和使用的物品主要有四种视角：一是认为物质传统是历史手工艺品；二是可描述可传承的实体；三是文化的体现；四是将制作和使用物品作为人类行为。他说，前三种视角在民俗学界由来已久，第四种视角的探讨相对较少。他认为从物质行为的视角去考察、理解手工艺更为恰当，手工艺品不应当局限于事物自身之内，而应当视其为人类行为的展现。他指出："只有当制造者与使用者同物品构思、制作和使用的过程一起成为调查的对象——而不只是手工艺品才是调查对象，民间艺术研究才能彻底达到它的目的。"①

我国手工艺研究历史悠久。在传统社会，"十里不同风，百里不同俗"的民俗文化区域性特色更为鲜明，由于交通、信息的局限，传统手工技艺知识得不到很好流传，因此，对这些传统手工技艺知识进行梳理记载，使之得以流传便是文化发展的重要任务。被称为"中国 17 世纪的工艺百科全书"的古代科技集成类代表性著作《天工开物》，在卷首开篇即阐述了此种思想，"天覆地载，物数号万，而事亦因之，曲成而不遗，岂人力也哉？事物而既万矣，必待口授目成而后识之，其与几何？"② 类似著作，我国古代还有很多，如《考工记》、《齐民要术》、《工艺六法》、《营造法式》、《新制诸器图说》、《核工记》等等。这种对手工艺知识、技术进行梳理记载的研究今天也广泛存在。

到 20 世纪初，由于晚清中国科技的落后，海外"夷技"不断刺激和冲击国人，在这样的时势背景下，中国知识分子在五四运动中开始探索提出以美育救国的主张。对手工艺研究，艺术学主要从技术美学、工艺美术的视角来看待手工艺，在这个大背景下，许多有识之士重新向古代寻找优秀传统，传统工艺美学再次绽放璀璨光芒。陈之佛在《美术与工艺》一文中强调："美术与工艺二者都是对于人生最重要的东西，

---

① ［美］迈克尔·欧文·琼斯：《手工艺·历史·文化·行为：我们应该怎样研究民间艺术和技术》，游自荧译，《民间文化论坛》2005 年第 5 期。

② （明）宋应星：《天工开物》，商务印书馆 1933 年版，第 1 页。

倘无美术与工艺来润饰人生，则人生便不堪其苦闷：社会亦将不堪其惨淡了。"① 对工艺的认识更多偏重哲学思考、社会人生及政治因素。

新中国成立后，工艺美术、工艺美学研究逐步系统而深入。田自秉的《中国工艺美术史》是国内第一部完整的工艺美术史。整部历史的写作以朝代为纵向轴，以材料工艺为横向轴，采用实物资料和历史典籍资料相互对照、相互补充、相互阐释的方法，从微观性和宏观性双重角度对史料作点、线、面把握，论证中国工艺美术历史的发展脉络。他还著有《工艺美术概论》，与前著形成一个相互衔接的学术体系，史论结合。他的相关著述还有《中国工艺美术》、《中国染织史》、《论工艺形象》、《论工艺思维》等等。

方李莉的《新工艺文化论》一书，以未来学为视角，探讨了现代社会下传统手工艺重新焕发新生命力的可能。在新时代传统工艺自身蕴含的矛盾统一，工艺文化自然有其独特魅力。正如她在后记中所说："在这里自然科学与人文科学、技术与艺术、形象思维与理性思维等相互撞击综合，成为多种科学技术和文化艺术的聚焦点，许多矛盾从这里出发又在这里走向回归。在这由高度分化又走向高度综合的新时代，工艺的领域充分地显示出了它特有的魅力，这就是它的包容性和初始性。建立在这样基础上的工艺文化，将冲破旧的束缚而产生出一种新的形态和新的生命力。"②

袁熙旸在《后工艺时代是否已经到来？——当代西方手工艺的概念嬗变与定位调整》一文中指出，手工艺概念的嬗变与纷争、手工艺地位的调整与边缘化，是现当代的一个复杂的文化现象。通过对手工艺概念的梳理，他认为，"'后工艺时代'也许并未到来，当代语境中的手工艺概念也许模糊依旧，然而，手工艺的当代价值也许就在于其概念范畴的开放性"③。

近年来，随着非物质文化遗产保护运动的兴起，艺术学对传统手工

---

① 陈之佛：《美术与工艺》，《中国美术会季刊》1936 年第 2 期。转引自杭间《中国工艺美学思想史》，北岳文艺出版社 1994 年版，第 2 页。

② 方李莉：《新工艺文化论》，清华大学出版社 1995 年版，第 269 页。

③ 袁熙旸：《后工艺时代是否已经到来？——当代西方手工艺的概念嬗变与定位调整》，《装饰》2009 年第 1 期。

艺进行了热烈的讨论。杨斌在《手工艺是文化，更是生产力》一文中，旗帜鲜明地认为手工艺的保护不仅要看到其作为一种文化的存在意义，更要认识其作为一种生产力的本质。"手工艺的根本是生产力，它的存身之本是物质生产活动，在本质上和现代生产技术一样，是一种生产力。"① 主张应充分焕发其生产活力，而不能让其成为"历史缅怀"的对象。在《美术观察》同一期上，吕品田发表了《丰满的生产力——高度认识和发挥传统手工艺的生产力》一文，表达了类似的观点，他充满自信地认为："传统手工艺作为生产力的当代践行，必将以其丰满性和功利意义切合维护'自然—人—社会'生态关系、关照全面利益诉求的需要，成为可为广大民众自主把握的创造美好、构建和谐的手段和力量。"② 陈亚峰在《试论民间工艺的科学涵义》一文中认为民间工艺仍具有强劲的生命力，虽然历经数千年但仍在不断衍生、不断发展，它也不可能完全被大机器生产所取代，"仅就其科学涵义而言，也有其生存和发展下去的价值"③。与上述三者在认识上略有不同，诸葛铠在《适者生存：中国传统手工艺的蜕变与再生》一文中，通过回顾中国手工艺历经古代、近代、现代三个大概万年以上的不间断的历史演变，指出传统手工艺蜕变的必然性及其在当代的三种可能性生存方式。一种是整体的传承；另一种是传统的技艺和现代风格的结合，即用现代审美意识对传统手工艺进行再创造，使之与现代生活环境相适应；还有一种是将风格从技艺中分离出来，使之与现代材料和工艺结合。以辩证的观点来看待传统手工业的"蜕变—再生"。④

中国民艺学研究也是手工艺研究的一个重要领域。早在 20 世纪 30 年代，受日本民艺运动的影响，我国民间文化学者就开始关注和开展中国的民艺学及民艺运动。当时的民艺学并没有成为独立的学科，主要由钟敬文等一些民俗学家以《歌谣周刊》为阵地发表了一些相关图片及

---

① 杨斌：《手工艺是文化，更是生产力》，《美术观察》2010 年第 4 期。
② 吕品田：《丰满的生产力——高度认识和发挥传统手工艺的生产力》，《美术观察》2010 年第 4 期。
③ 陈亚峰：《试论民间工艺的科学涵义》，《安徽师范大学学报（人文社会科学版）》2003 年第 3 期。
④ 诸葛铠：《适者生存：中国传统手工艺的蜕变与再生》，《装饰》2003 年第 4 期。

研究文章。中国民艺学的真正提出是在 20 世纪 70 年代，张道一的《中国民艺学发想》是其标志，他在论文中第一次比较全面地提出民艺学科建设问题，提倡建立"中国民艺学"，认为这个学科"既要体现出民艺学的共性，又要突出中国的特色，不同于任何国家的民艺学"①，并从民艺学的研究对象、研究宗旨及民艺的分类、成就、比较研究和研究方法等六个方面明确了它的学科构成。他还著有《中国民艺学》一书，开创性地探索了民艺学的学科体系。

杭间在《手艺的思想》一书中，对传统手工艺在现代社会的境遇进行了深刻的反思，他认为："民艺首先是生活，没有生活就没有民艺，民艺学的研究是追寻那些因时代变迁而已经失落了的东西，更应以活的生活姿态去看待它。"② 这种认识和柳宗悦的观点如出一辙，其所受的日本民艺学研究的影响清晰可见。

唐家路的《民间艺术的文化生态论》，从生态学及文化人类学的视角，对民间艺术及其文化生态进行了综合、整体、系统的研究。这个全面整体的系统环境包括民众对自然的认识及人与自然的关系，生产方式、生活方式对民间文化的影响和制约以及文化模式、文化变迁、价值观念、民俗文化、宗法制度等内容。他认为对这些方面进行全面认识和理性思考，就是对民间艺术现状的关注，具有现实的意义。"将民间文化落脚于'自然—人—社会'的整体系统当中，认识民间文化和艺术的内涵和价值，目的在于充分认识和协调人与自然、社会、文化以及人自身的关系，以利于人的完善和人与自然的可持续发展。"③ 这里，从其论述来看，他所指的民间艺术实际就等同于民艺，在书中他并没有局限于讨论手工艺本身，而是讨论其存在的文化生态。

在民艺研究方面，徐艺乙做了不少译介工作，潘鲁生亦有《民艺学论纲》、《民艺学概论》、《民艺研究》等著述，对中国民艺或民间工艺的研究都具有重要的参考价值。

手工艺的民俗学研究，在民俗学创立之初就已被视为其研究范畴，钟敬文、张紫晨等老一辈民俗学家都对手工艺、民间工艺进行过相关的

---

① 张道一：《张道一论民艺》，山东美术出版社 2008 年版，第 11 页。
② 杭间：《手艺的思想》，山东画报出版社 2001 年版，第 30 页。
③ 唐家路：《民间艺术的文化生态论》，清华大学出版社 2006 年版，第 8 页。

论述，但他们在学术研究的取向上更偏重民俗学精神文化领域的研究，而不是具体的手工艺研究。即便是对手工艺的研究，也仍然局限于手工艺中所蕴含的民间信仰、民俗文化、精神价值等，这一直成为民俗学手工艺研究的"兴奋点"和规范模式。巴莫阿依的《彝族毕摩的剪纸艺术》从剪纸的题材和内容、表现方式及艺术特点等三方面展示了毕摩剪纸的独特之处，认为毕摩剪纸是一种民间信仰活动，指出"毕摩（人间祭司）创造和运用剪纸艺术来表现和传扬人们对鬼魂、神灵及祖先的信仰和感情"。① 蒙甘露的《苗族剪纸中的民俗文化》从剪纸图案、花纹的形式与内涵两方面探讨了苗族剪纸中蕴含的辟邪趋吉和祈求平安兴旺及繁衍的民俗文化内容。② 栾伟莉的《山东高密的传统民俗剪纸——喜花、礼花与鞋花》从喜花、礼花与鞋花三种不同类型的剪纸阐述了山东高密的剪纸中蕴含的民俗文化内容。③ 徐岳南的《巴渝民间刺绣民俗艺术特征研究》，从巴渝民间刺绣在图形、针法等艺术表现形式等方面进行分析，认为巴渝民间刺绣与"蜀绣"有较多相似，但认为其"更突出的是具有自己鲜明的巴渝乡土艺术特色，蕴涵有深厚的巴渝地域历史文化与民风习俗"④，并从历史与传统、刺绣图形纹样、刺绣针法运用及刺绣色彩构思等方面探讨了其独特的巴渝地方民俗特征。就织绣艺术，在《侗族的织绣艺术》一文中，陈默溪分别介绍了侗族织锦，刺绣，纳绣，连环琐丝、结子及盘缭法，挑花，贴花和剪纸等民间织绣艺术，但文章并没有从工艺技术的角度，而是从每种工艺的特色、类型、民间经验、图案寓意等方面进行阐述。⑤

直到近年来非物质文化保护"热"的兴起，民俗学者才开始对手工艺的物质技术、物质文化及手工艺人的劳动生活进行关注和研究。乌丙安在《带徒传艺：保护民间艺术遗产的关键》一文中，对国务院颁布的《传统工艺美术保护条例》进行了解读，他认为坚持保护民间固

① 巴莫阿依：《彝族毕摩的剪纸艺术》，《民族艺术研究》1994 年第 1 期。

② 蒙甘露：《苗族剪纸中的民俗文化》，《中央民族大学学报（社会科学版）》1998 年第 3 期。

③ 栾伟莉：《山东高密的传统民俗剪纸——喜花、礼花与鞋花》，《美术大观》1998 年第 9 期。

④ 徐岳南：《巴渝民间刺绣民俗艺术特征研究》，《装饰》2003 年第 11 期。

⑤ 陈默溪：《侗族的织绣艺术》，《贵州民族研究》1983 年第 1 期。

有的带徒传艺的传承机制，给予民间代表性传承人在选徒、收徒、授徒、出徒的最大自主权，是对我国非物质文化遗产中民间艺术遗产实施保护的关键。① 刘锡诚的《文化产业是"活态"保护的一种模式》以河北蔚县剪纸艺人高佃亮、高佃新兄弟的剪纸为例，探讨了传统民间工艺在现代社会生活环境中的适存性问题，认为剪纸艺术虽然在不断变化，但"民间艺术永远是以农民为主体的公民群体的生活艺术，永远不会脱离或抛弃有着久远的传承历史的艺术传统另辟新径"。② 王瑞章的《为了延续和发展——关于民间工艺的一点设想》对当前民间工艺逐步消失的状况进行了反思，认为既要广泛地调查、收集，通过深入研究来"抢救"民间工艺，同时还要致力于它的延续和发展，促进其生产。③ 黄静华从理论层面上，对手工艺人进行过更多关注和研究。在《民俗艺术传承人的界说》一文中，她认为在民俗生活实践中，思维观念、技艺知识、行为范式三个方面的传承，"体现出展演观念的现实性取向、技艺知识的地方性色彩、艺术行为的生活性操演三项特性"，因而界说应着重现实民俗艺术传承人的内在规定性和外缘边界性，而应强调的是，"对作为非物质文化遗产重要组成的民俗艺术来说，其保护和发展实践应首先落脚于习俗生活语境中的传承人"④。在《手艺人民俗志：聚焦"非物质性"的工艺民俗研究》一文中，指出工艺民俗的非物质性包含着工艺行为、工艺知识和工艺观念三个重要层面。它们由特定的习俗需求所孕育，其表达融合于习俗生活的实践，其维系依存于习俗生活的流动。因而，她认为，"作为一种表现出整体性研究取向，以手艺人行为、知识和观念为焦点内容，能在塑造和表达非物质性特征过程中呈现工艺生活面貌的描述性和解释性写作，手艺人民俗志应在工艺民俗研究版图中占有一席之地"⑤。她还撰写了《民间艺人的生活空间、艺术知识、生活历史》、《论民间艺人的艺术知识》等文章，研究偏向

---

① 乌丙安：《带徒传艺：保护民间艺术遗产的关键》，《美术观察》2007 年第 11 期。
② 刘锡诚：《文化产业是"活态"保护的一种模式》，《美术观察》2006 年第 6 期。
③ 王瑞章：《为了延续和发展——关于民间工艺的一点设想》，《装饰》1980 年第 5 期。
④ 黄静华：《民俗艺术传承人的界说》，《民俗研究》2010 年第 1 期。
⑤ 黄静华：《手艺人民俗志：聚焦"非物质性"的工艺民俗研究》，《思想战线》2010 年第 5 期。

于艺术知识、物质文化。对手工艺在当下发展，民俗学者也进行了深入思考，如刘勍的《手工艺"非遗"的生产性保护探究——以北京绢人为例》、吕屏和彭家威的《从非物质文化遗产到文化资本的转换——以旧州绣球的产业化发展为例》、张礼敏的《自治衍变："非遗"理性商业化的必然性分析——以传统手工艺为例》等。

近年来，还有几篇博士论文开始关注和研究手工艺民俗。杨丽琼的博士论文《云南白族新华工匠村调查研究》，从云南白族新华工匠村这个村庄的文化变迁视角出发，从历时和共时两个方面，通过民族学实地调查，运用应用人类学、旅游学等多学科比较分析，阐述了整个工匠村的文化变迁，并对文化的保护和发展进行探讨。对于传统手工艺的保护，她认为"文化及表征始终是一个动态变迁的过程，以特定的历史阶段内政治、经济、社会权力形式为背景和舞台，内在的文化认知与外在的时代话语交互作用，锻造出文化保护的具体形式"。① 蔡磊的博士学位论文《手艺劳作模式与村落社会的建构——房山沿村编筐手艺的考察》富有创新性，在审思以往村落社会建构理论的同时，通过对房山沿村编筐手艺的田野考察，探索了手艺劳作模式在建构村落社会时所起的功能和作用。论文最后指出："手艺与村落社会是互为形塑的关系。编筐手艺不是单纯的造物技术，而是深深植根于村落社会特有的结构和秩序中；另一方面编筐手艺也形塑了沿村社会，是建构沿村社会内聚和开放的重要机制……对劳作模式的关注也有助于民俗学对日常生活世界的进一步探讨，思考作为感受之学的民俗志研究的可能性与必要性。"② 孟芳的博士论文《年画工艺知识及口头传统——以开封朱仙镇木版年画为个案》，以河南省开封市朱仙镇及赵庄村为主要调查地点，阐述了年画工艺知识及口头传统对于研究民间文化的文化实质及其发展变化规律的重要价值与意义。论文对年画制作过程中的工艺知识及口头传统进行了梳理，指出地方性及地方民众是朱仙镇木版年画发展、演变的重要影响因素，"开封朱仙镇木版年画故事的民间叙说离不开开封，

---

① 杨丽琼：《云南白族新华工匠村调查研究》，博士学位论文，中央民族大学，2009 年，第 165 页。

② 蔡磊：《手艺劳作模式与村落社会的建构——房山沿村编筐手艺的考察》，博士学位论文，北京师范大学，2009 年，第 1 页。

离不开朱仙镇的民间艺人，更离不开朱仙镇地方民众。所有的叙事话语权力都属于地方民众。我们在学理上探讨年画工艺知识及口头传统的发生、发展、演变及其与社会历史文化的密切联系，以及它所具有的特征、价值、意义，在事实上，我们都离不开对于开封朱仙镇地方民众生活的深入理解"[1]。

从以上梳理可以看出，艺术学、民俗学及人类学等学科对手工技艺的研究主要有以下四种研究方式：一是从手工劳动与机械劳动相互关系的角度进行的研究；二是从强调手工技艺文化价值的角度进行的研究；三是从手工技艺的保护和发展的角度进行的研究；四是从手工技艺作为生产方式的角度进行的研究。本书的研究，即在借鉴上述研究视角和成果的基础上，对文港毛笔进行一个整体观照，从社会生活史的视角，探讨文港毛笔发生变迁的内在机制和外在条件，文港笔业社会的竞争秩序、社会关系及文港毛笔未来的可能发展走向。

三 关于毛笔文化的研究

毛笔文化历史悠久，论笔、制笔的相关记载零星散布于文人笔记、诗词、散文中，要完整梳理毛笔文化的历史文献记载困难较大，也非本书意图所在。本书侧重对毛笔制作技艺及习俗进行概要性的简略归纳与分析，以期对毛笔制作史及技艺研究有一个大致宏观的把握。

1. 毛笔制作技艺及其历史研究

毛笔制作历史悠久，历史文献记载颇多。《物原》即有"虞舜造笔，以漆书于方简"[2] 的记载。《古今注》亦有"蒙恬始造即秦笔耳"[3] 的记载。今天湖州善琏镇仍有浓厚的蒙公信仰习俗，并建有蒙公祠，每年蒙恬和笔娘娘生日的两天，当地人都要举行盛大的祭典活动，即蒙恬会。在笔者调查的文港镇，虽然没有相关的民俗遗存，但在不少制笔技师的记忆中，对蒙恬造笔传说或多或少仍知道一些，也许这些社会记忆的弱化与现代技术社会迅速变迁有关，但不可置疑，对不少文港人来

---

① 孟芳：《年画工艺知识及口头传统——以开封朱仙镇木版年画为个案》，博士学位论文，北京师范大学，2010年，第119页。

② （明）罗颀：《物原》，中华书局1985年版，第24页。

③ （晋）崔豹：《古今注·卷下》，中华书局1985年版，第22页。

说，蒙恬和毛笔是紧密相连的两个词。当然，蒙公信仰只是一个传说，《史记》也没有相关记载，但可以证实的是，我国毛笔及其制作技艺最晚在先秦时[1]就已经出现了。或者说，蒙恬可能是毛笔制作技艺的改良者。据考证，早期的毛笔是将兔毛等兽毛缠在竹竿上而成，形制尚较简单粗糙。到秦代时，已开始出现"披柱法"，"即选用较坚硬的毛作中心，形成笔柱，外围覆以较软的披毛。它的优点是笔头可以保持浑圆的状态，更利于吸墨和书写，且更具稳定性。这种模式至今仍在沿用，可以说是制笔史上一次重要的革新"[2]。

汉晋之际，毛笔制作技艺有了进一步发展，在甘肃武威磨嘴子东汉墓穴中先后出土刻有"白马作"和"史虎作"的毛笔，而且结束了汉代以前无毛笔评述的历史。蔡邕的《笔赋》中记载："惟其翰之所生，于季冬之狡兔。性精亟以剽悍，体遄迅以骋步。削文竹以为管，加漆丝之缠束，形调博以直端，染玄墨以定色。"[3] 对毛笔的选料、制作、功能等都做了评述。三国时期的韦诞对笔、墨、纸等颇有研究，善于制笔及墨，并著有《笔墨方》一书，所制之笔，人称"韦诞笔"，闻名于世。北魏杰出农学家贾思勰著有《齐民要术》，在这部农业科学技术巨著中对韦诞毛笔制作方法进行了转载："先次以铁梳兔毫及羊青毛，去其秽毛，盖使不霜茹。讫各别之，皆用梳掌痛拍，整齐毫锋，端本各作扁，极令均调，平好，用衣羊青毛——缩羊青毛去兔毫头下二分许，然后和扁，卷令极圆。讫痛颉之，以所整羊毛中或用衣中心名曰笔柱，或曰墨池承墨。复用毫青衣羊青毛外，如作柱法，使中心齐，亦使平均，痛颉内管中，宁随毛长者使深，宁小不大，笔之大要也。"[4] 文中对"披柱法"有比较详细的叙述，以青羊毛或兔毫为笔柱，可说是早期的兼毫笔。其制作过程从选毛、拍毛、整齐、卷裹，到分层匀扎、装套

---

[1]　据考证，我国新石器时代的一些彩陶上的花纹有明显用笔的痕迹，而 1954 年长沙战国楚墓出土了一支最早毛笔实物——兔毫笔，说明至少在战国时代已经出现了毛笔制作技艺。参见萧天籁《"蒙恬造笔"与毛笔的历史》，《杭州师范学院学报（社会科学版）》1989 年第 2 期。

[2]　薛理禹：《毛笔源流初考》，《寻根》2009 年第 2 期。

[3]　（东汉）蔡邕：《笔赋》，载费振刚等编《全汉赋》，北京大学出版社 1993 年版，第 579 页。

[4]　（北魏）贾思勰：《齐民要术》，中华书局 1956 年版，第 170 页。

等，已经和现在制笔工艺比较接近了。东晋著名书法家王羲之，不仅擅长书法，对制笔亦有深入研究，并著有《笔经》一书，对汉代制笔技艺进行了阐述与评介，认为毛笔的质量不仅与制笔毛料相关，而且更重要的是与制笔技艺的"巧"与"拙"相关，即"管手有巧拙"。他还对毛笔制作技艺进行了比较详细的描述，如毛料的处理，在毫毛采好后，要以纸裹石灰汁，将毛用微火煮，稍沸，以去其腻，即今天的脱脂工序。制作时，先将各种毫毛按需要进行配料、齐毛、分类、去杂毛、扎头，然后安装。毛笔制成后，又须"蒸之令熟三斗米饭，须以绳穿管，悬之水器上一宿，然后可用"①。可见，当时的毛笔制作工艺规范且繁杂。

　　隋唐时期，毛笔制作技艺日益成熟，在不少文人诗文、札记中都出现制笔、用笔、评笔的记载。此时，宣州制笔业发展迅速，成为全国制笔业中心，制笔选料精细，工艺精良，深受士人喜爱，并成为上贡的贡品。宣州制笔业的辉煌成就、良好声誉及影响，在这个时期成就了一批专业制笔名家，如宣州陈氏、诸葛氏、黄晖等。唐代诗人韩愈《毛颖传》，游戏成文，以笔拟人，所提及的产兔毛、制笔甚佳的中山地区，据考证就是今天安徽宣州市。大诗人白居易亦曾遗有《咏紫毫笔》、《鸡距笔赋》等诗赞咏宣州毛笔。此外，还有唐代学者耿湋的《咏宣州笔》、韦允的《笔赋》等诗赋，都对唐代毛笔制作技艺进行了间接的介绍。"唐代毛笔的形制主要为粗杆、短锋，笔头原料以兔毫为主，另有少量鼠须、羊毫等。这是与隋唐时期书法尚楷，绘画多以细线勾勒，敷色浓重的技法相关的。"② 当然，唐代书法是中国书法史上一个重要时期，真、行、草、篆、隶等不同书体、书风并存，毛笔形制也必然随书法的要求而改变。诸如柳公权就不喜欢用粗杆、短锋的毛笔，而喜用杆细、锋长的毛笔。而诸葛氏这时开始制作长锋笔，并以其制作精良的"三副"而著称。后来又创制"无心散卓笔"，"即在原加工过程中，省去加柱心的工序，直接选用一种或两种毫料，散立扎成较长的笔头，并

---

　　① （东晋）王羲之：《笔经》，载宋苏易简《文房四谱》，台北商务印书馆1986年版，第8页。

　　② 赵权利：《笔史述略连载之一》，《书画艺术》2005年第1期。

将其深埋于笔腔中，从而达到坚固、劲挺、贮墨多的效能"①。

宋代，宣州制笔业进一步发展，毛笔制作技艺在披柱法、散卓法的基础上又得以不断提升。诸葛氏聚族为业，世代相传，技艺益精，其笔弹性极佳，故能挥洒自如。著名笔工有诸葛高、诸葛元、诸葛渐、诸葛丰、诸葛方等等。毛笔的品种进一步增加，出现长锋、短锋等种类及紫毫笔、羊毫笔、狼毫笔等品种，毛笔类型体系基本形成。此时文人也留下不少毛笔逸事和赞咏诗，称颂民间制笔艺人的高超制笔技艺。叶梦得的《避暑录话》、蔡绦的《铁围山丛谈》、沈括的《梦溪笔谈》等笔记散文记载了诸葛氏"三副笔"和"无心散卓笔"的影响及市场竞争的衰变。欧阳修对诸葛高所制"三副笔"很是赞赏，在试笔后即赋《圣俞惠宣州笔戏书》诗一首，"宣人诸葛高，世业守不失。紧心缚长毫，三副颇精密。软硬适人手，百管不差一"②，对其制笔技艺称颂不已。苏轼的《赠笔工吴说》、黄庭坚的《谢送宣城笔》与《山谷笔说》、梅尧臣的《次韵永叔试诸葛高笔戏书》等文章都对当时的毛笔制作技艺、毛笔市场竞争及制笔艺人的生存状况有相关的记载。

南宋末年，由于战争频繁、社会动荡，大批宣州笔工南迁至今湖州地区，加之该地区所产白山羊羊毛锋颖长而匀细、性柔软、储水量大，因而湖笔逐步取代了宣笔的地位。湖笔以制作工艺精良而著称，"其选料精制，纯正无杂，分层匀扎，工艺严格。制作方法基本按照有披有心，有柱有副的古典操作规范。其制作工序繁复，从浸料、拔毛、整齐、配料至修削试用往往多达七十多道"。③ 因湖笔精良的制作工艺和繁细的制作工序，此时便成为宫廷御用贡笔。湖州善琏镇，大批名工巧匠聚集，主要有冯应科、张进中、周伯温、陆文宝等。

明清之际，湖笔进一步得到发展，除注重实用以外，还特别重视工艺欣赏性，随着商品经济的发展，湖笔在材料选择、制作工艺等方面更加讲究，有的甚至可以说是奢华。同时，毛笔品类进一步发展，笔头选用毫料主要有羊毫、紫毫、狼毫、豹毫、猪鬃、胎毛等数十种。毛笔研

---

① 赵权利：《笔史述略连载之二》，《书画艺术》2005 年第 2 期。
② （宋）欧阳修：《欧阳修全集·上》，中国书店 1986 年版，第 373 页。
③ 赵权利：《笔史述略连载之二》，《书画艺术》2005 年第 2 期。

究方面，有三本重要著作，一是明代屠隆编著的《考槃余事》，首次提出了对毛笔性能"尖、齐、圆、健"的四大要求，俗称"毛笔四德"。二是清代梁同书著有《笔史》，是第一部系统地研究毛笔文化的著作，他把毛笔的传说、毛笔的史籍、毛笔的材料、毛笔的制造及历代笔工的相关资料进行了较为全面的整合和辑录。三是清代唐秉钧《文房肆考图说》，这本著作虽然沿袭了前人的叙述体例，但也融入了个人对毛笔的理解，比如对尖、齐、圆、健四字即所谓"毛笔四德"的理解，阐释得清晰明了。此外，湖笔赞颂诗文亦不少，如明代曾棨的《赠笔工陆继翁》、李日华的《六研斋杂缀》，清代方熏的《湖笔》、郑板桥的《赠济宁乌程知县孙扩图》等等。

民国时期，西方的水笔、铅笔、圆珠笔等相继流入国内，毛笔制作技艺开始遭受冲击，这时重要著作有胡韫玉的《笔志》，在书写体例方面沿袭了《笔史》，但更为详备，分笔史、选管、选毫、制法、笔式、藏笔、重笔及笔工传等部分。新中国成立以来，由于现代技术的发展、文化生态的变迁，毛笔生产呈现衰败的迹象，制笔技艺的传承困难重重。近20年来，随着世界非物质文化遗产保护运动的兴起，我国传统毛笔行业开始受到社会的关注和重视，当湖州经历产业结构转型湖笔逐步走向衰微之际，江西文港毛笔却已一枝独秀，迅速崛起。毛笔文化研究亦得到重视，各种版本的普及性丛书得以出版发行。

2. 毛笔文化研究

（1）古代毛笔文献。

毛笔作为文房四宝之首，在关于毛笔的基本知识述介方面，目前出现不少专著。东汉许慎《说文解字》、刘熙《释名》、班固《汉书·艺文志》，晋代张华《博物志》、崔豹《古今注》，唐代刘恂《岭表录异》，宋代陈槱《负暄野录》，北魏贾思勰的《齐民要术》，明代宋应星《天工开物》等著述，都阐释或记载了有关毛笔的传说、逸事及制作知识。唐代欧阳询主编的《艺文类聚·卷五十八》、唐代徐坚等编撰的《初学记》等类书对历代毛笔的诗赋进行了更为广泛的搜集和整理。三国魏时著名书法家韦仲将所著《笔墨方》、东晋著名书法家王羲之所著《笔经》等著述都对毛笔的价值与地位、毛笔的制作技艺等进行了一定的探讨。北宋苏易简是历代文房研究的集大成者，其所著《文房四谱》

是古代第一本研究文房四宝的专著，在《笔谱》中，作者分一之叙事、二之造、三之笔势、四之杂说、五之辞赋等五个部分，对毛笔的传说、制造、用笔等方面进行分类和辑录。北宋吴淑所著《事类赋》是一部类书专著，他在第十五卷什物部中对文房四宝进行了归类编辑，虽然在体例上并没有创新之处，但作为一本类书专著，其对毛笔传说、诗赋、史实的搜索尤为精细和详备。

（2）当代毛笔文化研究。

当代毛笔文化相关研究可以归纳为以下三个方面：一是探讨制笔材料、制笔技艺与书风的关系。赵权利所著《中国古代绘画技法·材料·工具史纲》，探讨了书画艺术、材料及工具的相互关系，而其中毛笔的发展历史及其制作技艺的演变也得以阐述，成为专著重要的组成部分。他还对毛笔进行过专门研究，发表过几篇有关笔史的总结性文章。朱友舟是近年来毛笔文化研究中比较突出的青年学者，其相关研究基本都和毛笔有关，在他撰写的大量论文中，对毛笔历史、毛笔工艺、制笔流派、笔工生平、毛笔文化考辨等方面做了深入探讨。这种探讨也体现在他的专著《工具、材料与书风》[①] 中，在书中，他以毛笔为例，对工具、材料与书法之间的关系进行了深切而缜密的考证与分析，并提出了自己独到的见解。他在另一本专著《中国古代毛笔研究》[②] 中，对魏晋以来古代毛笔形制的流变、制笔的材料、制笔工艺、风格流派、笔工生平做了详细的研究，同时对毛笔与书法风格的关系做了深入探讨。对于枣心笔、鸡距笔、散卓笔、羊毫笔、狸毛笔、鼠须笔等重要的种类做了详细的考述，并对一些存在争议的问题做了探讨。王学雷在专著《古笔考：汉唐古笔文献与文物》[③] 中对汉唐时期古代毛笔制作形态、毛笔制笔方法、兔毫产地、毛笔认知谬误的考辨及战国至唐代出土的古代毛笔图进行了阐释，该著对中国古代毛笔、中国传统书画、毛笔实物考古及毛笔知识等方面都进行了信而有征的深入探讨，具有较高的学术研究

---

① 朱友舟：《工具、材料与书风》，东南大学出版社 2011 年版。
② 朱友舟：《中国古代毛笔研究》，荣宝斋出版社 2013 年版。
③ 王学雷：《古笔考：汉唐古笔文献与文物》，苏州大学出版社 2013 年版。

价值。陈涛在《秦汉魏晋南北朝时期制笔业考述》①、《宋代制笔业考述》② 等文中探讨了秦汉魏晋南北朝及两宋时期随着经济社会繁荣，制笔业发展迅速，在制笔材料、制笔技术、毛笔形制等方面都得到较大发展，制笔中心不断变迁，毛笔产地不断拓展。二是阐释毛笔作为书写工具所蕴含的深厚文化。艾亚玮、刘爱华的《神圣的"制造"：造笔传说与历史的观照》，对各种版本的造笔传说进行了梳理，并分析了蒙恬造笔说得以固化的多重因素，指出这一传说的诞生及其演变也是一种"制造"，当然，它不是历史真实，而是一种生活真实，"造笔传说也是一种历史真实，是一种流动的'层垒的'造成的隐性的历史真实。基于此，蒙恬造笔说才能'跨越'历史，在传说中枝繁叶茂"③。张敏在《解析传统书画工具中的文化蕴藉》一文中，指出包括毛笔在内的书画工具，是文化的载体，代表着历代文人学士的文化诉求，"从心到笔，由毛笔丰富的表现性在书画过程中的作用，反映出文人的雅逸文化心理"④。沈婷在编著《文房四宝·笔》中从毛笔的历史、毛笔的传奇、毛笔的鉴赏和诗文中的毛笔等四个部分对毛笔文化进行了述介。⑤ 该著的文笔流畅，文史知识丰富，但不足之处只是对前人文献的编撰，而无自己的创见。三是介绍和普及毛笔的基本知识。李兆志所著《中国毛笔》，是一本介绍毛笔制作技艺的书籍。专著比较详细地阐述了毛笔的历史、毛笔的原料、毛笔的制作、毛笔的分类、毛笔的选择、毛笔的使用和保养及其他书画工具。⑥ 该著把毛笔作为工艺知识的对象，进行了比较详细的述介，但不足之处是对毛笔的制作相关内容介绍比较简略。潘嘉来的《中国传统文房四宝》也是一本普及性的编著，重在对毛笔的历史、民俗进行介绍。类似著作还有于乐的《笔墨纸砚》、张荣和赵丽的《文房清供》、张淑芬的《文房四宝：笔墨》、张耀宗和张春田的

---

① 陈涛：《秦汉魏晋南北朝时期制笔业考述》，《南都学坛》2012 年第 4 期。

② 陈涛：《宋代制笔业考述》，《南都学坛》2013 年第 4 期。

③ 艾亚玮、刘爱华：《神圣的"制造"：造笔传说与历史的观照》，《装饰》2011 年第 2 期。

④ 张敏：《解析传统书画工具中的文化蕴藉》，《南京艺术学院学报（艺术与设计版）》2011 年第 6 期。

⑤ 沈婷编著：《文房四宝·笔》，中国华侨出版社 2008 年版。

⑥ 李兆志：《中国毛笔》，新华出版社 1994 年版。

《文房漫谈》、潘天寿的《毛笔的常识》、张树栋的《文房四宝与印刷术》、章用秀的《趣谈中国文具》，等等。

3. 湖笔文化及其他毛笔文化研究

由于湖笔在历史上的重要地位，且至今仍在传承，因而湖笔研究不少。鉴于个人学识所限，这里笔者阐析的对象不包括古代文人札记、诗词、散文等湖笔研究，而只关注近年来的一些相关研究。徐华铛、汤建驰编著的《湖笔》偏重湖笔文化知识的介绍，对湖笔产生、历史沿革、湖笔盛衰、湖笔类型、名人与湖笔及湖笔使用与保养等知识做了一个简要的概述。程建中的《湖笔制作技艺》（2009，2013），虽然以制作技艺命名，但制作技艺部分在全书的比重并不大，主体仍偏重对湖笔历史、湖笔种类、湖笔特征与价值、传说与习俗、历代笔工和湖笔现状等文化现象的阐述。后一个版本对前一个版本有所拓展，增加了湖笔的渊源、历史研究及生产布局等内容。张前方著《湖笔文化》像是湖笔的一个展览，全书由笔源、笔流、笔艺、笔工、笔市、笔厂、笔俗、笔胜、笔情和笔节等十章组成，内容丰富、语言通俗晓畅，但制作技艺却没有相应的介绍。马青云的《湖笔与中国文化》，从宏观的湖笔文化的视角，阐述了湖笔与中国文化的联系，著作分别从毛笔的起源和发展历史，制作工艺水平的演进，中国文化的各个门类，如汉字、书法、绘画、教育、民俗等与毛笔的关系，毛笔与中国的思想、哲学传统、宗教、艺术审美的精神约定等方面，进行了一次较为全面的探讨，旨在探讨"毛笔作为中国文化的再生性传播媒介，其意义的生产和建构的过程"[1]。阐述湖笔的相关著述还有《毛颖之技甲天下》、《湖笔与中华文明》等等。

从期刊来看，湖笔相关研究有近 40 篇，但仍是局限于历史文化的研究，更多的是阐述湖笔的源远流长的历史、湖笔的社会价值、湖笔的品种类型等文化知识及未来保护等问题。这类文章有《湖笔文化论》、《湖笔在中国书写文明史上的重要地位与影响》、《湖笔文化及其在现代化进程中的嬗变》等。

此外，还有少数著述探讨其他地区毛笔制作业的发展状况及毛笔文

---

① 马青云：《湖笔与中国文化》，北京大学出版社 2010 年版，第 2 页。

化的兴衰。如陈福树的《茅龙墨韵：白沙茅龙笔》、文媛媛的《唐代宣笔考辨》、樊嘉禄等的《宣州制笔业的兴衰及其成因探析》、杨松的《衡水一绝：侯店毛笔》、王慧宁的《扬州水笔制作的现状和发展规划》、杨柳的《"太仓毛笔"："非遗"的消亡与拯救》、宋亚娟的《最后的宋笔》，等等。

4. 文港毛笔研究

与湖笔文化到处流淌着文人赞赏的墨汁和闪烁着璀璨的文化光芒不同，文港毛笔只是充当着一个默默无闻的角色，即使今天她已经发展到了顶峰，毛笔生产大大超过了湖笔，但基于文化"血统"的"卑贱"，似乎目前她仍然无法得以"正身"。因而，在研究方面，文港毛笔研究基本上可以说还处在起步阶段，相关研究非常薄弱。

文港毛笔研究，可以从以下三方面进行分析：一是有关文港毛笔的整体述介。聂国柱、陈尚根主编的《江南毛笔乡》，是进贤县政协文史资料委员会编辑的一本内部资料合集，调查了整个进贤县毛笔生产情况，尤其是近代以来进贤县的毛笔生产情况，除文港、李渡①两个毛笔生产大镇外，也涉及周边的前途、长山晏、张公乡等乡镇。该书对进贤毛笔的历史沿革、故事趣闻、老牌笔店、笔乡名人及今天发展情况进行了一个整体的资料搜集整理，可以说是对包括文港、李渡在内的整个进贤毛笔文化的概要性编著，但缺憾是对进贤县尤其是文港、李渡两个毛笔生产重镇民国以前的毛笔文化史料记载很少，毛笔文化发展的早期史料比较匮乏。郭传义在《华夏笔都》② 中，以报告文学的写法，对文港毛笔产业发展历史、文港笔店状况、文港笔业发展困境及文港人如何克服困难等进行了细致描述。文先国在散文集《求鼎斋文稿》③ 中，撰写了《文港毛笔作坊》、《旧匾新联，史记文港笔》、《笔都轶事》、《桂梦苏古宅和梦生笔店》和《博雅君子邹农耕》等篇什，通过散文化的笔触对文港毛笔作坊、文港毛笔发展历史、文港毛笔著名店铺及文港毛笔

---

① 李渡镇，历史古镇，毛笔制作历史悠久，古代称清远，与现文港镇相邻，历史上文港镇还曾一度隶属于李渡镇。因为行政区划经常变迁及文献记载的匮乏，笔者很难对文港辖制的历史沿革做出缜密的梳理，但当时毛笔制作深受李渡影响是无疑问的。

② 郭传义：《华夏笔都》，新华出版社 1993 年版。

③ 文先国：《求鼎斋文稿》，文化出版社 2013 年版。

重要宣传推介者邹农耕进行了比较深入的述介，让读者增加了不少文史知识和地方知识。

二是从文化上分析文港笔业发展困境及其解决措施。谢萌、吴国华的《关于文港毛笔制造业的调查报告》，作者带着毛笔制作工艺、毛笔性能及其对书法、绘画风格的相互关系的问题对文港毛笔的制作技艺、毛笔制作基本特征与生产现状、毛笔的组织生产和销售及毛笔的保护与发展趋势等方面进行了调研与思考。在现代技术社会，作为传统的实用性的毛笔生产有多大生产空间呢？作者调查证实，现代毛笔已经开始走向工艺化，"作为礼品的毛笔市场比给书画家实用性的毛笔市场更大，也更有发展潜力。所以今后的毛笔会走高档化、礼品化的道路"①。当然，工艺化只能是一个渐变的过程，毛笔实用功能的消减仍是一个值得深思的问题，"在这条路上，毛笔的书写功能弱化到什么程度，笔头的质量是否还能保持值得关注"。② 当然，随着技术社会的发展，毛笔实用价值减弱的同时，其文化价值、艺术价值必然得到提升。刘爱华、艾亚玮的《被捆绑的手艺：制笔技艺的当下境遇与发展路径探析——以文港毛笔为例》，借鉴文化生态学、文化人类学的理论，对文港毛笔制作技艺当下境遇进行整体观照，指出随着现代技术的迅速发展，传统文化生态逐渐消逝，毛笔制作群体地位低下，技艺传承难以延续。因而，在民俗文化的这种"被动"转型中，"毛笔制作必须进行'改良'，注重实用性与艺术性的协调，满足多元化的市场需求"③，增强其生活属性，才是毛笔制作技艺的未来发展方向。刘爱华在《现代毛笔老大的隐忧》一文中也对文港毛笔发展困境进行了分析，并就保护问题提出了一些具体措施，"应该切实提高手工艺传承主体的地位，营造尊重手工艺、欣赏手工艺和爱好手工艺的良好社会文化风气。具体说来，可以采取政府短期资金扶持，帮助从事毛笔行业者尤其是毛笔制作技艺优异者做各种推介活动，遏制社会出现'只知卖笔者不知制笔者'的不良

① 谢萌、吴国华：《关于文港毛笔制造业的调查报告》，载《书法与中国社会》，北京师范大学出版社 2008 年版，第 165 页。

② 同上。

③ 刘爱华、艾亚玮：《被捆绑的手艺：制笔技艺的当下境遇与发展路径探析——以文港毛笔为例》，《文化遗产》2011 年第 1 期。

现象；推行固定的各层次毛笔制作擂台赛活动，建立合理的技艺认证和奖励体制；整顿毛笔行业市场，打击滥用'制笔世家'的广告陷阱和假冒伪劣现象；建立书画家和制笔艺人相互交流的平台机制，提高毛笔制作的技艺水平；注重毛笔文化内涵的发掘，培育毛笔产业发展深厚根基等等"[1]。

三是从经济学的视角探讨文港毛笔产业集群现象及其发展对策。宋友贤、辛象其的《文港——崛起中的皮毛和毛笔市场》是一篇对皮毛和毛笔市场进行研究的论文，作者通过自己对皮毛市场交易情况的观察和访谈，对文港毛笔的发展与皮毛市场的关联及其辉煌发展前景进行了展望。当然，今天因为动物保护的缘故，皮毛市场已经不存在了，但毛笔市场依然存在。晓理的《"文港模式"的生产力经济学考察》从经济学的视角对文港经济发展尤其是毛笔行业与皮毛市场的发展进行了探讨，认为不同于"苏南模式"主要依托城市大工业和"温州模式"主要依托家庭工业和早年从事劳务输出中分离出来的专业推销员，"'文港模式'主要凭借传统家庭工副业商品化、社会化"[2]。类似文章还有吴慧伶的《产业集群内企业业务转型研究：以文港地区为例》、何文的《江西省文港毛笔产业集群研究》、黄保庭的《江西文港制笔产业发展战略研究》、郭海红和温瑞珺的《文港制笔产业集群分析》等。此外，还有相关报刊文章《江西文港制笔业显现"集群效应"》、《大力发展文港文化产业》、《进贤文港镇：一支笔写出一篇大文章》等，从产业的角度对文港毛笔行业进行了分析。

综上，国内外学界在物质生产民俗、技术民俗、经济民俗、手工艺研究及毛笔文化研究等方面的大量研究成果，从民俗学、社会学、艺术学、经济学等学科视角对手工艺、毛笔文化进行了深入阐释和分析，为更好地剖析文港毛笔这个个案提供了重要的参考维度和视角。当然，上述研究尤其是毛笔文化研究方面，仍存在不少局限，主要表现在：一是对毛笔文化的研究偏重历史文化的梳理方面，对技术工艺的研究较少，即便是对技术的研究，也仅是把它看成工艺学的对象，而完全忽视了在

---

① 刘爱华：《现代毛笔老大的隐忧》，《中国文化报》2010 年 6 月 22 日第 5 版。
② 晓理：《"文港模式"的生产力经济学考察》，《生产力研究》1987 年第 2 期。

工艺操作中艺人的情感、生活经验、价值观等的挖掘，忽视了技术与艺人的生活世界、技术与市场的有机联系。二是对毛笔产业研究偏重对其产业集群的宏观分析，而缺少在深入田野调研基础上的个案分析，即便是个案，也停留于西方经济理论的套用。三是对文港毛笔文化研究尚处在初级阶段。关于文港毛笔研究仍局限于历史文化或产业状况的介绍，缺乏从自然—人—社会交互联系的综合性的多维角度的观照，对其文化生态、发展状况及其深层次原因的挖掘仍很不够，至于毛笔技术民俗、笔业产销民俗、笔业社会结构、笔业文化生态及笔业的未来走向更是缺乏深入的探讨。鉴于此，本书以文港毛笔为例，期望在上述三个方面做出力所能及的探索。

第四节　　本书的基本框架、思路、研究视角及方法

一　基本框架

除绪论部分外，本书主要按照以下五个部分来进行构架：对文港毛笔进行整体梳理，探讨制笔技艺作为一种普遍现象在文港为什么能够存在，文港毛笔制作技艺的发展具备怎样的条件？这是本书的第一部分。毛笔作为一种传统手工艺，是文港人的一种生产方式，也是一种生活方式。在日复一日的习俗生活中，人们重复着这种制笔工序。那么制笔技艺的程式化工序有哪些？人们又是如何传承和发展毛笔制作技艺的？人们对待笔坊、制笔工具及制笔活动具有怎样的情感？其实，人们的价值观、自我认同、生活感悟都能通过制笔技艺得以反映和展示。通过周鹏程的个案，进一步深化认识毛笔制作技艺与制笔技师的密切联系。这些有关毛笔制作技艺基本内容的阐释构成了本书的第二部分。毛笔制作技艺作为一种谋生手段，必须适应市场需求，文港自古以来就形成了良好的"跑市场"的传统，即"出门一担笔，进门一担皮"。随着社会生产力的发展，文港毛笔的生产方式、生产组织也不断变迁，网络产销民俗也随之产生。但矛盾的是，有这样一种灵活的市场适应"机制"，文港毛笔为什么还会出现发展的困境呢？这不得不追究其内在原因，它和一般商品的不同在于，它具有半市场化的属性，或者简单地说，它既极度

依赖于市场又超然于市场，这也是其生活属性逐渐丧失的重要原因。通过对文港毛笔的深入观察，从其发展困境中挖掘其产业结构内部原因，是本书的第三个部分。从笔业社会来看，它和其他行业社会发展一样，经过产业长期惯性发展，容易产生社会分化。这种分化似乎有利于社会流动，但通过仔细观察分析，可以看出这种流动只是表面的，整个社会呈现动态的静力学，也就是说社会上层是那些从事毛笔销售、毛笔原料贩卖的商人，而制笔者更多沦为社会底层。在经济交易中，由于社会上层拥有稀缺性或优质性资源、报酬和服务，在社会交换中，就拥有支配他人的权力，从而使得社会交换进一步失衡，笔业竞争也进一步失序。而在权力交换中，国家（政府）是缺席的，这使得笔业竞争失序加剧，从而进一步促成文港笔业发展的困境，这是本书第四部分所要阐释的基本内容。文港毛笔今天辉煌不再，除了以上两个内部原因以外，还有什么原因呢？这就是工具理性的膨胀，科学技术迅速发展导致了文化生态的急剧变迁，具体来说就是毛笔书写领域的三次技术革命，使得毛笔制作的存在基础受到巨大冲击，而反映到思想观念方面，就是整个社会的社会评价体系发生了急剧的变化，群众社会评价体系旁落，这是文港笔业衰弱的外在原因。在这样的形势下，如何摆脱文港毛笔的衰弱状态，或者说如何更好地传承这一传统手工艺，同时如何适应文化产业发展大潮进一步挖掘毛笔的符号价值，这是本书的最后一部分需要探讨的内容。

余论部分则是本书的一个小结，对文港毛笔发展困境的三个层次原因即笔业半市场化属性、笔业竞争失序和文化生态的变迁进行概括，当然这不仅仅是针对文港毛笔，也适用于整个毛笔产业甚至是其他民间手工艺的状况。毛笔作坊能否继续存在，也许答案很简单，但实际上也并非是一个简单的问题，它牵涉整个社会对其所持态度和重视程度及其对产业结构转型契机的把握程度。

二　基本思路

本书从社会生活史的视角，对文港镇的毛笔行业进行了较为全面的考察，在考察中不断调整思路。本书的基本思路是以文港毛笔为个案，探讨手工作坊生产这种生产方式、生活方式当下困境的主要原因，并探讨其未来可能的发展路径。具体来说，从大的社会生活史的角度出发，从制笔技艺、笔业与市场、笔业社会结构、笔业发展的外部环境四个大的板块出发，探讨当下文港毛笔或国内毛笔发展困境的三个主要原因层次，即笔业的半市场化属性、笔业竞争的失序和文化生态的变迁，而笔业的半市场化属性是笔业衰微的最主要原因，是笔业产业结构内部形成的影响因素，是影响笔业发展的决定性因素。

笔业的半市场化属性，简而言之，就是毛笔及其制作与市场之间形成的一种矛盾关系。毛笔及其制作既极度依赖于市场又超然于市场。这种特点就决定了制笔技艺与现代市场产生了一定的距离，无法完全适应现代市场需求。所以要解决笔业发展问题，关键是要正视其半市场化属性，当然，这个问题的解决离不开国家（政府）的参与，离不开其对宏观市场秩序的协调。从民艺学的理论来看，手工作坊生产属于工艺文化，具有广泛的生活基础，虽然当下其生活文化的特征在逐步丧失，但增强其生活属性使其适应多元化的市场需求仍是可能的，因而，本书最后进行了一点探讨，重点不在于指出包括文港毛笔在内的手工作坊生产的具体发展路径，而是探讨其可能的发展方向，为现实的非物质文化遗产保护提供一个可参考的思路。

三　研究视角

对传统手工艺的研究，民俗学者一般是从更广泛的民间艺术或民间手工艺美术的角度进行研究的。钟敬文认为："民间美术与人民的生活生产活动、人民的社会组织以及其它文化方面，构成一个地区完整的文化整体形态，它并不是孤立的东西。"[①] 对于民间艺术保护，乌丙安倡导带徒传艺的传统方式，从维护艺人生活方式、尊重习俗惯制的角度进行，他认为："手工业生产方式决定了手工艺的口传心授习惯，甚至在一些民族地区还沿袭着古老的口传神授的规矩或依靠学徒自身的灵性悟性'偷艺'的习俗。许多祖传家传绝艺的传承机制甚至还有许多更为独特的习俗惯制。民间艺术遗产独有的许多神来之笔的绝艺，巧夺天工

---

① 钟敬文：《民间美术与民间文化问题》，载《民俗文化学：梗概与兴起》，中华书局1996年版，第183页。

的绝技，鬼斧神工的绝活，往往都来自神秘莫测的传承活动中，这就是'文化多样性'的原初根据。"①

因而生活研究视角也成为民俗学者民间手工艺研究的范式。在生活研究视角的指导下，近年来，民俗学者对民间手工艺的研究取得了不少进展，如对年画、剪纸的研究，使得这些以前属于艺术学研究的范畴开始成为民俗学研究的重要领域之一。

本书也遵循生活文化这个大的指导方向，从社会生活史的角度去探讨毛笔制作技术民俗、毛笔作坊组织民俗与管理民俗、毛笔产销民俗及笔业社会结构。毛笔制作技艺在这里不仅仅是一种生产工艺，一种生产方式，更是一种生活方式，同时，也是民间艺人自我价值认同、情感表达、生活感悟的一种思想交流方式。在行文过程中，本书建构了一个概念——半市场化。毛笔及其制作具有半市场化属性，它既极度依赖于市场又超然于市场，是毛笔产业现有结构的一种内在特点。因而，运用半市场化概念来看待民间手工艺的当下境遇、发展困境及未来走向，对于探讨现代市场社会中制笔技艺的发展困境、笔业社会结构的固化、笔业社会交换中的权力不均衡现象、社会评价体系的转变、手工艺人的心理状态、生活感受及文港毛笔未来发展路径，从而为非物质文化遗产保护工作的有效开展提供一个可供参考的思维角度，都具有一定的理论价值与实践价值。

四　研究方法

1."生活整体研究"

生活的整体研究，很重要的内容就是要展示普通人（研究对象）的日常生活世界。对生活世界的研究，国外胡塞尔、萨姆纳等学者都有深入研究，国内学者高丙中也对之进行了深入和持久的关注。他认为生活世界就是民俗的世界，即日常生活的世界。他在《中国人的生活世界：民俗学的路径》一文中批评当前学术界对生活世界的忽视，他认为："从学理上看，最突出的问题是'生活世界'在思想和学术中的缺位。生活世界是日常实践的领域，也就是蕴含着共同体的普通人的本源

---

① 乌丙安：《带徒传艺：保护民间艺术遗产的关键》，《美术观察》2007年第11期。

性文化价值的基本领域。"① 当然，这个"'生活世界'并非现成的、'客观的'物的世界，而是先验自我的主观超越论生活的成就（直观构造），它是最本源的经验地基或者是先于认识经验的'前认识'经验"②。因而，对日常生活世界的重视与研究，某种意义上来说，拓宽了民俗学的研究视域，更能体现民俗学科对普通民众生活文化现实关注的价值与功能。本书即从社会生活史的角度，通过深入观察和访谈，把文港毛笔看作一个整体性存在，不仅仅要描述和分析文港毛笔制作技艺的工艺环节、技艺知识，而且要从生产方式、生活方式、产销民俗、制笔技师的生活感受及社会结构等方面全面理解和阐释文港毛笔，思考现代市场社会下文港毛笔的传承及其未来走向。

2. 访谈法

访谈法是田野调查中重要的研究方法。庄孔韶认为，"访谈（interview）就是通过向研究对象提问或与之交谈的方式来获取资料"。③ 访谈法是民俗学、人类学、心理学等学科常用的理论研究方法，访谈法具有目的性、交互性、灵活性等特点。通过访谈，研究者可以在一个比较广阔的视野中获得特定的研究资料，还可由此检验和反思理论研究的不足。文港毛笔制作虽然历史悠久，但由于文化生态的变迁，现代技术的渗透，留存下来的文本资料非常匮乏，很多重要的信息如文港毛笔历史渊源、毛笔组织民俗与管理民俗、毛笔产销习俗等信息都很难搜寻，这就需要充分利用访谈法，通过艺人的记忆或口述史，来钩稽和构建文港毛笔业的整体轮廓。

3. 参与观察法

参与观察是研究者全身心参与到研究对象的社会生活之中，以当事人的角度观察并理解诸文化现象及其意义的活动。为更深入地理解文港毛笔制作民俗，需要广泛接触制笔技师或笔工、政府人员、消费者等，尤其要多学习、观察手工艺人的制笔工艺。当然这种参与观察法在实践中有一定难度，因为毛笔制作技艺是一种技术性很强、工序很繁杂的民

---

① 高丙中：《中国人的生活世界：民俗学的路径》，《民俗研究》2010 年第 1 期。
② 户晓辉：《民俗与生活世界》，《文化遗产》2008 年第 1 期。
③ 庄孔韶：《人类学概论》，中国人民大学出版社 2006 年版，第 164 页。

间手工艺，不是展演性的表演活动，因而，需要进行比较长期的观察，才能体悟和解释毛笔制作技艺蕴含的民俗文化，整体感受毛笔文化社会。

4. 历史考证法

历史上文港行政区划经历了多次变迁，甚至一度被划入李渡镇，故而存在一定的争议，而这种模糊化的历史归属及其制笔历史，依靠访谈资料很难形成具有说服力的证据。因而，在研究中需要广泛查阅相关地方史志等资料，进行一定的历史梳理，运用逻辑推理的方法进行考证，尽可能还历史以真实。

第五节　　田野历程及相关概念、术语说明

一　田野历程

本书以江西省进贤县文港镇的毛笔行业为调查对象，与之相关的文献资料很少，因而，在行文中，在理论资源上主要借鉴了社会学、人类学、历史学、艺术学的相关理论，而在具体论证上则主要依靠田野调查所得来的第一手资料。本书的调查主要分三个阶段。

第一阶段为全面了解阶段。田野调查的主要任务是全面了解文港毛笔作坊及毛笔制作业，时间为2010年4月中旬至5月中旬。在这一阶段，通过对毛笔制作技师、毛料加工者、售笔者、毛笔文化研究者、政府官员及毛笔市场的考察，对文港毛笔的基本状况有了一个比较全面的了解。调查之前，对文港毛笔印象不深，只是听说过文港是专门制作毛笔的地方，但脑中浮现的更多是"湖笔"两个字。通过调查，这一印象开始改观，才明白文港毛笔事实上并不输于湖笔，在产量、产值方面甚至远远超过湖笔。而"出门一担笔，进门一担皮"、"药不到樟树不名，笔不到文港不齐"的俗谚，更让笔者对文港毛笔有了更深入的认识。随着调查的深入，一个疑问一直缠绕着笔者，作为一种紧紧围绕市场生产的毛笔制作业，它为什么会呈现衰微的隐忧？是什么原因造成的？而这也是第二阶段调查的主要关注点。

第二阶段为重点调查阶段。田野调查的主要任务是对文港毛笔制作

技艺、笔业社会结构、笔业与市场的关系及笔业文化生态进行深入调查，时间为 2010 年 7 月初至 8 月中旬。这次调查主要围绕三块进行：一是对毛笔制作专业村——周坊村进行了重点调查，对村中毛笔头制作、毛笔杆制作、拔兔毛业进行了调查，并对村中四个八十来岁的老人进行了访谈，对周坊村新中国成立前后的毛笔制作业、毛笔生产组织及毛笔销售有了比较深入的了解。二是对文港大街上十多位毛笔制作技师进行了访谈，重点调查了其中五位，一位是制作毛笔杆的，四位是制作毛笔头的，并亲自参与了笔头制作和笔杆制作的一些关键工序，体验了手工艺的精细和繁杂。在调查中开始从毛笔制作业内部思考毛笔业发展困境的原因，逐步形成半市场化的概念。三是对毛笔市场进行了重点调查，笔者多次去毛笔市场与制笔者、售笔者、毛料贩卖者进行访谈，参与观察市场交易的情况。在关注毛笔市场之余，还有针对性地对部分毛料加工者、毛料贩卖者、售笔者及毛笔文化研究者进行了深入访谈，旨在从社会交换的视角了解其经济收入、社会地位状况，思考是什么因素导致其社会分化的，笔业社会结构如何，对笔业市场竞争产生了什么影响等问题，并深入思考社会交换对经济交易过程及结果的影响，权力在经济交换中是如何形成的，权力失衡又是如何导致笔业竞争失序的等问题。通过深入调查及理论学习，逐渐理解权力就是某人所拥有的稀缺性或优质性资源、报酬或服务，权力失衡促进笔业社会的分层，从而进一步加剧笔业竞争的失序，最终影响现代笔业的发展。同时对毛笔与市场的关系有了更多的认识，对半市场化概念进行了更深入的思考。

第三阶段为补充调查阶段。田野调查的主要任务是对本书写作过程中一些不清楚的地方进行补充调查，时间为 2011 年 1 月。这个阶段对毛笔制作工序、毛笔市场进行了一些有针对性的调查，纠正了行文过程中对一些知识的主观臆断性的推测，并形成了笔业衰微三层次因素的观点。

在田野调查之外，在写作本书过程中，针对田野调查的不足，笔者也经常通过电话访谈的方式予以弥补。但总的说来，由于时间的仓促及个人能力的局限，田野调查中很多问题仍没有解决，参与观察的调查方式在书中也没有很好地得到呈现。

二　相关概念、术语说明

1. 文港

古代称"门家港"、"闻家港"。地处赣抚平原，东靠 316 国道、京福高速公路，北邻温厚高速公路，西有抚河川流而下，是北宋宰相、著名词人晏殊的故里。文港以制作毛笔而出名，是闻名遐迩的毛笔之乡，被誉为"华夏笔都"。文港毛笔制作历史悠久，据相关资料佐证，其制笔历史有 1600—1800 年。文港的毛笔生产单位主要是家庭作坊，几乎"人人会做笔，家家是作坊"。

在传统社会，文港毛笔制作技艺具有很强的保密性，其技艺传承建立在血亲、姻亲基础上，通过父传子、母传女的方式进行传承，但随着社会的发展，这种传承方式已经逐步改变。文港还有一个全国第二、江南最大的笔市，在每逢农历尾数为一、四、七的日子，周围的农民都赶往文港毛笔市场，进行交易。

文港毛笔历史上最辉煌的一页，当推周虎臣笔墨庄和邹紫光阁，其创立者周虎臣和邹发荣均为文港人，这两个品牌和湖州王一品、北京李福寿并称"中国四大名笔"。

2. 文港笔业

文港笔业在这里是指文港毛笔业，包括毛笔头制作业、毛笔杆制作业、制笔模具加工业、毛料贩卖业、毛料加工业、毛笔雕饰业、毛笔包装业等一个完整的产业链条。

3. 手工作坊

手工作坊是指从事手工业生产的劳作场所，同时也是传统社会的基本生产单位。手工作坊工具一般比较简陋，以手工具为主。手工作坊主拥有私有的生产资料，分散经营，以本人的手工劳动为主要生活来源，或由作坊主（一般是有较高技艺的师傅）带领帮工或学徒在生产中实行简单协作。

手工作坊在这里是指以手工劳作为主的毛笔作坊（简称笔坊），即毛笔制作加工场所。这种手工作坊以手工具为主，但随着科学技术的发展，现代机械工具亦开始逐步渗入，尤其在笔杆制作业中。文港历史上存在雇佣型笔坊、集体型笔坊、家庭型笔坊和混合型笔坊四种类型，目前主要有家庭型笔坊和混合型笔坊两种类型，其劳作一般都在家庭中进行，其成员也以家庭成员为主。

文港笔坊不仅是生产空间，也是社会交往空间，因为家庭就是生产单位，所以在管理上显得闲散，但亦因缺少标准化、规模化、同质化的管理模式而显得自由、温馨，民俗气息浓郁。文港笔坊主要是生产场所，大多数笔坊亦兼具销售功能。在文港，少数制笔技艺较好或家庭条件较好的家庭也开设笔庄。一般来说，笔庄和笔坊功能一致，都是生产场所或空间，但笔庄名称与现代社会更加融合，显得更为雅致。当然，在经济、社会发展过程中，文港当地一些笔庄开始分化，从生产中逐步分离出来，不再是生产场所，而成为专门性的销售场所。

4. 制笔技师

制笔技师是一个比较现代化的名称，在文港，当地知识精英多用这个词来指称那些制笔技艺水平比较高的手艺人，而过去多用掌作（或管作）来指代，用来表示那些掌刀的负责制笔关键工序及把握全局的技艺高超的制笔师傅。笔工是指那些手艺很一般的手艺人。在民间，手艺人使用更广泛，但概念比较宽泛，表达不很贴切，因而本书借用制笔技师指称那些技艺高超的制笔师傅，有时也使用制笔艺人这个名称，而借用笔工来指称那些技艺水平一般或较差的制笔师傅。

5. 社会交换

社会交换是人类社会生活所遵循的基本原则之一，不论是经济生活中的商业行为，还是社会生活中人们的交往活动，无不受交换的影响。交换理论认为，经常性的报酬使接受者依赖于提供者并服从于他的权力，因为这些报酬造成了一种预期，即中断报酬就变成一种惩罚。拥有稀缺性或优质性资源、服务或报酬越多，在交换中支配他人的权力就越大，从而使得其在经济交换中能够榨取更多的超额利润，权力交换因之进一步失衡。

本书使用社会交换主要是借用了社会交换理论，来探讨在毛笔市场交易过程中社会交换是如何影响毛笔市场交易过程、结果及笔业社会结构的。这里的社会交换不是指经济交换，而是影响经济交换的社会层面的报酬性因素，如情感、信任、尊重、地位、权力等。由于毛笔不再是人们日常生活、文化的中心，制笔业开始边缘化，毛笔的销量很小，毛笔制作技艺作为一般性的资源在文港大量存在，因而在社会交换中，制笔者地位逐步下降，他们必须付出自己的廉价服务，对购笔者的依赖也逐步增强。售笔者或者毛料贩卖者相对而言却拥有较多的稀缺性或优质性资源，如销路、资金、地位等，他们在交易中往往占据主动，所提供的资源、服务或报酬更加优质，是制笔者稀缺的或极其需要的，因而在经济交换中，他们就拥有更多支配制笔者的权力，从而在交易中能够榨取更多的高额利润。这样，权力交换失衡进一步加剧，笔业竞争进一步失序，笔业社会的合理流动进一步固化，从而最终影响到笔业（包括毛笔制作技艺）的长远、协调发展。

6. 半市场化

在这里指称介于传统与现代之间的一种经济形态或市场结构，或者说传统生产制约下的市场化现象，半市场化是一个动态的变化概念，这里的"半"不是具指，而是泛指，这里的"市场"是指工业化以来的现代市场。半市场化不仅是一种经济现象，也是一种民俗文化现象，民间手工艺的内在结构、劳作方式、文化内涵、价值呈现等决定了半市场化经济形态或市场结构的产生，因此，半市场化是民间手工艺的一种普遍现象，对于研究传统手工艺存在状态、发展困境及动态保护等问题具有一定的启发意义和参考价值。

半市场化，不等于排除市场或无市场，而是指基于小生产基础上的市场化，不具备现代市场性。它也遵循价值规律、市场供求关系，但其生产无法完全满足现代化的需求，与现代市场保持一定的距离。体现在它既要按照实用性的要求，也要按照欣赏性的要求；既要按照技术的标准，也要按照艺术的标准，或者换一句话来说，如果它完全适应了现代市场，完全市场化了，那就不是手工艺产品了，而是一般的商品了。

半市场化属性是制约毛笔制作融入现代市场社会的内在原因。毛笔的半市场化属性决定了毛笔制作既极度依赖于市场又超然于市场，毛笔制作的手工艺特点决定了其无法按照标准化、规模化、模式化进行生产，这样客观导致制笔者与用笔者的分离，但它不同于一般商品。毛笔兼具实用性与艺术性，是书画艺术（过去是日常书写）的物质载体，为了提供书画艺术的"利器"，客观上要求制笔者与用笔者相互联合，制笔者按照用笔者的个性化要求进行毛笔制作，但毛笔既然要按照个性化的要求制作，在规模上就要求精细化、小规模的家庭作坊，制笔者就必须集中更多精力进行毛笔制作，这样做的代价就是制笔者无法把握广阔的毛笔市场需求走向，缺乏市场敏感性，或者这方面空缺被毛笔销售商所弥补，因此，毛笔制作既极度依赖于市场又超然于市场。

就毛笔制作及毛笔这种手工艺品来说，半市场化概念使用回旋余地较大，意义略有不同，如生产的半市场化与半市场化的生产，前者强调生产半市场化的状态，后者强调半市场化的生产过程。再如笔业的半市场化与半市场化的笔业，前者强调笔业半市场化状态，后者强调半市场化进程的笔业。当然，前后区别不大，表达的意思大致相同。

因此，半市场化现象所涵盖的手工艺品是指那些逐步远离人们视野的边缘性的，产量、需求处在变化波动状态或逐渐萎缩的状态中的文化产品（不是生活必需品）。

7. 市场胶着

是指产品在融入市场过程中所体现出来的一定的排斥现象。以毛笔来说，在手工容许的范围内或传统市场社会，传统与现代、效率和质量等关系能够得到合理的调节，在市场表现上为毛笔与市场的互融或交融，而超出这个界限，毛笔与市场则相互排斥，呈胶着状态。半市场化手工艺就是市场胶着的一种表现，产品和市场具有一定的排斥性。

附加说明：文中访谈对象姓名除少数人因各种原因采用英文字母代替外，全部为实名，其资料信息也全部为真实信息；文中图表除注明外，均为作者拍摄或制作。

第一章

文港自然环境与文化生态

　　人杰地灵，言诚如是也；

　　笔歌墨舞，文不在兹乎。

　　业拓蒙恬，气势擎天大手笔；

　　宗开婉约，风情绝代小山词。①

——王翼奇

　　民间手工艺是一种介于实用与欣赏之间的传统技艺，具有物质与精神双重功能，因其属性不同，各有侧重，有的偏重物质实用性，有的偏重精神欣赏性。在传统农业社会，农业是农民生活之源和依赖之本，民间手工艺作为手工业的一部分，多半是作为农业的辅助，其功能主要是贴补家用。随着现代市场经济的发展，传统手工业由于文化生态的变迁，社会适应性逐步降低，作为其组成部分的民间手工艺也不得不面临今天的"被转型"。

　　本章从调查地点——江西省进贤县文港镇生态环境的基本状况及毛笔生产的历史背景入手，运用民俗学、文化人类学的理论，探讨制笔技艺作为一种生产方式对当地民众的意义，文港毛笔历史状况，当下境遇及其文化再生产，旨在对"语境中的民俗"②的全面阐释进行一个背景介绍或铺垫。根据文化生态学理论，文化生态学，简而言之，就是把文化放到整个环境中去看它的产生、发展和变迁的一种文化理论。在文化

---

① 王翼奇：《题进贤文港笔都二副——晏殊晏几道故里》，载《绿痕庐诗话·绿痕庐吟稿》，浙江古籍出版社 2006 年版，第 272 页。

② 刘晓春：《从"民俗"到"语境中的民俗"——中国民俗学研究的范式转换》，《民俗研究》2009 年第 2 期。

生态系统结构模式中，自然环境是最重要的，其次是与自然环境最直接、最接近的工具、机械以及经验、知识、科学、技术一类发明创造，"传统技术直接决定了一个群体的人们的生存方式，决定了人们用什么样的方式解决人们衣食住行等生存问题。它所解决的是人们的一个生存问题，决定了人们的生存方式"①。因而科学技术及技术民俗对广大民众的生活影响是普遍、持久和深入的。本章以文献资料为主，结合田野调查资料，把文港毛笔及其制作置于一个动态的时空环境中，通过论述文港毛笔生产制作的文化空间、自然环境、地域特色、历史沿革及当下境遇，为全书深入探讨文港制笔技艺、笔业与市场、笔业社会结构及笔业未来发展即制笔技艺的传承与变迁提供一个生态环境背景。

第一节　文港生态环境

文化生态学这一学术概念是美国进化派人类学家朱利安·斯图尔德（Julian Steward，1902—1972）所提出的，用以研究那些具有不同地方特色的特殊文化形貌和文化模式。斯图尔德认为："环境与文化密不可分，互为辩证关系，主张用生态学的系统、联系的观点解释环境与文化之间的动态关系。"② 文化生态系统是文化与自然环境、生产生活方式、经济形式、语言环境、社会组织、意识形态、价值观念等构成的相互作用的完整体系，具有动态性、开放性、整体性的特点。一个区域内各种文化共存互生的良好生态体系正如自然界的生物链，在内部机制上是息息相通的。③

毛笔制作技艺作为一种区域性的习俗文化，也是一种内生的文化生态系统，与其生产方式、经济方式、自然条件、地理环境等紧密相连的，是各种生态因素综合孕育的结果。本节主要从文港的自然地理环境、行政区划变迁等方面来分析文港笔业及制笔技艺产生的历史文化原因，探讨制笔技术民俗形成的文化生态环境。

---

① 朱霞：《云南诺邓井盐生产民俗研究》，云南人民出版社 2009 年版，第 2—3 页。
② 唐家路：《民间艺术的文化生态论》，清华大学出版社 2006 年版，第 8 页。
③ 吕霞：《文化生态与艺术传承》，《青海民族研究》2009 年第 3 期。

一　自然地理——典型内地乡镇的生态区位

文港镇隶属于江西省南昌市进贤县（见图1—1）。进贤县属亚热带

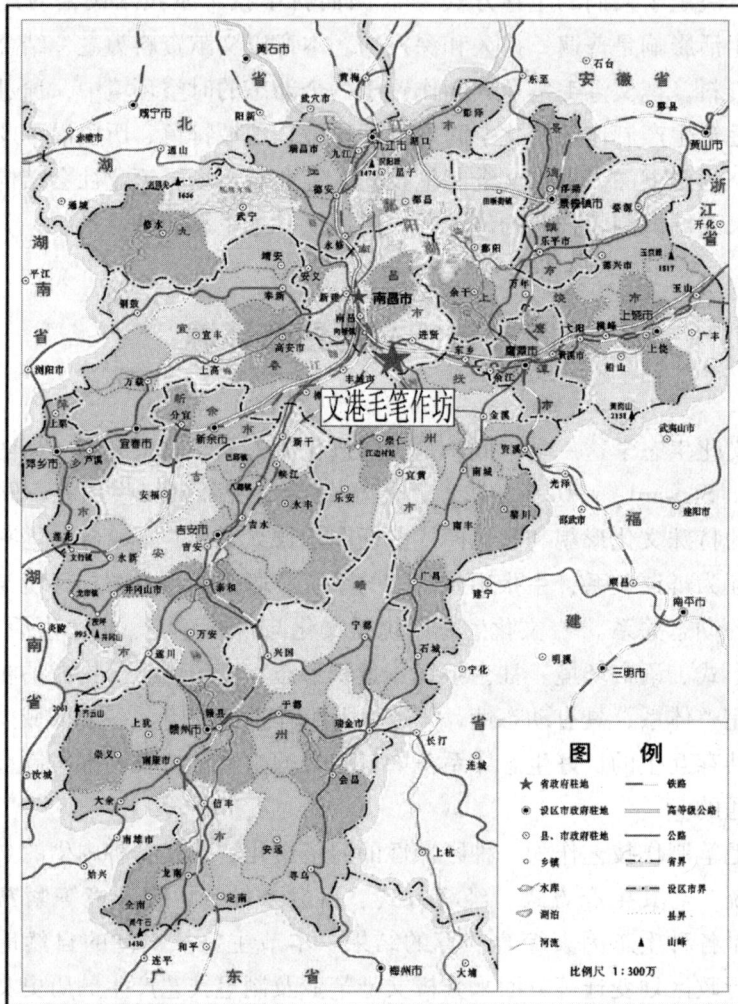

图1—1　江西省政区略图

资料来源：文先国提供。

湿润气候，气候温和，雨量充沛，日照充足，无霜期长。年平均气温

17.5℃，全年最冷时为 1 月份，平均气温为 5℃，极端气温为 -12.1℃；最热时期为 7 月份，平均气温 29℃，极端最高气温 40℃。无霜期每年平均为 282 天，最长 307 天，最短 250 天。日照时数年平均 1900—2000 小时。全年平均雨量为 1587 毫米，多雨年可达 2326 毫米，少雨年仅有 1079 毫米，降雨时间集中在 4—7 月，初夏 5—6 月最多，隆冬 12 月最少。[①]

文港，位于抚河中下游东岸，东经 115°16′，北纬 23°21′，[②] 水量充足、气候温暖湿润，镇西北属低丘山地，墨岗山产煤，余为抚河冲积平原，土地肥沃，为农业的发展创造了良好的条件。文港粮食作物以种植水稻为主，兼种花生、红薯、大豆。越冬作物以种油菜为主。1990 年粮食总产量 1890 万斤，平均亩产 1500 斤，是一个人多地少、粮食高产地区。[③] 据统计，2000 年全镇耕地面积 853 公顷，其中水田面积 839 公顷，旱地 14 公顷（见表 1—1）。

表 1—1　　　　　　　1986—2000 年部分年份文港农业数据

年份	耕地面积（公顷）	粮食总产量（吨）	食油总产量（吨）	农业产值（万元）	农民人均纯收入（元）
1986	964	9689	29	362	418
1990	970	1002	29	585	851
1995	853	8152	117	2209	2094
2000	853	7236	67	4220	3118

数据来源：参见进贤县史志办公室编《进贤县志（19861—2000）》，方志出版社 2006 年版，第 73 页。

由表 1—1 可以看出，1986—2000 年的 15 年来，文港镇农业产值和农民人均收入增长迅速，与 1986 年相比，2000 年农业产值和农民人

---

① 百度百科："进贤县"（http：//baike. baidu. com/view/50572. htm#2）。

② 文港乡人民政府档案资料：《文港——江南著名的皮毛笔料市场》，1990 年，进贤县档案馆藏，案卷号：12。

③ 马洪主编：《中国经济名都名乡名号》，中国发展出版社 1992 年版，第 498 页。

均纯收入分别增长近 12 倍和 7.5 倍。但与此同时，随着人口的增长，人多地少的矛盾十分突出，耕地面积在逐步缩小，粮食总产量也在不断下降。为何在耕地面积不断缩小和粮食总产量不断下降的情况下农民人均纯收入增长这么快呢？笔者没有找到相应的确切数据，认为其可能原因有两个，一是农业多种经营的产业收入增长较快，二是物价水平的过快增长。因此，从纯粹农业发展来说，农业产值和农民人均收入的增长空间并不大。据统计，目前文港全镇总面积 5433 平方公里（其中小城镇面积 3.8 平方公里），耕地面积 26000 亩，人口 7 万人，其中城镇居住人口 4 万人。① 从这个数据可以看出，每个人平均分配不到四分田地。此外，传统农业基本是靠天吃饭，抗御自然灾害能力极弱，且文港地处低洼地带，经常遭受水涝灾害。

尽管土地肥沃，但地势低洼、水涝频仍、人多地少等状况所造成的生存压力使得当地人无法完全依赖农业生产，需要借助家庭副业才能维持正常的生活。故而当地群众形成了做手工的传统，"毛笔皮子织夏布，鞭炮纺绳浇蜡烛，泥木建筑跑运输，摆摊设点做豆腐"便是形象的概括。至 20 世纪 80 年代末，文港 "90% 以上的农户由务农为主转到主要从事工副业和第三产业，有 70% 以上的农户已完全脱离农业劳动。初步形成以家庭工厂为主体，以社会化专业分工协作为生产主要形式，以大规模集市贸易为交换渠道，以全国性专业市场为依托，以现代邮政运输、通信、金融为支撑的新的农村结构"。②

"抚水滔滔，平原无垠。既非交通要塞，又非通衢大邑；既无崇山峻岭，又无野兽出没……"③ 这种自然条件极为贫乏的小镇为何能够发展成全国最大的文化用品交易市场和江南最大、全国第二的皮毛市场呢？追根溯源，还得归咎于毛笔。文港地区制笔历史据传有 1600 多年，毛笔文化底蕴深厚，由于制笔传统的潜在影响，制笔技艺成为当地农民谋生手段之首选。过去农村虽然有很多副业，但由于毛笔市场人流量的

---

① 百度百科："进贤县文港镇"（http：//baike. baidu. com/view/50572. htm）。
② 晓理：《"文港模式"的生产力经济学考察》，《生产力研究》1987 年第 2 期。
③ 宋友贤、辛象其：《文港——崛起中的皮毛和毛笔市场》，《企业经济》1987 年第 6 期。

聚集，毛笔制作最受青睐。制笔技师雷礼华说："过去我们老雷村很多人做副业，有篾匠、泥瓦匠、木匠、铁匠，但相比较来说，还是制毛笔的人多，因为镇上有皮毛笔料市场，全国各地的人都会过来，生意很好。"① 因此，在传统农业发展空间极度受限的情况下，当地人沿袭和传承了祖辈传下来的毛笔制作传统，并使之逐步成为当地的主要生产方式和民众的生活来源。

文化生态学是生态学的人文拓展，文化是人类进化过程中创造出来的，"作为人类活动内容的文化活动也要受自然的制约，而不是肆无忌惮地随意创造。背离了自然界或自然规律的文化活动是偏激的；只有与自然界相互依存、协调的人类文化创造活动才是健康、合理的"②。文港人多地少，自然资源缺乏，在土地上做文章已经很难了，这样的自然条件就要求当地人寻求更适应的生存方式或生产方式，因而，毛笔生产制作行业就应运而生，也是文化生态综合发展的结果。

二　行政区划——不断变迁的行政区划

文港③过去是一个津渡的名称，由于其地位的重要性，慢慢发展为一个行政区划，其管辖面积狭小，且行政区划经常变更，鉴于文港历史沿革资料的匮乏，笔者很难为其梳理出一个清晰的脉络，只能就所掌握的少量资料对其进行一个简单的勾勒。文港是发源于武夷山血木岭的抚河，流经中下游发生转折冲刷而成的东岸弯道上的港汊，它是抚河中下游地区一个重要的内河津渡，所以过去又被称为门家港、闻家港或文家港。

宋至清代，我国的行政区划县以下设乡、都、图。明清之际，文港隶属于长乐乡，"长乐乡辖四十六至五十四都，76 图，464 个村庄。为今罗针、云山、桂家桥、白家圩、文港、温镇、箭港、王家洲等地……五十二都为图 12，小坪、曾湾、敦溪、铜溪、文家港、横溪、石桥、

---

① 访谈对象：雷礼华，男，1963 年生，初中文化。访谈时间：2010 年 7 月 30 日。访谈人：刘爱华。
② 唐家路：《民间艺术的文化生态论》，清华大学出版社 2006 年版，第 31 页。
③ 在 1969 以前文港隶属于临川县，古代称为临汝县。

小岭、沙河、周坊、翁门、井上"①。从中可以看出，文港这时还只是一个图，比乡、都还小，只比村庄大，同沙河、周坊、翁门等图并列，今天这三个地方已经隶属于文港，也就是说，此时的文港还只是比村庄大一点的行政区划。至康熙年间，文港仍是与图相仿的一个津渡，此时长乐乡有九个都。"五十二都为图者十二……其湖二，曰亩湖，曰平湖……其津二，曰门家港，曰破坎。"② 这时的文港仍是长乐乡所辖的与图面积相仿的一个津渡。《江西全省舆图》之《临川县图》记载："县西北路出东门过文昌桥至接官亭……又十里至李家渡，又十五里至闻家港，又十五里至温家圳。"③ 文港这时和今天已成定名的李家渡、温家镇一起使用，但仍是一个以津渡命名的行政区划。至同治九年（1870 年）童范俨等修、陈庆龄等纂的《临川县志》中，文港却没有被提到，在长乐乡有温家圳，但它是隶属于五十三都的一个图，管辖范围相当于一个村庄，可以推断，此时的文港辖区面积仍未有多大变化。

民国时期，文港的行政区划稍有变化，面积有所扩大，相当于乡的地位。"民国 21 年（1932 年），推行保甲制，县下设区、乡（镇）、保、甲。临川县有 8 个区，53 联保，729 个保，8425 个甲。其中：李家渡属于第七区，区驻李家渡。辖李渡、云山、文港、长山、礁石五个联保，96 个保，1278 个甲。"④ 民国前李家渡属于明贤乡，文港属于长乐乡，后李家渡交通地位更突出，经济优势更明显，超越文港，成为临川县重要的一个经济区域，文港一度划归李家渡管辖。⑤ "民国 26 年（1937 年），联保改名为乡（镇）公所，临川缩小为 6 个区，6 个镇，38 个乡。其中：李家渡属于第四区，区驻李家渡。辖李家渡、温家镇 2 个镇，以及易俗（今大冈）、云山、文港、焦石、长乐（今长山晏）、

---

① 临川县志编纂委员会编：《临川县志》，新华出版社 1993 年版，第 58 页。
② （清）胡亦堂等修，谢元钟等纂：《临川县志》，台北成文出版社有限公司 1989 年影印本，第 170 页。
③ （清）曾国藩等修，顾长龄汇编：《江西全省舆图》，台北成文出版社有限公司 1983 年影印本，第 191 页。
④ 李渡镇人民政府编纂委员会编：《李渡镇志》（样稿），第 58 页。
⑤ 正是因为这段历史，今天李渡不少地方文化学者对于文港发展成为"华夏笔都"很有看法，觉得文港是"借鸡生蛋"，源于李渡却抢了其风光。

箭港（南昌县）6 个乡。"① 此时的文港已成为一个乡的行政区划，但仍属于李家渡的管辖范围。

　　新中国成立后，文港保持了民国时乡的原有行政区划。"1950 年 7 月，全县有 13 个区，126 个乡，3 个镇……温圳区，辖温圳镇和东岗、白沙、箭港、白城、平湖、文港、前途、枫林 9 个乡。"② 此时文港脱离李渡区（1950 年 7 月李家渡改名为李渡），转而划归为温圳区管辖。至 1953 年底，文港仍是第四区温圳区所辖的一个乡。1956 年 3 月，临川县撤销区委，改设 8 个工作队，文港乡隶属于温圳工作队。1957 年，工作队撤销，恢复区工委。"1958 年 10 月，撤销区工委，将全县 81 个乡，3 个镇合并成立 24 个人民公社和 2 个场、社合一的国营垦殖场……文港人民公社有文港、前途、桂花、平湖 4 乡合并成立。"③ 此时的文港开始成为与李渡、温圳并列的行政区划（见图 1—2）。1961 年

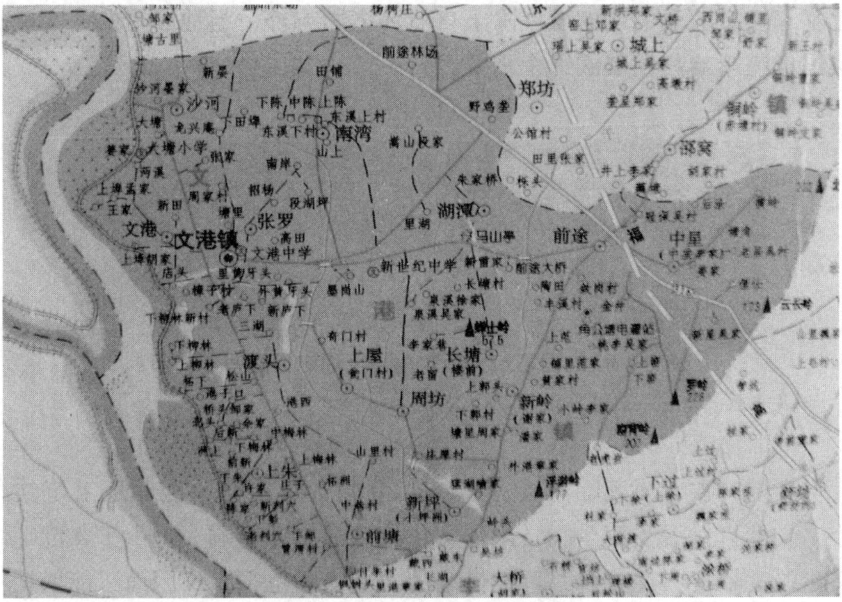

图 1—2　文港镇行政区划图

---

① 李渡镇人民政府编纂委员会编：《李渡镇志》（样稿），第 58—59 页。
② 临川县志编纂委员会编：《临川县志》，新华出版社 1993 年版，第 62 页。
③ 同上书，第 64 页。

6月，临川县调整公社规模，重设8个区工委，辖75个人民公社，文港再次划归温圳区工委管辖。1965年4月，人民公社调整，文港再次被划归李渡区工委管辖。当然，文港行政区划变迁最明显的是由临川县划归进贤县。"1969年3月，李渡、长山、文港、前途、温圳5个人民公社，计19077户、90009人、110936亩土地，划入进贤县。"①

由上分析可以得知，文港古代属于临川县，在古代只是一个很小的津渡，随着其快速发展，至民国年间才成为乡一级的行政区划。同时，文港曾一度隶属于李渡和温圳，因而在经济、文化发展方面联系紧密，产业发展也相互影响。

三　文化生态——毛笔文化传统及其发明

"民间艺术是在民间文化的生态环境中成长起来的，民间文化是民间艺术的源泉。"② 民间艺术的成长离不开自然生态，同样也离不开文化生态。文港毛笔业的发展除了自然环境影响外，当地厚重的人文文化氛围也是影响其发展的一个重要因素。

图1—3　汤显祖给文港周坊进士周献臣题写的牌匾

图片来源：文先国提供。

文港，古代属于临川县，1969年划归为进贤县，因而在毛笔文化上，文港自然深受两个临县浓郁文化气息的交互影响。但由于文港毛笔文化的文献资料比较少，可资借鉴的出土实物也很少，因而只能依托一些传说故事，而这种传说故事就不免有"层垒地造成"的可能，就文港毛笔文化来说，传统的发明也实难避免。正如英国著名社会史家霍布

---

① 临川县志编纂委员会编：《临川县志》，新华出版社1993年版，第53页。
② 唐家路：《民间艺术的文化生态论》，清华大学出版社2006年版，第107页。

斯鲍姆所说："在我们看来，更有意思的是，为了相当新近的目的而使用旧材料来构建一种新形式的被发明的传统。这样的材料在任何社会的历史中都有大量积累，而且有关象征实践和交流的一套复杂语言常常是现成可用的。"①

初唐四杰的王勃在游览滕王阁后，写了一篇传世名篇《滕王阁序》，内中有一句"邺水朱华，光照临川之笔"。对这句话，台湾有一个临川老乡廖光华先生在编辑《临川文献》第三辑中的一篇《话我家乡》中写道："幼读私塾，夫子授古文观止'滕王阁序'，文中有'光照临川之笔'句，注释'大书法家王羲之尝为临川内史，借此以喻美座中之有文而善书者，以其鲜美之华光和羲之的妙笔相辉映'。由此考证右将军王羲之曾在临川为官，以书'兰亭序'② 声名大噪而震古烁今。"这里王羲之所用之笔就是李渡、文港一带产的毛笔。③ 至于是否确凿为文港的毛笔，由于时代久远，不得而知。甚至临川作为才子之乡的赞誉也少不了与文港毛笔的关联。"'临川才子金溪书'，这句话在江西民间流传不知几多年，反正都说得益文港毛笔的滋润。"④为了凸显"华夏笔都"的文化底蕴，临川、进贤的文人贤士也就逐渐和文港的毛笔联系了起来。这种联系无疑有点过于发挥，现摘录一段：

> 唐代诗人戴叔伦从抚州（临川）刺史任上卸职，带了好多文港笔，跑到进贤东北郭钟陵小天台山（与浙江天台山同名）隐居，教书育人，有相当好的口碑。后来人们为纪念他，将小天台山更名为进贤山，成为千余年进贤文化的标志。五代南唐至北宋时期，出现了中国艺术史上一个钟陵（今进贤）籍画家群，董源、巨然、徐熙、徐崇矩、徐崇嗣、艾宣、蔡润等人，影响中国南方山水与花鸟画一千年，文港人说是因为文港的笔；晏殊晏几道文坛上成派，王

① ［英］E. 霍布斯鲍姆、T. 兰格：《传统的发明》，顾杭、庞冠群译，译林出版社 2002 年版，第 6—7 页。

② 王羲之担任临川内史时用过当地毛笔，这是毫无疑问的，有历史遗迹"晋王右军祠"，内遗有一墨池，但"兰亭序"书帖不在临川时所书，而应该是在浙江会稽时所书，后文有详述。

③ 聂柱国、陈尚根主编：《江南毛笔乡》，《进贤文史资料》1993 年总第 16 辑，第 8 页。

④ 文先国：《笔都轶事》，《美术报》2006 年 10 月 21 日第 16 版。

安石、周亮工也靠文港笔；周敦颐不在文港周坊，却都是一个毛笔家族，周坊村古建上"濂溪毓秀"、"性道家风"就是不忘周敦颐。①

据笔者研究，上述文献很难找到相关的佐证材料。尽管笔者无法排除文港毛笔与上述名人的那些渊源，但在没有任何明确证据情况下的任何"发明"，只能反映出地方精英借助进贤、临川古代名人来宣传、炒作文港毛笔的深层意图和心理状态。

上述名人中尤要提及的是北宋宰相、婉约词宗晏殊及其子晏几道，他们同为中国词坛巨匠，且是正宗的文港人（见图1—4）。在对外宣传中文港镇自称为晏殊故里，但晏殊与文港毛笔的关系，笔者并没有在调查中得到，后来偶然发现一篇文章有相关记载：

图1—4　晏氏祠堂

北宋著名词人晏殊幼年时曾在文港乡沙河村晏家私塾念过书，习字用的便是文港毛笔。景德年间（1004—1007年），晏殊赴京殿试，以一笔潇洒飘逸的草书，一篇清新婉丽的辞赋高中进士，有人探问晏殊何以得此殊荣？晏笑指手中笔盒，说："此乃文港之笔助我也。"于是乎，文港笔声名远播。②

---

① 文先国：《笔都轶事》，《美术报》2006年10月21日第16版。
② 骆国骏、朱明生：《文港毛笔》，《今日中国·中文版》1987年第7期。

在调查的一次闲聊中，笔者也听到一位朋友说到，正是晏殊的地位，把文港毛笔的名气带到了宫廷，使文港毛笔成为当时皇家御用贡笔之一。但关于晏殊与毛笔的更多情况，朋友并未能详谈，至于来源，朋友更是含糊其词，这说明至今还未有人对之进行深入考究。由于历史的久远，晏殊与毛笔的关系未能得到文献资料的有力佐证，即便有也只是现代应运而生的资料，很难说明历史真实，只能付之阙如。当然，还原历史的真实，也许有时不必执着于证据，因为历史就是发明建构的过程，没有建构也就没有历史。因而，不管是发明也好，建构也好，至少有一点是不用怀疑的，那就是文港毛笔今天的繁荣不是无源之水，无本之木，必奠基于渊源深远的历史、深厚宽广的文化底蕴。

"文化生态系统是与自然生态系统相对存在的一个有机体，它们之间存在着内在联系，人类是文化的主体，文化生态系统以主体的思维和行为方式作用于自然生态系统，自然生态系统以物质、能量、信息等方式反馈给人类以影响其再活动的方式。文化生态系统各组成要素之间也是互相作用、互相影响的。"[1]　文港毛笔业的发展是一个综合的生态系统，自然环境、经济条件、生产方式等自然生态系统因素是其产生与发展的基础，而文化底蕴、历史传统、观念惯习等文化生态系统因素是其产生与发展的动因，在整个生态系统各种因素的综合作用下，文港毛笔生产业得以产生、发展并传承。

第二节　文港毛笔历史与文化再生产

文港毛笔制作技艺历史悠久，制笔传统相沿成习，成为人们生活的重要组成部分。"传统影响着知识作品的创作，影响着人们的想象和表达，人们承认传统的这种作用，而且其成果也能为人们所赞赏。"[2]　人们遵循传统的规范，传统就会成为激励因素，成为社会发展的动力。同时，传统在内力和外力的作用下也会不断变迁，从而生产出新的传统，

---

[1]　孙兆刚：《论文化生态系统》，《系统辩证学学报》2003年第3期。

[2]　[美] 爱德华·希尔斯：《论传统》，傅铿、吕乐译，上海人民出版社2009年版，第3页。

或者说文化的再生产。

本节以文献资料为主，运用民俗学、文化人类学、社会学的理论，通过梳理李渡、文港毛笔文化历史、文港制笔业的兴起及当代文化再生产，旨在说明民俗文化虽然具有厚重的生活属性，是一种生活文化，但作为生活文化其真实性更多的是生活真实，而不是历史真实，民俗文化的发展是不断建构与再生产的，文港毛笔的辉煌历史也有不少建构与再生产的成分。

一　历史沿革：从"毛笔之乡"到"毛笔王国"

李渡与文港自古以来就属于临川，才子之乡的灵气不仅体现在能书善文上，而且也体现在毛笔制作上。李渡，又叫李家渡，古代称清远渡，与文港相邻，是有名的江南古镇，地处抚河要冲，水路交通便利，有谚云："走遍天下路，不如李家渡。"李渡早在隋唐时期已形成圩市，至宋元时期发展为远近闻名的商贸大市镇。明人王士珍在其《赣商纪略》中写道："国之善经商者，莫如江右（江西）；江右之善经商者，莫如抚州；抚之善经商者，尤以临川县北清远人为最。"① 可见李渡人的精明及长于经商的特点。李渡人善于经商的特长直接推动了李渡经济的繁华。毛笔就是李渡人的营生之一种。李渡的毛笔制作历史悠久，制作精良，有"毛笔之乡"之称。《江西年鉴》（1936 年）记载："江西营毛笔业者，因历史相沿，以临川县属之李家渡人为多。"② 李渡毛笔制作的历史相传有 1700 多年，可以追溯到秦朝时的蒙恬造笔。

秦始皇兼并六国统一天下之后，决定修筑万里长城，以抵制北方游牧民族的骚扰。大将军蒙恬督修长城的时候，曾把民工宰杀羊只时丢掉的羊毛绑在柳条棍上，浸上石灰水，用来号编民工居住的工棚茅舍。这样，最初的毛笔——"柳条笔"就诞生了。由于柳条笔书写起来速度快，而且制作方便，比起刀刻竹简的办法来，真是一大进步。因此，很快就在当时的秦国首都咸阳内风行起来，并

---

① 李渡镇人民政府编纂委员会编：《李渡镇志》（样稿），第 203 页。
② 刘治乾：《江西年鉴》，江西全省印刷所 1936 年版，第 968 页。

且迅速地得到了改良和发展。据说当时有咸阳人郭解和朱兴，由中原流入江西，在李渡一带传授毛笔的制作技艺。以后，李渡的毛笔就发展起来了，逐步形成了整理排列凌毛乱麻，然后鉴别长短、选拣毛锋、兼齐顿压、确定笔形等制作工序，使毛笔质量有了很大提高。①

王羲之是晋代著名书法家，被后人称为"书圣"，其《兰亭序》被称为"天下第一行书"，成为书法界至今难以跨越的高峰。王羲之与李渡毛笔也有不解之缘。据说，王羲之任临川内史时，曾构思一文，数日未得一字。某日，其友登门造访，送来清远制"纯净鼠须"毛笔一支。羲之甚喜，怀笔伏案酣然入睡，蒙眬间，梦见手中毛笔开花，光彩满室，醒后，文思如泉涌，挥笔成文。为此，他给这支笔取名为"梦笔生花"。后"梦笔生花"一直成为李渡毛笔中的著名品牌。② 该品牌为民国时期李渡东桂村人桂梦荪所创立，语意双关，笔与店相互增色，声名远播。

唐代著名书法家颜真卿，和李渡毛笔的情缘也挥之不去。他任抚州刺史时，对清远毛笔爱不释手，竟达到"每临池作书，非清远笔莫属"的地步。他曾为清远制笔人题写"书香传百世，笔劲扫千军"的对联一副，并有署名。此联后被李渡北田"文远堂毛笔作坊"主人收藏。但遗憾的是，如此珍贵的历史文物在民国31年（1942年）被日军随全村房屋化为灰烬。③

李渡毛笔的另一品牌"文照轩"，18世纪初由李渡石桥人邹文照创立于南昌国货路。据传，因乾隆皇帝试笔评价极高而名噪一时。"文照轩"毛笔从此也就成为皇家宫廷御用笔。

清朝初年，李渡石桥人邹文照，在南昌国货路（今宁都南路）开了一家名曰"文照轩"的毛笔店。传说乾隆皇帝游江南时，曾

---

① 抚州地区群众艺术馆、文物博物管理所合编：《赣东史迹》，1981年版，第211—212页。
② 李渡镇人民政府编纂委员会编：《李渡镇志》（样稿），第203页。
③ 同上。

御驾南昌，正逢江西科考，乾隆扮成考生，在"文照轩"买了数
支李渡毛笔，准备应试之用。第二天乾隆进了考场，见主考官正襟
危坐，威严庄重。心想，考风虽然不错，但不知主考官眼力如何？
他故意不做完考卷，也未署名，就交了试卷扬长而去。主考官看了
试卷，批上"该生惜未做完考卷，观其才必中高魁"。嗣后，此次
考卷奉旨呈送乾隆手中，他看后夸奖江西有人才，主考官有眼力，
考试公正无弊。将主考官连升三级，并亲题"天开文运"金匾，
恩赐悬挂于南昌广润门外考场。又颁旨"文照轩"笔店岁岁进贡
李渡毛笔，供宫廷使用。①

民国时期，李渡毛笔发展到了高峰时期，出现许多著名工商企业家
和毛笔店品牌。如上海《大公报》记者桂梦荪，被称为"近代笔王"，
是我国制笔产业化第一人，也成为我国连锁经营的先驱者。民国时期，
面对西洋钢笔的威胁，桂梦荪发誓振兴中国毛笔，他在临川创办了
《梦生日报》，宣传家乡毛笔，并于民国17年（1928年）辞去记者职
务，回到家乡创办实业，投资10余万银元，在南昌开设梦生笔店总店，
生产基地梦生毛笔厂则设在李渡东桂村，职工200多人，年生产毛笔达
40多万支，《江西年鉴》（1936年）对之亦有记载，"（江西毛笔）最
著称者当推民国十七年独资组织之江西梦生笔业。总店设于南昌松柏巷
天主堂侧三十五号，制造厂则设于李家渡东桂村"②。由于桂梦荪采用
了先进的经营管理模式，加上全体工人的共同努力，梦生笔店业务不断
扩大，先后在全国各地设立分店达46家之多。抗战期间，他还将梦生
笔店向外开到越南、缅甸等国家，因而梦生笔店被称为民国时期江南三
大笔店之一。另外两大笔店一为吴作彬在重庆开办的"文宝斋"笔店，
千方百计开辟西南毛笔市场，成为西南地区重要的毛笔品牌；另一为张
亿年开创的"张学文笔墨庄"，在民国时期称雄于云南乃至整个西南地
区。据统计：民国时期，李渡人在全国14个省（不包括海外）、市经
营毛笔店99家，年销售毛笔120多万支，营业额200万银元。在李渡

---

① 黎苏：《久负盛名的李渡毛笔》，载《江西文史资料选辑》总第15辑，1985年版，
192页。

② 刘治乾：《江西年鉴》，江西全省印刷所1936年版，第968页。

从事毛笔生产的男女老少近 4000 人，随着到外地开店办厂或战乱原因，2500 名李渡毛笔业工人在外地定居。①

表 1—2　　　　清朝民国时期李渡在全国开设的十家老牌毛笔店

笔庄名	创办时间	创办地点	创办人出生地	创办人姓名
周虎臣笔墨庄	清·康熙甲戌年（1694 年）	江苏苏州	李渡斜上	周虎臣*
文照轩	清·乾隆	江西南昌	李渡石桥	邹文照
一品斋	清·同治甲戌（1874 年）	江西南昌	李渡北田	周考勤
张学材笔墨庄（张学林笔墨庄）	清·乾隆（清·光绪）	云南昆明	李渡北田	张学材（张策勋）
梦生笔店	1925 年	全国	李渡北田	桂梦苏
邹乾元笔店	1860 年	广西桂林	李渡石桥	邹乾元
天华楼笔墨庄	1936 年	云南昆明	李渡北田	张吉山张发兴
张学文笔墨庄	1926 年	江西临川、云南昆明	李渡北田	张少斋
张学明笔墨庄	1945 年	云南昆明	李渡北田	张玉山
张学义笔墨庄	1944 年	云南昭通	李渡北田	张明发

注：*周虎臣的出生地因行政区划的变更造成两种说法，一是李渡镇斜上村人，二为文港周坊村人，两种说法是否有冲突，笔者尚未找到合理的证据，但周虎臣出生地属于周坊村是无疑的。根据周坊村所藏民国壬戌年（1922 年）周氏第八修宗谱记载："长子仁寅名廷寅行焕八字虎臣有传清康熙壬子年正月廿五日寅时生乾隆己未年十二年廿四日殁葬金钩挂玉。"另宗谱中还有其孙婿郡庠生张拂流所写《周虎臣公赞》。

资料来源：根据《李渡镇志》、《江南毛笔乡》等资料编制，并对一些不规范和错误的信息进行了校正。

从表 1—2 可见，李渡毛笔影响深远，尤其是对西南的云桂地区。在云南昆明，江西李渡毛笔更为笔墨爱好者所珍爱，正如知名作家、评

---

① 聂国柱、陈尚根主编：《江南毛笔乡》（内部资料），1993 年版，第 29—30 页。

论家董保延所说："'老昆明'都知道，凡买笔墨，非江西人的不要。"① 如张学文笔墨庄，在民国时期称雄于云南乃至整个西南地区。至于李渡毛笔的衰弱，李渡人的解释是忽视文化软价值，导致李渡毛笔走向衰落。其具体原因是："随着李渡社办企业的红火发展，毛笔这类微利产业逐渐受到高利益产业的冲击。70 年代中后期，非常多的人以进其它社办企业上班为荣（批条子，走门路成了当时的流行语），逐步丢弃了这种传统的手工业，大量劳动力被转移到玻璃纤维、木钻、花炮等行业，使得毛笔制作技艺后继乏人；当政领导也缺乏对文化软实力价值的认识，在当时的环境下本也是无可指责的。"② 应该说，这种分析是比较客观的，因为毛笔是微利产业，故而今天李渡经济发展的兴奋点便转向医疗器械、白酒、烟花、大闸蟹等，即所谓的"一根针、一瓶酒、一枝花、一只蟹"等高利润产业。

美国现代人类学的奠基人、传播学派重要代表博厄斯（Franz Boas，1858—1942）认为，一旦出现某种发明，它就会以发源地为中心向外扩散，恰如在水中投掷石块时出现的波纹现象。③ 虽然博厄斯一元发生论的文化传播论难以避免其历史局限性，但在一定的范围内，这种传播论仍具有其强劲的阐释力。文港镇毗邻李渡镇，而李渡镇是江南古镇、大镇，历史文化底蕴深厚，毛笔制作业曾十分发达。按博厄斯的观点，由于文化扩散作用，李渡毛笔无疑对文港毛笔产生了重大的影响，随着李渡产业发展重心的转移，文港毛笔业及制作技艺脱颖而出，成为国内重要的毛笔产地。

文港，深受临川文化的影响，制笔业兴盛，过去即有"毛笔王国"之称。文港毛笔制作历史悠久，如文港的周坊村周氏，祖籍河南汝州，以"汝南世家"、"汝州后裔"自称，"东汉末年迁至江西进贤县文港，靠制造毛笔起家，世代繁衍。'承泽丰镐'是说这个家族的制笔技艺渊源远在秦都咸阳（西周称镐京）……从晋代开始制作毛笔。家家是作坊，人人会制笔"④。另据族谱记载，文港镇的邹姓是从山东迁来的，

① 董保延：《笔墨渐远　空留记忆》（http：//www. ynxxb. com/zt/lzh/31/）。
② 李渡镇人民政府编纂委员会编：《李渡镇志》（样稿），第 204 页。
③ 孟慧英：《西方民俗学史》，中国社会科学出版社 2006 年版，第 113 页。
④ 陈良学：《明清川陕大移民》，中国文联出版社 2009 年版，第 343 页。

文港毛笔的制作技艺是在西晋时由山东省邹县传授而来，至今有 1600 多年的历史。①

"出门一担笔，进门一担皮"，这是过去文港人的生活写照。"收皮—拔毛—制笔—卖笔、卖皮—收皮"的生产经营模式，循环往复，成为文港人生活的主旋律。而这样一种传统与精神，薪火相传，成就了文港毛笔史的辉煌。在文港毛笔史上，最绚烂和浓墨重彩的一章当是周虎臣笔庄和邹紫光阁。

周虎臣（1672—1739），周坊村人，出身制笔世家，自小随父母在家制笔，深得毛笔制作之要领。早年自产自销，所制狼毫水笔，工艺精细，书写流畅，有"临川之笔"的盛誉。康熙三十三年（1694 年）设肆于苏州，名"周虎臣笔墨庄"②。"其生产的狼毫水笔如'仿古玉兰芯'、'右军书法'等，吸收了湖笔工艺特点，适宜书写对联、条幅及大幅山水泼墨国画，古有'湖水名笔'之称。"③至乾隆年间地方官员指派其为清宫廷制作贡笔，特别是于乾隆六十大寿时进贡 60 支寿笔，深得乾隆赞赏，特赐周虎臣笔墨庄牌匾。关于乾隆题牌匾的故事还有一个传说：大意是周虎臣笔墨庄在苏州经营百年后，其后人将该店移迁上海，但因经营不善，生意清淡，后来偶遇下江南避雨的乾隆，店主为人很热情，用酒饭盛情款待了他，并挽留他住宿一晚。第二天清早，乾隆给他题写了"周虎臣"三个大字，并盖上御印。此后，"周虎臣"三个金字招牌便让周虎臣笔墨庄声名大噪，生意兴隆，成为上海有名的大笔店。当然，这只是一个传说，周虎臣笔墨庄的声名之大不仅是皇帝恩遇的结果，更是其制笔技艺的精湛与高超。为躲避战乱，同治元年（1862 年），其后人于上海市兴圣街（今永胜路）68 号开设周虎臣笔墨庄分号。"由于所产的笔做工精细，用料讲究，故分号的业务发展很快，作坊亦相应扩大，笔工增至一百多人。"④ 周虎臣毛笔在上海名噪一时，并直接影响海上画派及吴门画派，以至于清末民初著名书画家李

---

① 聂国柱、陈尚根主编：《江南毛笔乡》（内部资料），1993 年版，第 8 页。

② 关于周虎臣创办的笔店名称文献中有"周虎臣笔墨庄"、"周虎臣笔庄"和"周虎臣笔店"三种提法，前两种提法较多，这里统一使用第一种名称。

③ 吴国华：《周虎臣及周虎臣笔庄》，《美术报》2009 年 5 月 2 日第 44 版。

④ 上海书画出版社编：《文房用品辞典》，上海书画出版社 2004 年版，第 30 页。

瑞清赞道："海上造笔者，无逾周虎臣，圆劲而不失古法……"

图1—5　周坊村周虎臣家族故居

　　周虎臣笔墨庄业务传至第七代时，因无子嗣，便将笔庄业务传给外甥傅锦云，由傅氏经营。后傅锦云与同业李鼎和笔店店主湖州人李氏联姻。周店以制作水笔见长，而李店擅长制作湖笔，因此两种毛笔制作方式能够扬长避短，进而逐渐融为一体。关于周虎臣毛笔——赣笔和湖笔的融合另一说是："周虎臣笔墨庄于1956年以公私合营的形式生产，是年又合并了'杨振华'和'李鼎和'笔庄，使狼毫、羊毫和兼毫的制笔技术及品种更加齐全、完备。"① 当然，不管哪种说法，赣笔和湖笔的联姻是既成事实。

　　清末时，为永记湖笔与周虎臣笔庄的渊源，周虎臣笔庄赠送给

---

① 吴国华：《周虎臣及周虎臣笔庄》，《美术报》2009年5月2日第44版。

善琏"蒙恬堂"一面1.5米高、1米宽的楠木镜子，如今还保存在善琏"蒙公祠"内。这面目睹江西毛笔与湖笔百年变迁的镜子，成为见证两地毛笔文化互通的圣物，彰显赣笔与湖笔的兼纳和包容的宽达情怀，也同时表达出数百年来毛笔制作技艺的兼善而非独善，鉴古鉴今，印证着"臣心如水一面镜"的东方民族文化情怀，这种情节演绎出我国近代毛笔发展史甚至文化发展延伸的重要篇章。①

文港毛笔另一大品牌是邹紫光阁。邹紫光阁是文港前塘村邹发荣（见图1—6）及其弟邹发惊于清道光三十年（1850年）创办于汉口（原花布街上），距今有160多年的历史。

图1—6　前塘邹发荣家族祠堂

邹氏兄弟遵循文港毛笔行业的习俗，平时农耕，闲时制笔，并将制好的毛笔贩运到河南周口店一带销售，回来时买回一些北方的黄鼠狼尾

---

① 吴国华：《周虎臣及周虎臣笔庄》，《美术报》2009年5月2日第44版。

毛，再折道苏北一带，买回一些羊毛和制笔材料，作为来年制笔的原料。经过多年的往返及兼作皮毛生意，有了不少积蓄，于是做起了毛笔生意。一次他们一路卖笔至武汉时才"卸下笔担"，开设"邹紫光阁"笔店，同时设立"邹隆兴杂皮笔料行"，兼做皮毛生意。

邹紫光阁以家乡前塘村为制笔基地，以汉口为销售中心，加上邹紫光阁第一、第二代都是匠人出身，都有制笔手艺的绝活，且身体力行，在全国各地遍访名师和聘请技艺高超的制笔技师担任生产车间的掌作，以传授技艺并控制毛笔质量。"'邹紫光阁'在继承传统的制笔工艺的基础上，独创了一套工艺流程，分浸、拔、并、连、合、刻等工种，83道工序和许多独特的操作技巧。"① 经过第一代的勤谨创业，第二代的开拓发展，邹紫光阁的信誉和销量蒸蒸日上，备受顾客的青睐。"至1916年，邹紫光阁的生产与销售达到了一个空前的规模，笔店员工近400人，年产毛笔100万支，常年流动资金达12.5万余元。"②

民国时期，邹紫光阁开始"分家"，分为成记、久记和益记三个分店，但统一用"邹紫光阁"的名称。成记、久记都在汉口民权路开设笔店，益记在汉口民生路开设笔店。分家以后，"邹紫光阁"凭着业已形成的品牌优势和市场影响力继续发展，从1930年到1946年，"邹紫光阁"的三记又先后在成都、南京、重庆、福州等地开设了分店，形成了产、供、销一条龙的庞大体系，影响深远。

武汉沦陷期间，"成记"、"益记"均告停业，只有"久记"还在勉力维持，一直到武汉解放。新中国成立后，"久记"把生产作坊从江西临川迁回武汉，仍用邹紫光阁名称，后来经过几次调整归并，直到20世纪80年代后期，作为实体笔店的"邹紫光阁"才真正消失，淡出人们的视野。

"上海周虎臣"、"武汉邹紫光"与"北京李福寿"、"湖州王一品"并称中国四大名笔，而前两个品牌的创立者周虎臣与邹发荣兄弟均为文港镇人，当地毛笔产业之繁盛可见一斑。除此两大品牌外，文港人还有其他一些有一定影响的毛笔品牌（见表1—3）。

----

① 方明、陈章华编著：《武汉旧日风情》，长江文艺出版社1992年版，第193页。
② 周德钧：《名店"邹紫光阁"》，《武汉文史资料》2007年第10期，第51—52页。

表 1—3　　　　　清朝民国时期文港在全国开设的十家老牌毛笔店

笔庄名	创办时间	创办地点	创办人出生地	创办人姓名
周虎臣笔墨庄	清·康熙甲戌年（1694 年）	江苏苏州	文港周坊	周虎臣
邹紫光阁	清·道光庚子年（1840 年）	湖北武汉	文港前塘	邹发荣
生花馆	清·光绪末年	湖南永州	文港前塘	邹文庆
凌云堂	清·同治	江西赣州	文港曾湾	吴吉士
一品斋	清·同治甲戌年（1874 年）	江西南昌	文港周坊	周考勤
文宝楼	清·同治癸亥年（1863 年）	江西南昌	文港前途	周岂照
周元海	清·光绪丙子年（1876 年）	河南商城	文港前途	周元辉、周显辉
邹福记笔店	1912 年	重庆、南京、黄梅	文港前途	邹发迪
周三益笔店	1936 年	重庆	文港前途	周万兴
周荣光阁	1948 年	重庆	文港周坊	周和财

资料来源：根据《江南毛笔乡》、《进贤县志》等相关资料辑录而成。

　　进贤西南几个乡镇，如温圳镇、李渡镇、文港镇、张公镇、长山晏乡等地区都有制作毛笔的传统，以李渡镇和文港镇为首，前者被称为"毛笔之乡"，后者被称为"毛笔王国"。但客观地说，在新中国成立以前，李渡毛笔的名气要大于文港毛笔，即便是规模，也较后者为胜。当李渡把乡镇产业发展的重心转移到其他行业的时候，文港开始迎头赶上并开始引领江西的毛笔行业，成为进贤县独领风骚的"毛笔王国"，以至于今天先后被冠以"华夏笔都"和"中国毛笔之乡"的荣誉称号。当然，李渡和文港毛笔行业的发展是相互影响、相互补充的，不存在主宰与依附的关系，应该说，文港毛笔继承并发扬了李渡毛笔的光辉传统，从而成就了今天的辉煌。

二　"写经换鹅"与"墨池"

　　李渡、文港[①]毛笔的声名，不仅仅在于其历史悠久，甚至与书圣王

――――――――

　　① 李渡、文港古代行政区划隶属于临川县，古代称为临汝县，1969 年后和长山、前途、温圳一起被划入进贤县。

羲之也有"瓜葛"。据说王羲之曾经担任过临川内史，他很喜欢鹅，曾用李渡的毛笔帮一道士抄过《道德经》，从而换了一笼白鹅，"写经换鹅"故事即由此而来。

> 我国晋代著名的书法艺术家王羲之，在任临川内史时，他所用的毛笔就是李渡毛笔。据说，他特别赞赏李渡出产的一种号称"纯净鼠须"的毛笔。李渡毛笔与王羲之可谓缘分不浅。因为王羲之除了写字还有养鹅的癖好，所以流传着他替道士写经换走一笼白鹅的逸事。为此，李渡毛笔工人曾经精心制作了"写经换鹅"的优质名牌毛笔。①

李渡毛笔的"风光"让文港人称羡，因此，随着文港毛笔地位的上升，毛笔文化的建构也不断"拿来"，在一些资料中对这个故事已改说成王羲之当时所用的毛笔是文港的，或者是李渡和文港的。

"写经换鹅"的故事可能是真实的，王羲之担任过临川内史也可能确有其事，但客观地说，这个故事发生的地点不在江西临川，而是浙江会稽。至于所用的毛笔，因其担任过临川内史，他使用过李渡毛笔或者文港毛笔是毫无疑问的。当然，用过临川毛笔并不能证明《兰亭序》是他在临川创作的。据《晋书》记载："羲之雅好服食养性，不乐在京师，初渡浙江，便有终焉之志。会稽有佳山水，名士多居之……尝与同志宴集于会稽山阴之兰亭。"② 可见，天下第一行书《兰亭序》应该是在绍兴会稽山创作的。无独有偶，"写经换鹅"故事经考证，也和绍兴会稽山有关，《晋书》记载如下：

> （羲之）性爱鹅，会稽有孤居姥养一鹅，善鸣，求市未能得，遂携亲友命驾就观。姥闻羲之将至，烹以待之，羲之叹惜弥日。又山阴有一道士，养好鹅，羲之往观焉，意甚悦，固求市之。道士云："为写《道德经》，当举群相赠耳。"羲之欣然写毕，笼鹅而

---

① 刘筱蓉、万建中：《赣江流域的民俗与旅游（江西卷）》，旅游教育出版社1996年版，第31页。

② （唐）房玄龄等：《晋书·王羲之传》，吉林人民出版社1995年版，第1258页。

归，甚以为乐。①

　　可见，"写经换鹅"故事也有明显的发明痕迹，因为故事发生地在绍兴会稽山，而不是临川。当然，传统的发明并不是说完全来自杜撰，仍是遗有一定的"蛛丝马迹"的。王羲之在担任临川内史时，曾经使用过临川毛笔（主要是李渡、文港毛笔）事实仍有迹可循。至今临川文昌桥边上仍有王右军墨池（见图1—7）的遗迹，供后人凭吊。遗迹建有"晋王右军祠"，供奉着王羲之的塑像，祠前是一干涸的墨池。据说当时王羲之在临川内史任内，苦练书法，在此处洗笔砚，所使用的毛笔就是当地所产的临川毛笔。北宋时，唐宋八大家之一的曾巩钦羡王羲之的盛名，于庆历八年（1048年）九月，专程来临川凭吊墨池遗迹。州学教授（官名）王盛请他为"晋王右军墨池"作记，于是曾巩根据王羲之的逸事，写下了著名的《墨池记》（见图1—8）。

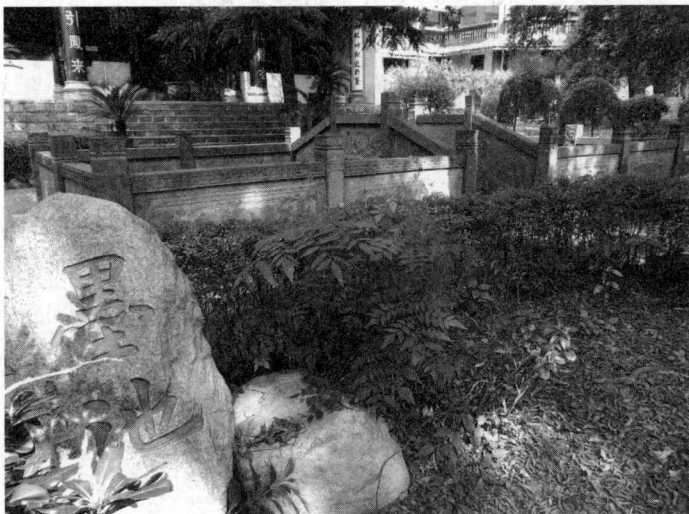

图1—7　抚州市文昌桥西端的王右军墨池遗址

---

① （唐）房玄龄等：《晋书·王羲之传》，吉林人民出版社1995年版，第1258页。

图1—8　曾巩《墨池记》碑文

　　临川之城东，有地隐然而高，以临于溪，曰新城。新城之上，有池洼然而方以长，曰王羲之之墨池者，荀伯子《临川记》云也。羲之尝慕张芝临池学书，池水尽黑，此其为故迹，岂信然乎？方羲之之不可强以仕，而尝极东方，出沧海，以娱其意于山水之间，岂有徜徉肆恣而又尝自休于此邪？羲之之书，晚乃善，则其所能，盖亦以精力自致者，非天成也。然后世有不能及之者，岂其学不如彼邪？则学固岂可少哉？况欲深造于道德者邪？墨池之上，今为州学舍。教授王君，诚恐其不彰也，书"晋王右军墨池"六字于楹间以揭之。又告巩曰："愿有记。"推王君之心，岂爱人之善，虽一能不以废，而因以及乎其迹邪？因其事以勉其学者邪？夫人之有一能，而使后人尚之如此，况仁人壮士之遗风余思被于来世者，何如哉！庆历八年九月十二日，曾巩记。①

---

① 姜铨、纪大奎纂修：《临川县志·卷三十一》，清道光三年刻本，第5页。

三　"华夏笔都"的打造

近年来，文港毛笔发展迅速，在产销方面逐年增长。毛笔品种繁多，笔类齐全，林林总总，有狼毫、羊毫、紫毫、石獾、斗笔、眉笔、条屏、排刷等 8 大类，1000 多个品种。同时传统毛笔产业的发展，形成了从毛笔制作、制笔模具加工、包装、专业运输到原材料供应等完备的产业链条，而这种"集群效应"，甚至带动了钢笔、中性笔、圆珠笔、水笔等相关产业的发展。据统计，2008 年，全镇年产各类笔 80 亿支，制笔行业生产总值 18.8 亿元，占全镇工业总产值的78.4%，其中出口产值 3 亿元，生产的毛笔、金属笔分别占国内市场销售额的 70% 和 50%。现有制笔企业 3000 多家，在全国县级以上城市开设营销网点 7000 多个。[①] 因而，在当地有"药不过樟树不名，笔不到文港不齐"的民谚。2004 年，中国轻工业联合会、中国制笔协会、中国文房四宝协会联合授予文港镇"华夏笔都"的荣誉称号（见图1—9）。2008 年，江西省文化厅命名文港镇文化产业基地为首批省级文化产业示范基地。2012 年 5 月 19 日，中国轻工业联合会、中国制笔协会、中国文房四宝协会再次联合授予进贤县文港镇"中国毛笔之乡"的荣誉称号。

"华夏笔都"、"中国毛笔之乡"等殊荣的获得，一方面源自毛笔产业迅速发展的内在推动，另一方面也离不开对文港毛笔的打造和再生产。布迪厄认为，文化再生产过程是充满可能性的生命运动。严格地说，文化再生产的生命之所以充满着活力，就在于它的任何一个刹那，都存在着或包含着多种多样的可能性。[②] 当然，这种可能性的生命运动是矛盾的统一体，既意味着背叛和反抗，更意味着再生产现存制度的合法性。"文化再生产的结果体现了占支配地位的利益集团的意愿，是他们使社会权威得以中性化、合法化的手段。文化再生产与社会再生产一

---

① 周苏雁：《华夏笔都文港镇笔产业的沧桑巨变》（内部资料），第 1 页。毛笔、金属笔分别占国内市场销售额的 70% 和 50% 可能是文化再生产的需要，笔者经过调查发现，这个数据无法探究其确切来源，当然，文港毛笔在全国毛笔市场中占据重要的份额这是不可怀疑的，后文有文港毛笔与湖笔产量的比较。

② 高宣扬：《布迪厄的社会理论》，同济大学出版社 2004 年版，第 52 页。

样，都是为了维持一种体制的持久存在。"① 简而言之，文化再生产是现实社会需求的产物。

图1—9   "华夏笔都"牌楼

"华夏笔都"金字招牌的打造是文化再生产的结果，同时这种文化再生产也是动态的。"任何文化都以其自身的再生产作为其存在与维持的基本条件，也是以其自身的再生产作为其存在与维持的基本形态。文化的生命如同人类的历史一样，从来都是在活生生地运动着。"② 据有关知情人士介绍，为了弘扬毛笔文化，打造文港毛笔品牌，政府花了很大力气，举办了很多活动，结交书画界名流，引起了强烈的反响。原来"华夏笔都"的称号是自封的，并没有得到权威机构的认同，在这之前文港没有什么外在影响，既不是中国文房四宝协会的会员，也不是中国制笔协会的会员。

"华夏笔都"称号获批后，政府在文港毛笔打造方面不遗余力，近年来，投入29亿元巨资，把文港镇规划成"一心两轴六区十业态"的

----

① 宗晓莲：《布迪厄文化再生产理论对文化变迁研究的意义》，《广西民族学院学报（哲学社会科学版）》2002年第3期。

② 高宣扬：《布迪厄的社会理论》，同济大学出版社2004年版，第31页。

格局，积极打造占地面积达 5000 亩的毛笔文化产业园，其中"天下第一笔庄"项目是其中重要内容。"天下第一笔庄项目总投资 5 亿元（具体包括毛笔博物馆、56 栋精品店、钢笔展示馆、仿古街、文房四宝市场共计 5 个小项目），项目用地面积 187 亩，总建筑面积 175000 平方米。"①

　　天下第一笔庄项目包括的内容之一，就是筹建毛笔文化博物馆（见图 1—10）。2007 年 11 月 1 日，以邹氏农耕笔庄为纽带，"天下第一笔庄·中国毛笔文化博物馆"奠基培土。中国毛笔文化博物馆投资 1600 多万元，占地 15 亩，整体构造为传统徽派园林风格，分为文化陈列馆、毛笔实物陈列馆、书画艺术陈列馆、图片艺术陈列馆和毛笔工艺制作作坊五个陈列馆。

图 1—10　新落成的中国毛笔文化博物馆之一部分
资料来源：周晨旭提供。

　　中国毛笔文化博物馆的筹建，对文港毛笔来说无疑具有重要的意义，但对其意义的认识也有不同的声音。"博物馆是收藏年代较久远的文物的展览，毛笔的寿命也就是 30—50 年，怎么能叫博物馆呢？再说

①　邓微：《南昌今年重点打造 40 个工业项目　建天下第一笔庄》（http://www.ncnews.com.cn/ncxw/bwyc/t20130402_999583.htm）。

博物馆应该是政府做的事情……"①

　　当然，无论当下如何喧嚣，无论邹农耕建馆的初衷如何，人们的评议如何，中国毛笔文化博物馆还是切切实实在文港建立起来了，至2012年10月底，全国最大的毛笔文化博物馆在文港落成开馆。

　　此外，作为"天下第一笔庄"项目组成部分的仿古街及56栋精品店也建立了起来，笔坊主也正在陆续搬迁中。这里将成为毛笔作坊的主要聚集地，成为支撑文港未来旅游业发展的一个重要窗口。

　　总之，文港毛笔的发展，离不开实体经济的发展，也离不开文化的打造与再生产。毛笔文化的再生产不仅再生产文港毛笔业社会的合理性、权力结构与现有秩序，也再生产文港笔业社会的未来走向，推动文港毛笔的动态变迁。

小　结

　　"生态环境和社会系统间相互交换、相互影响的间接性，以及技术在此过程中的显著作用，表明生态学是社会变迁和进化的重要因素。"②文港毛笔制作技艺的传承与发展是与当地的自然生态系统紧密相连的。文港地势低洼、人多地少、水涝频仍，无法满足当地人的基本生活需要。所以，制笔成为补充其生活来源的家庭副业。同时，文港毛笔制作技艺的传承与发展还离不开其文化生态系统，文港的毛笔制作技艺从北方地区传入，具有悠久的历史，而临川地区又是赣文化的代表，文化气息浓郁，文人辈出。另外，制笔技艺的传承，也伴有纪念、缅怀祖先的意味，为文港毛笔传承千年创造了一定的心理和文化条件。因而，各种文化生态因素的综合结果，造就了文港笔业及制笔技艺的发展格局。近年来，随着非物质文化遗产保护运动的兴起，毛笔作为传统文化的瑰宝，其文化价值及经济价值又开始为地方政府和地方精英所重视，因

---

　　① 访谈对象：ZYM，1953年生，小学文化。访谈时间：2010年7月25日。访谈人：刘爱华。

　　② ［美］罗伯特·F.墨菲：《文化与社会人类学引论》，王卓君、吕迺基译，商务印书馆1991年版，第169页。

而，为了做好文港毛笔这张名片，地方政府在注重笔业发展的同时，也重视毛笔文化的挖掘和打造。

当然，由于笔业的半市场化属性，其发展令人担忧。这种建立在一家一户分散经营基础上的毛笔作坊，产生于传统自然经济基础之上，其变迁速度较为缓慢，随着现代生产力的发展，毛笔制作技艺自然难以适应，且它又是技术与艺术兼具的一种民间手工艺，也因其制作技术的繁杂，生产中无法实现规模化、标准化、模式化，因而只能进行个性化、精细化、手工化的生产制作。制笔技艺工序繁多，身体性突出，浸润着手艺人的身体技术、个人经验、价值审美和思考体悟，和现代市场存在一定的距离。

这种传统与现代的矛盾，源自笔业的半市场化属性，即既依赖于市场又超然于市场。因而，在现代化的纷扰氛围中，当地民众既想按照现代市场化的规模化、标准化、模式化去制作毛笔，但又无法摆脱其生产的传统性、身体性、脆弱性及手工化、精细化、个性化，因而，文港毛笔要消解这种矛盾的张力，只能在民俗的"围城"中，在适与不适之间，缓步前行，挣扎着、纠结着……

第二章

坚守与创新：制笔技艺的
民俗展示与传承

爱酒醉魂在，能言机事疏。

平生几两屐，身后五车书。

物色看王会，勋劳在石渠。

拔毛能济世，端为谢杨朱。①

——宋·黄庭坚

毛笔，文房四宝②之首。毛笔是我国独有的书写工具，也是世界上唯一得以传承至今的软性笔，承载着厚重的中华文明。毛笔的发

---

① （宋）黄庭坚：《和答钱穆父咏猩猩毛笔》，载《黄庭坚全集》，刘琳等校点，四川大学出版社2001年版，第129页。

② 文房四宝名字的由来，一般认为源于南北朝时期（420—589年）。当时的《梁书·江革传》、《南史·赵知礼蔡景历等传论》，都曾提到"文房"一词。当时所谓文房，指国家典掌文翰之处。唐、宋以后，文房则专指文人书房而言。南唐后主李想（937—978年），雅好文学，收藏甚富，今见其所藏书画，皆押"建业文房之印"。北宋雍熙三年（986年）翰林学士苏易简以笔、砚、纸、墨"为学所资，不可斯须而阙"，撰《文房四谱》五卷，分笔谱二卷，砚、纸、墨谱各一卷，内容详瞻。由是，文房有四谱之名。南宋初，叶梦得撰《避暑录话》，谓"世言徽州有文房四宝"，故《文房四谱》又称《文房四宝谱》。笔、墨、纸、砚雅称"文房四宝"或"文房四士"。也有人认为前者源于梅尧臣《再和歙州纸砚》诗："文房四宝出二郡，迩来赏爱君与予。"后者出自陆游《闲居无客所与度日笔砚纸墨而已戏作长句》诗："水复山重客到稀，文房四士独相依。"参见张淑芬编著《文房四宝鉴藏》，吉林科学技术出版社2004年版，第2页。

明①，究竟源于何时，至今仍是一个谜。在商代的甲骨文中有很多"聿"字，字的形状像一只手握笔的样子，专家考证为殷商时的"笔"字。《说文解字》"聿"字条："聿，所以书也，楚谓之聿，吴谓之不律，燕谓之弗。"又笔字条："笔，秦谓之笔，从聿，从竹。"画字条："画，介也，象田四介，聿所以画之。"②　又《尔雅》云："不律谓之笔。说文聿，所以书也，楚谓之聿，吴谓之不律，燕谓之弗，秦谓之笔。"③　由此可知，先秦时期毛笔在各地的称谓各异，笔就是聿，是用来书画的工具。而秦统一全国后笔的称谓得以通行华夏九州。据考证，

---

①　关于毛笔的发明，古代文献中有不少相关传说记载。《物原》载："虞舜造笔，以漆书于方简。"［参见（明）罗颀辑《物原》，中华书局1985年版，第24页。］《古今注》载："牛亨问曰'自古有书契以来，便应有笔，世称蒙恬造笔何也？'曰'蒙恬始造，即秦笔耳。以枯木为管，鹿毛为柱，羊毛为被，所谓苍毫，非兔毫竹管也。'又问'彤管何也？'答曰'彤者赤漆耳，史官载事，故以彤管，用赤心记事也。'"［参见（晋）崔豹撰《古今注·卷下》，中华书局1985年版，第22页。］《文房四谱》载："《尚书中候》云，'元龟负图出，周公援笔以时文写之。'《曲礼》云，'史载笔'。诗云'静女其娈，贻我彤管'。有夫子绝笔于获麟。"［参见（宋）苏易简《文房四谱》，台北商务印书馆1986年版，第2页。］晋成公绥《弃故笔赋》记载，"有仓颉之奇，生列四目而并明，乃发虑于书契，采秋毫之类芒，加胶漆之绸缪，结三束而五重，建犀角之元管，属象齿于纤锋，是笔始于皇颉也。"［参见（清）梁书《笔史》，中华书局1985年版，第1页。］《淮南子·本经训》："昔者仓颉作书，而天雨粟，鬼夜哭。"高诱注："天知其将饿，故为雨粟，鬼恐为书文所劾，故夜哭也，鬼或作兔，兔恐见取毫作笔，害及其躯，故夜哭。"［参见（汉）刘安著，高诱注《淮南子注》，上海书店出版社1986年版，第116—117页。］但亦有人认为高诱的注释是天真的想象，《升庵诗话》对"雨粟夜哭"的评论是"王充尝辩雨粟鬼哭之妄云：'《河图洛书》，圣明之瑞应也。仓颉之制文字，天地之出图书，何非何恶，而令天雨粟鬼夜哭哉！使天地鬼神，恶人有书，则其出图书非也。'此乃正论。《汉书·纬书》又云：'兔夜哭，谓忧其毫将为笔也。'堪一笑。"［参见（明）杨慎《升庵诗话笺证》，上海古籍出版社1987年版，第532页。］《法苑珠林》卷25所载："昔过去久远，阿僧祇劫，有仙人名最胜，不惜身命，剥皮为纸，刺血为墨，析骨为笔，为众生故。"［参见（清）梁同书《笔史》，中华书局1985年版，第1页。］当然，更多的观点认为毛笔是秦国大将蒙恬发明的，后文对此会有进一步阐述。

②　（汉）许慎撰，（清）段玉裁注：《说文解字注》，上海古籍出版社1981年版，第117页。

③　黄侃笺识，黄焯编：《尔雅音训》，上海古籍出版社1983年版，第156页。

我国早在新石器中晚期就可能发明了毛笔，[①] 从出土的彩陶纹饰痕迹可以推测。从甘肃考古发掘的彩陶纹饰来看，考古工作者推测其纹饰的绘制离不开毛笔。

> 绘彩时究竟使用何种工具，因无实物出土，难以定论。但根据对甘肃彩陶的观察，不难发现许多彩陶花纹在不经意间留有尖细的笔锋，推测是用类似毛笔的工具所绘，不仅有用硬毛制作的硬"笔"，还有用软毛制作的软"笔"，否则，半山、马厂类型细密的网格纹、锯齿纹等都无法完成。从细长流畅的线条中可以看出，当时绘彩的"笔"很可能是用狼、鹿之类的毛制成的长锋硬笔，并具有较好的凝聚性。[②]

李学勤认为，"彩陶上的纹饰就是用毛笔画的，毛笔的笔意看得很清楚，是一种软的毛笔"[③]。潘天寿也曾肯定地说："吾国最早之毛笔画始见于新石器时代之彩色陶器。此种彩色陶器，用黑线条绘成，运线长，水分饱，线条流动圆润，粗细随意，点画之落笔收笔处，每见有蚕头鼠尾，且有屋漏痕意致，证其为毛笔所绘无疑。"[④]

至殷商时期我国文明史过渡到神本时代，贞人集团兴起，大量龟甲、兽骨成为其进行占卜的物质载体。从甲骨文研读来看，它恢复和记载了我国史料匮乏的殷商神本时代的社会基本状况，同时，甲骨文契刻

---

① 毛笔的历史，据现有的考古资料，可以追溯到约 6000 年前的新石器时代中期的仰韶文化。在仰韶文化遗址的彩陶上，有描绘人、鱼等生物的生动形象和纵横交错的几何花纹，从中可以看出是毛笔所绘。在新石器时代晚期马家窑文化各地彩陶中，大量纹饰也存在毛笔画过后的分叉和络状痕迹，这种笔迹应当是早期毛状笔头所画，也可确认为我国早期的毛笔所画。可以推测在新石器时代中晚期已经发明了毛笔。在 3000 年前殷商时代的兽骨上，虽然是用刀具将文字契刻上去的（称为甲骨文），但是还可以看出当时已有朱书、墨书文字，有的甲骨文在契刻之后，会分别填上墨、朱色，但也有少数刀痕中没有填上朱色或墨，可能是遗忘了填色，从这些笔迹中可以推测毛笔的存在。参见李晶寰《从考古学资料看毛笔的起源》，《泾渭稽古》1995 年第 1 期；李兆志《中国毛笔》，新华出版社 1994 年版，第 2—5 页。

② 郎树德、贾建威：《彩陶》，敦煌文艺出版社 2003 年版，第 23—24 页。

③ 刘正成：《中国文字从起源到形成和书法同时产生——与李学勤关于历史学现状与追求的对话》，《中国书法》2001 年第 10 期。

④ 潘天寿：《潘天寿美术文集》，人民美术出版社 1983 年版，第 16 页。

过程也反映了书写工具的演变，甲骨文刀痕处填涂墨、朱色，填涂的工具据推测可能是毛笔。

至战国时代，毛笔已广泛在人们生活中使用，从出土的大量考古发掘出来的毛笔遗存实物可以证实。1953 年，在长沙战国墓葬中发现了一支毛笔，用丝线捆在杆的一端，毛长 2.5 厘米，直径 0.4 厘米。① 这是我国出土文物中最早的毛笔实物。其他还有湖南左家公山、河南信阳长台关、湖北云梦睡虎地等战国秦墓中均出土了该时期的毛笔。这时的毛笔制法和今天不同，笔毛均包扎在竹竿外围，裹以麻丝，糅以漆汁。

综上，我国毛笔制作历史悠久，伴随文字、绘画而出现。毛笔的诞生为人类文明进化史掀开了新的一页，极大地推动了人类知识的积累、传播与交流。毛笔是作为实用工具而出现的，其主要功能是"述事"，"笔，述也，谓述事而言之也。"② 毛笔的"述事"之用是人类开天辟地以来的一大伟绩，唐代诗人李峤对笔之功用赞叹有加："握管门庭侧，含毫山水隈。霜辉简上发，锦字梦中开。鹦鹉摘文至，麒麟绝句来。何当遇良史，左右振奇才。"③ 毛笔能够很好宣达人们的言行、叙事状物、记文载史，因而，自从毛笔（包括墨、纸、砚）产生以后，中国的文化得以更好记载、传承和传播，中国悠久的历史得以在笔下从容、舒缓地铺展开来。

毛笔承载着中国灿烂而厚重的历史文化，在古代是文人雅士倾心喜爱、乐意搜求的文房用品。毛笔制作技艺和毛笔文化一道，汇入中华文化的悠悠历史长河中。毛笔作为"述事"的书写工具，不仅仅是物质形体的展示，更是精神文化的凝聚，是人们文化表达的一种物质载体，因而毛笔与主观情感紧密相连。源自毛笔"述事"的文化特性，毛笔制作业作为一种传统手工行业，也浸润了淳厚的民俗文化。虽然笔业也参与市场竞争，是人们的谋生手段，但作为一种半市场化手工业，它在"迎合"市场的同时，又与市场保持了一定的距离。

技术民俗是和生产技术紧密联系在一起的，没有生产技术也就没有

---

① 湖南省文物管理委员会工作队编：《发掘报告》，《文物参考资料》1954 年第 12 期。

② （清）唐秉钧纂：《文房肆考图说》，台北广文书局 1981 年版，第 91 页。

③ 周振甫主编：《唐诗宋词元曲全集·全唐诗》第 2 册，黄山书社 1999 年版，第 498—499 页。

技术民俗。本章主要研究毛笔制作的技术民俗。在研究重点上不再局限于传统民俗学在研究物质生产民俗时只关注与生产技术活动相联系的民众的精神文化而忽略生产技术本身的学术追求与倾向，笔者尝试从整体上观照技术民俗，既深入研究民间手工艺的工艺流程、工艺知识、劳动工具，也不忽略与物化形态相联系的民间艺人的自我认同、价值审美、生活感悟等精神文化活动，旨在比较全面地展示和深入体验、理解"语境中的民俗"。毛笔制作技艺是一种每天不断重复、模式化、程式化的民俗事象，具有日常性的特征。毛笔制作技艺"与一些强调和渲染此时此刻重要性和特别意义的民俗事象不同，如节庆仪式、人生礼仪等"①，它是一种日常性的生产制作活动，每天不断重复，表演性、展示性、传播性、感染性不强，但却是实实在在的民间艺人的生活世界，也是民俗文化的重要组成部分。因而，从民俗学的学科立场来说，技术民俗应该成为民俗学研究的一个重要领域，对其进行深入研究具有传承与拓展的意义。

第一节　笔坊生产与时空秩序

《现代汉语词典》对"坊"字的解释是："小手工业者的工作场所。"②因而，笔坊就是毛笔制作的工作场所或生产空间，也是民俗文化的传承场域。笔坊具有典型的半市场化特征，在生产空间上，虽然市场仍具有隐形的"遥控"作用，但在笔坊具体的民俗场域中，它的影响似乎被"格式化"了，笔坊文化的传统性、身体性、边缘性及脆弱性更加凸显，现代生活的脚步声永远停留在高高的院墙外面，清晰又遥远。

在现代化迅速发展的今天，传统的很多物质和非物质文化不断消亡。从文化保护的角度来看，我们首先需要了解正在趋于消亡的文化遗产。基于此，本节主要阐述笔坊的基本情况，如笔坊有哪些类型？又是

---

① 朱霞：《云南诺邓井盐生产民俗研究》，云南人民出版社 2009 年版，第 114 页。

② 中国社会科学院语言研究所词典编辑室编：《现代汉语词典》，商务印书馆 2012 年第 6 版，第 368 页。

如何管理的？笔坊与一般的生产场所有什么不同？其时空秩序如何？笔坊生产有什么特点？本节内容以理论分析为主，结合田野调查资料，以文港笔坊为个案，对笔坊基本情况进行宏观概括，旨在为全章深入探讨技术民俗、制笔知识及制笔技师的生活世界做一个铺垫和背景展示。

一　笔坊的类型

文港镇毛笔产业发达，作为一种手工制作技艺，毛笔制作主要在笔坊中进行。笔坊类型因毛笔产区不同而有所差异，但整体而言，笔坊主要有四种类型：第一类是雇佣型笔坊，即完全雇佣工人，笔坊主（老板）及其家人不从事毛笔制作生产，而从事笔坊的管理。如邹紫光阁、梦生笔店等，其规模都比较大，雇佣工人数一般在上百人至几百人。邹紫光阁的创立者邹发荣自己虽然会制笔，但创建邹紫光阁后，主要聘请家乡制笔高超的技师从事毛笔制作，自己的主要精力则放在毛笔店的营运管理方面。梦生笔店的创立者桂梦苏为商务书局记者，制笔不是他所擅长的，但为了振兴家乡毛笔产业，他毅然辞去公职，专注于毛笔的产业化经营，在全国开设多家分店，形成连锁经营模式。雇佣型笔坊多存在于新中国成立前，管理上较为严格、规范。这种笔坊学徒招收制和工人招收制并行。学徒拜师要按照行业习俗仪礼进行，学徒地位十分低下。"凡是想来当学徒的，先要通过关系人的介绍和担保，还要学徒家长写下投师字据说明：'任凭师父管教，伤残疾病，各安天命，不与师店相涉。'"[1] 学徒时间为三年，其间为老板工作没有任何报酬，只能满足基本的食宿，三年期满，第四年还需"帮师"，按最低员工工资标准的 50% 发给工资。在生产中一般要聘请制笔技艺高超的掌作（管作）师傅，掌作（管作）师傅权限很大，监督毛笔制作每道工序，同时对笔工有任免权，在技术环节上对新进工人进行考核，"首先是考核'齐料'。特别是齐短毛秋毫尾，乃是制造毛笔的一道重要基本功，如果技术略差，便很难以胜任这道工序。所以新进的工人，在通过这一考核以

---

① 邹彝新：《汉口邹紫光阁笔店》，载《武汉工商经济史料》第 1 辑，武汉文史资料，1983 年，第 205 页。

前，就不敢事先携带自己的铺盖行李进厂"①。雇佣制笔坊实行计件工资，按工人的技艺水平划分工资等级，不同等级工资不同，工人工资等级的划分也由掌作（管作）师傅考核鉴定。

第二类是集体型笔坊，或集体制毛笔工厂。集体制毛笔工厂是新中国成立后对新中国成立前私人雇佣制笔坊的改造或重新组合而成的，如周坊毛笔厂、前途毛笔厂、文港毛笔厂等。集体制毛笔工厂规模比较大，工人数一般都有几十至几百人。新中国成立前的集体制毛笔工厂一般实行工分制，按工分来折算工资。曾经在周坊大队毛笔厂当主任的周坊村周小山老人告诉笔者："周坊人自古以来都是做毛笔的，解放后各地都办了毛笔厂，周坊毛笔厂有 70—80 人，自产自销，我是挣全年的分，一日十分，一年 3000 多分，管理的干部每月零用钱 3 元……卖毛笔的钱，按工分拨到生产队，用来给集体买肥料、生产工具等，不拨给个人。"② 集体制毛笔工厂的工人没有自己的收入，只能挣工分，折算成从事农业生产的工作量。家庭劳动力多，工分就挣得多，年底就可以从生产队领取扣除集体生产来年必需储蓄之后的盈余零钱；而劳动力少，吃饭人口多的，工分折合不够其口粮的家庭，年底反而要向生产队交纳一部分钱以补缺。改革开放后集体制毛笔工厂逐步倒闭。当然，今天的湖笔毛笔厂，仍保留了集体制毛笔工厂的模式，但分配体制已完全改变，基本贯彻了"集体劳动、共同分红、各尽所能、按劳分配"的原则。

第三类是家庭型笔坊。家庭型笔坊就是劳动局限于家庭成员的自产自销的个体经营模式。家庭型笔坊是文港笔坊的主体，它适应了小生产经营的需要，因而，每家每户都可以成为一个独立的笔坊。如周坊村的周英发夫妇，小儿子在杭州开了家叫"文宝轩"的笔店，平时制笔主要是夫妇俩，主要供应笔店需求，闲暇之余他们也制作毛笔供应市场。家庭型笔坊是传统自然经济的产物，往往一家一户就是一个生产单位，虽然发展到今天，但依然与传统小农经济的分散性紧密相连。正如马克

---

① 邹彝新：《汉口邹紫光阁笔店》，载《武汉工商经济史料》第 1 辑，武汉文史资料，1983 年，第 205 页。

② 访谈对象：周小山，男，1931 年生，小学二年级。访谈时间：2010 年 7 月 6 日。访谈人：刘爱华。

思所描述的，它们"好象一袋马铃薯是由袋中一个个马铃薯所集成的那样"①。这种笔坊适应性强，订单不多时，夫妇俩制笔就够了，订单较多时，小孩、老人也齐上阵。家庭型笔坊没有具体的管理规范，根据自己的时间自由安排，制笔很随意，主要是补贴家用。

第四类是混合型笔坊。混合型笔坊就是雇佣型与家庭型笔坊之间的类型，这种笔坊也很普遍，比重仅次于家庭型笔坊。混合型笔坊的规模比较小，以家庭成员为主，再雇佣几个工人，从文港来看，一般就五六人、七八人，最大的也不到30人。如文港镇的周茂水夫妇，除两夫妻制笔外，请了两个工人，一男一女，大约都在40岁，男笔工主要做梳毛工序，女笔工主要做齐毛、去杂障等工序。混合型笔坊雇佣劳动部分采用计时工资，一般以天为单位，根据工人的技术熟练程度和技术水平，每天三四十元到五十元不等。由于半市场化属性，很难严格按照统一、规范的制度来管理，因而混合型笔坊在管理上比较自由。"现在的工人很难请，特别是熟练的笔工，我们在管理上没什么要求，如果工人有事请个假或者晚来几个小时都很正常，完全靠他们的自觉。"②笔坊主和笔工之间不像过去的老板和工人的对立关系，他们彼此之间很多本来就是亲戚、邻村或街坊邻居，因而关系比较融洽。

笔坊的半市场化存在，使得笔坊生产仍无法超脱其本质属性，即小农经济的分散性、封闭性，因而，笔坊无法按照现代市场的标准化、规模化、模式化来进行毛笔生产制作及其管理，更无法进行大规模的集约化生产。笔坊属于劳动力集中型的小规模生产模式，在生产中强调笔工的熟练及创造性，在管理上依靠笔工的自觉，或者说它是在熟人社会基础上建立起来的一种小生产类型。笔坊的四种类型，彼此之间有关联性，以文港来说，今天以家庭型和混合型笔坊为主，雇佣型笔坊极少，而集体型笔坊已经基本消失。

二　笔坊的管理

源自小农经济的分散性，笔坊的管理很松散，很多笔坊主都表示没

---

① 《马克思恩格斯选集》第1卷，人民出版社1972年版，第693页。

② 访谈对象：WXL，男，1968年生，初中文化。访谈时间：2010年7月9日。访谈人：刘爱华。

有什么管理。当然，这只能说明笔坊管理还没有规范化，但并不等于没有管理。从笔坊管理来说，笔坊及其生产的管理不能按照现代企业的要求，无法进行大规模的机械操作。毛笔制作很繁杂，在杂沓的劳动中，笔坊也显得凌乱，无法用标准化的准则来衡量、要求工人的生产制作。半市场化的笔坊，属于小生产者的生产空间，大部分的工序都依靠制笔者的双手，依靠劳动经验、熟练程度及体悟，制笔技艺体现出了明显的身体性。一般笔坊主要充当过去掌作（管作）师傅的角色，要确保毛笔的质量，需要把握关键的工序——配料。

对于笔坊的管理，我们不妨走进文港毛笔制作技艺省级非物质文化遗产传承人周鹏程的笔坊去看看（见图2—1）。周鹏程家上下四层（文港街房屋都是这种结构），每层呈狭长形结构，长20米，宽5米，分前后两间房，中间被楼道错开。他的笔坊在二楼南面向阳的那间，后面的是儿子的住房。笔坊长4米多、宽5米，大约二十三四平方米。笔坊里面及外面的走廊直至上三楼的楼梯上都插满了各种毛笔。他的笔坊请了三个女笔工，一个叫ZMH，小学毕业，63岁，前塘村人，小时作为童养媳被抱养在周坊村，并在那长大，现住在周鹏程家对面。一个叫QYH，初中毕业，52岁，四川巴县（现重庆巴南区）人，周鹏程妻子

图2—1　周鹏程笔庄（文港大街）内景

的初中同学，70 年代末从四川逃荒至文港安家，现住前途村，骑自行车要 20 多分钟到周鹏程家。还有一个叫 ZMF，初中毕业，30 岁，张公镇人，骑自行车到周鹏程家要 40 多分钟。因为 QYH 和 ZMF 家比较远，所以她们中午在周鹏程家吃一顿免费的午餐。其他成员就是周鹏程，他妻子吕柏伦及他儿子周晨旭，他儿子是"80 后"。从空间分布及大致分工来看，笔坊制笔人员座位大致分成两排，前排靠近窗户有两条长条形的制笔桌，靠墙壁是一个大箱柜，放着各式的制笔工具，周鹏程坐在前排中间位置，他主要负责切料、配料、打灰、扎笔、吊笔等工序及全部制笔人员工作的调配。前排最东边是他妻子吕柏伦，吕柏伦一般做烧兜、圆笔、护笔工序，偶尔也做脱脂、去绒、齐毛等工序。后排最东边是 ZMH，她一般做去杂毛、去杂障工序。中间为 QYH，她主要负责粘兜、上笔杆、攀毛、去杂毛、去弯锋、沾茸、揉笔、梳笔、夹茸等工序。后排西边略靠后是他儿子周晨旭的位置，他主要负责刻字画、贴商标、上笔套、捆扎等工序及毛笔网络交易、对外邮寄业务，他那个位置靠近后门，与楼道很近，方便出入。在前、后排之间，略为靠前的位置为 ZMF，她主要负责梳毛工序，靠着前门。

　　这种大致的安排是周鹏程结合其个人特长及工作要求进行安排的，每天他们基本按照这个大致的安排进行各自的工作，如果某个工序不紧凑，周鹏程再对他们的工作略作调整，以使每天的工作比较紧凑有序。每天的时间安排，一般为 8 小时，大致上午 8：00—12：00，下午 1：00—5：00，夏天时下午工作时间相应往后推一个小时。工资的计算根据时间也考虑年龄因素加以计算，ZMF 比较年轻，每天工资为 52 元，ZMH 和 QYH 年龄较大，每天的工资为 42 元，工资按月结算。由于长期在一起工作，且都是熟悉的朋友，相互之间的称谓很随便，一般都直接叫名字，没有工厂里的那种显示不同职务、地位的科层制称谓。因为文港没有超脱乡土社会的本质属性，也没有挣脱熟人社会的伦理网络。"熟人社会是一个以人的自然关系为连接纽带的社会，也是一个以人的感情为准则的社会。在这个社会中，作为习惯法的道德伦理具有法律的作用。"① 熟人社会的人际关系也会在生产中体现出来，因为人们

---

① 费孝通：《乡土中国·生育制度·文字下乡》，北京大学出版社 1998 年版，第 14 页。

之间的交往以感情为基础，衡量社会行为的标准是习俗性的道德伦理，因此，现代社会的强制性的法律制度在乡土社会只会"水土不服"，无法凸显其优势。

笔坊，是传统自然经济的产物，是熟人社会网络中的一个联结点，高效的刚性的生产制度无法运行，人们的生产关系仍然建立在自然的血缘、地缘关系基础上。人们不仅进行着物质生产，也进行着空间生产和生产关系生产，生产着更加平等、和谐、亲密的情感关系。

朱细胜的笔坊（见图2—2）是目前文港最大的一个笔坊，有26个工人，笔者在访谈中常听人谈起他的笔坊，因而很想了解他是如何管理笔坊的，于是在电话约好见面时间后，2010年7月24日上午，笔者去朱细胜的笔坊拜访了他。他的房子坐东朝西，分上下五层，也是文港镇常见的那种狭长形结构。笔坊主要分布在三、四楼，三楼最东边一小间为配料房，其余各间为各种毛料储藏间。四楼被分隔成五个小间，最东边两间，里侧一间有两个女笔工在做打绒、齐毛等工序，由于这间是侧房，没有前后门，很闷热，只有两个女工在忙碌。一间为梳毛房，摆着8台半机械化的梳毛机，有6个工人，男女各三人正忙碌地梳理羊毛。靠西的一边有窗户，朱细胜一般坐在这个位置做改刀、配料等工序。中间是走廊，穿过走廊，对面一间有两个女笔工，在做去绒、齐毛等工序。

图2—2   朱细胜笔坊一角

最西边的是一间大房间，有四个女笔工加上朱细胜的妻子徐国莲共五位女性，还有一个男笔工，在用电梳机（在半机械化梳毛机上加上电动马达）梳理羊毛，这种机子目前文港很少用，因为对毛的损伤比较大。

朱细胜告诉笔者，平时工人有二十五六个，加上他们夫妻两个共有二十七八个人，因为最近天气太热及其他原因，今天只来了十多个人。他们都和他年龄相差不大，40 岁左右，在自己家里有的工作过十来年，大家都彼此很熟悉，也都比较自觉，称呼都很随便，直接叫名字。他还告诉笔者，分工方面，除了梳毛的比较固定外，其他的都是相对的，要按照他的要求进行一定的调整。笔工每天工作 8 小时，工资按天计算，一般男笔工是 48 元，女笔工 40 元，他说这个工资在文港属于一般，现在泥瓦匠都要 50 元一天，毛笔制作是技术含量高而待遇低的手工艺。从笔者观察来看，还有一个现象，在每个笔坊，女笔工的人数都会多于男笔工，这可能与女笔工比男笔工更有耐心、更适合在家庭环境工作的气氛有关吧。

朱细胜的笔坊给人的感觉是规模很大，人很多，也很热闹，但因为手工艺管理难度大而显得有点凌乱。对于目前文港最大的笔坊该如何管理，笔者就是抱着这个问题而来。在简单观看了他的笔坊之后，在一楼大厅，笔者和他们夫妻进行了比较松散的访谈。

对于他们笔坊的管理，他们用通俗的语言进行了详细阐述，下面即是其谈话的主要内容。

从毛笔制作程序方面来看，我（笔坊）属于流水线，一个工人做一两道工序，这样管理上比较好一点，如果（工人）做得太繁杂了的话，那么管理上就比较麻烦。这个还不是真正的管理的局限，所以还是换人的局限。（他妻子插话：跟你讲呵，假如是一开始请这么多人，根本上没办法管得下，我是慢慢地锻炼出这个管理能力来的。）嗯，你无办法管理……再一个还有一个这样的问题，有很多细节问题，一个啊是我们和员工的融洽性，再一个呢是你要请到一个有素质的员工，我们这请的员工都可以，都比较有素质，如果是没有一个好员工，你老板再能干，你干得来哦？也没有用。（他妻子插话：也没用的啊，一个企业是靠大家，不是靠个人的，绝不是靠个人的，跟你讲呀，今后机械化也要人操作啊，也要人去操作，是哦?）不是靠你一个人两个人的，这个员工起了很重要的作用，我们这里的员工素质就根本不要去管理……（他妻子插话：你敬他一点，他也会敬你一点哦啰? 要尊重别人。）……员工也是这样，你不需要管理的时候才是最好的管理。（他妻子插话：我跟你讲呀，我的客户记账的时候一般都是自己记，到年底结账，那个没关系的啊，都相信嘛，互相相信。）这个是很重要的，每一个员工，如果你经常睁着一只眼睛去盯着他，看他，那怎么成? 真正的好员工是不需要管理的，给员工一个好的环境……在质量方面有技术要求的，按照我的标准，每个品种要求不同，比如说齐羊毛的时候，整齐度要达到什么样的整齐度，再一个这个笔要保持大小规格，如果口径（直径）要8个毫米，正负就不能相差0.3毫米，最小不要低于7.9毫米、7.8毫米，最大不要超过8.2毫米……时间上一般要求八个小时，上午8：00—12：00，下午就是1：00—5：00，现在午休的话工作时间就1：30—5：30，天热的时候稍微改变一下，现在是下午1：30。本来是想2：00—6：00的，但是（他们）有各种要求，午休有这么多就可以了。（他妻子插话：假如他家里有事，晚一点也没关系，我们这里都是自己报工的，他做了七个小时报七个小时，他做了七个半小时报七个半小时，我们这工人比较自觉的。）折合一个小时多少钱，如果八个小时是40元，5元一个小时，他只做了七个小时就是35元。（他妻子插话：一般我自己不记工，假如一个工人他忘了，他多报或少报了，我们这工人就会说，不是，不是那个，他自己会说，不要我说。）家里有特殊情况啰，稍微晚一个小时半个小时那没关系，因为我们首先要理解人家，每个家庭父母，都有些家务事，都有些特殊原因，或其他活啰，这个要理解，好比我们自己有一些其他的事情……①

当然，笔坊的管理因人而异，但整体而言，雇主和工人之间的关系

---

① 访谈对象：朱细胜，男，1970年生，初中文化。访谈时间：2010年7月24日。访谈人：刘爱华。

都比较好，大多数笔坊雇主本身就是手艺人，对毛笔制作的单调、辛苦都有切身体会，也都能换位思考，尊重工人，或者说是怕"得罪"工人，因为在科技日益发达的社会，诱惑增多，工人不好请，尤其是技术熟练的工人。且笔坊是小生产空间，工人的数量很少，笔坊主和工人在一起劳动、一起生活，对工人进行监督毫无必要。从笔者调查来看，笔坊的管理其实也有学问，其重点不在管人而在管事，把毛笔制作的各道工序恰如其分地安排到合适的人，按其制笔技艺上的特长或熟练程度安排工作，统筹全局，确保每天的工作很紧凑，各行其是且相互协助，否则随意换人，不但效率变低，毛笔质量也会受到影响。

　　总的来说，笔坊管理比较人性化，也很随意，雇主和工人关系都比较亲密，除技术外，雇主一般不会对工人有额外的要求。

三　笔坊的时空秩序

　　笔坊，其产生是和农村的文化生态系统相适应的。在传统的农村，文化娱乐设施很少，农村手工业是农民打发农闲时间的重要方式。毛笔制作技艺，对文港人来说，除了打发农闲时间的功能外，最重要的还是养家糊口。因为文港人多地少，土地只能满足农民最基本的生存需要，而吃饭之外的所有生活来源都寄托在手工艺上，尤其是毛笔制作技艺。虽然农村经济已经处在工业化的转型过程中，但小土地的分散性依然在发挥内在的作用，塑造着乡土社会的人际网络与组织生活，同样，笔坊的时间与空间也与乡土社会文化生态紧密相连。按照唯物辩证法的观点，社会空间包括两个部分："一是以实体形式存在的地理空间，它是人类在自然空间的基础上、通过人的实践活动创造和拓展的，表现为人们生产、生活、科学研究和从事各种活动的重要场所；二是以关系形式存在的交往空间，它是人们在实践活动中结成的经济、政治、文化、生活等日常和非日常的交往关系。"[1] 从地理空间来看，笔坊是一个室内生产场所，自然条件对其生产影响不大。在空间分布上，受劳动对象和劳动程序自身的影响，笔坊布置呈现出向光性，一般来说，靠近窗户的最光亮的地方是主人的位置，相当于过去的掌作或管作的角色，因为切

---

[1]　吴国璋：《论人的活动与社会时空》，《江苏社会科学》1999 年第 4 期。

料、配料等关键工序很精细，需要较强的光线。而梳毛是水盆制作的重要工序，需要放置一个盛水的盆，因而梳毛机一般布置在靠近门边或通风的窗口，以便于洒在地上的水能较快干燥。其他的工序在空间安排上也都遵循着生产的便捷性、顺畅性而自然分布着（见图2—3）。笔坊的社会空间不仅是生产场所，同时也是交往空间，在制笔过程中，人们一起劳作，相互了解加深，彼此的友谊也得到促进。当然，笔坊作为小农经济的产物，在空间管理或布置上还是显得很凌乱。你随时都可以看见

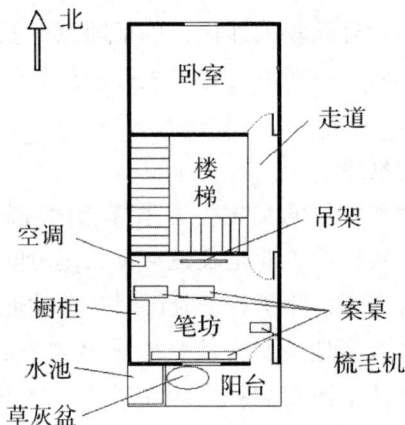

图2—3　文港常见笔坊平面图

在那些逼仄的笔坊空间里摆满的羊毛、黄鼠狼尾、猪鬃、人造毛及各种制笔工具。笔坊空间的设置也琳琅满目，有的设在底楼，有的设在顶楼，有的设在耳房，有的设在阁楼，甚至有的直接设在倒闭的学校教室。"空间在其本身也许是原始赐予的，但空间的组织和意义却是社会变化、社会转型和社会经验的产物。"① 文港笔坊布置的凌乱状态，是文港毛笔制作技艺作为一种半市场化产业的集中体现，在家庭进行毛笔生产，融家庭空间和生产空间为一体的这种空间生产必然产生一种比较轻松融洽的生产关系。"空间的生产不仅改变了个人自身的行为模式与

---

① 汪民安：《空间生产的政治经济学》，《国外理论动态》2006年第1期。

心理认同，人与人的交往模式和交往范围也发生了改变。"① 笔坊这种以血缘、邻里关系为基础的生产关系在进行空间生产的同时，也进一步影响着关系生产，使雇主和笔工关系比较融洽、轻松、自然，因而这种管理不适合科层制的管理方式。

笔坊，不仅具有空间的维度，同时也具有时间的维度。在生产劳作中，时间和空间是紧密相连的，社会时间和社会空间是通过社会实践而成为现实性的时间和空间的，两者是辩证统一的。正如马克思所说："时间是人类发展的空间。"② "时间实际上是人的积极存在，它不仅是人的生命的尺度，而且是人的发展的空间。"③ 也就是说空间不是绝对的，它是具体时间中的空间，时间和空间是统一的。

从笔坊的时间来看，表现在两方面，一方面是具体的生产时间，制笔是室内的劳作活动，不受晨昏、白天黑夜等自然时间的制约，而主要受社会群体生活节奏、作息规律的制约。且制笔技艺是一种手工艺，其生产过程是环环相扣的，各个生产工序之间都是相互影响的，而且工序之间遵循线性秩序，必须先选毛，进行整理，才好脱脂、去绒等等，某个工序滞后，势必影响到后面一个工序，从而影响到整个制笔进程。但这并不意味着毛笔制作的整体性、协作性很强，制笔工序虽然环环相扣，相反，其劳作却具有一定的独立性，组织性、协作性不强。和现代工厂劳动过程的紧密合作不同，制笔不受人数多少的限制，一个人可以制一批笔，几个、十几个甚至几十个人也可以同制一批笔。这样，也就影响到人们的时间观念，很多笔坊主及其家人，有时忙起来，就没有上下班的时间概念，兴致好的时候可以从天蒙蒙亮一直做到深夜。因而，生产中的时间观念，是由毛笔生产制作的时序关系、工艺流程及工艺组织特点所内在地决定的。另一方面是抽象的社会时间，按照马克思主义的观点，人是社会性的动物，人的劳动也就具有社会性，劳动时间也就表现为社会时间。因而，在制笔的过程中，人们不仅仅是在制笔，也同时在相互交流，其劳动时间不再表现为刚性的固定时间，而具有一定的

---

① 刘珊等：《城市空间生产的嬗变——从空间生产到关系生产》，《城市发展研究》2013年第9期。

② 《马克思恩格斯选集》第2卷，人民出版社1972年版，第195页。

③ 《马克思恩格斯全集》第47卷，人民出版社1979年版，第532页。

弹性，呈现乡土社会舒缓、温暖的特色。2010 年 5 月的一个下午，笔者和一个笔工 QYH 聊起工厂和笔坊的区别时，她谈了自己的感受，"在工厂做事让人感觉有点压抑，规定每个人要完成多少任务，大家都忙着做自己的事情，很少说话。做毛笔就不同，在家里做的事，让人感觉自在一点，相对自由些，可以边做边聊天，不会感觉什么压力。在哪里都是做事啊，不受别人家监督还是好一点，你话（说的意思），是啵？"①

如果说都市社会是韵文的，在每一个角落都嵌入了制度、秩序的韵脚，那么乡土社会就是散文的，在每一个角落都飘洒着舒缓、散漫的字符。因而，笔坊的时空秩序，是与乡土社会的文化生态相适应的，也是由制笔工艺流程及社会群体的习俗生活所塑造的。

四　笔坊生产的特征

笔坊生产具有半市场化属性，简而言之，就是生产更具传统性、身体性，机械化、标准化程度不高，与现代市场生产具有一定差距。笔坊生产的具体特征如下。

1. 以家庭为单位，亦即小生产性

毛笔生产是一种家庭副业，是农民或其他个体业余时间从事的工作，其目的在于贴补家用，因而无法纳入严格的工业体系，即便纳入，也只能勉强归为手工业。② 因而，毛笔生产与小农经济相伴随，是农业经济发展的产物，虽然现代农业已逐步兴起，但仍无法改变其小农经济的本质属性，仍无法改变其生产的分散性、自足性。从历史上来看，毛笔生产制作属于个人技艺的范畴，人们对毛笔生产保持记忆的仍是作为个体的笔工，如毛笔制作史上的著名笔工史虎、白马、宣州陈氏、诸葛高、吕大源、冯应科、张进中、郑伯清、陆文宝、陆继翁，等等。虽然自清代以来，已经有一些企业品牌，如周虎臣笔庄、王一品、邹紫光阁、李福寿笔庄，但相对个体而言，企业品牌还是太少，而且即便是这

---

① 访谈对象：QYH，女，1959 年生，初中文化。访谈时间：2010 年 5 月 19 日。访谈人：刘爱华。

② 把毛笔生产纳入手工业也是很勉强的，毛笔制作是一种手工艺，从技术、规模上来看，只能说是一种行业，而不具备成为一种产业的条件。

些品牌，人们也习惯用企业品牌创立者或技艺高超的笔工姓名来指代毛笔。至于新中国成立以来成立的一些毛笔厂，则更多的是国家政治、经济规范的需要，并没有遵循毛笔行业自身的发展规律。

从文港实际来看，笔坊是和家庭联系起来的，一般每个家庭都有自己的笔坊。笔坊是以家庭为单位的一种生产形式，家庭成员是主要劳动力。家庭型笔坊和混合型笔坊是主体，而混合型笔坊也是以家庭成员为主体，完全雇佣型笔坊和集体型笔坊在文港现在还不存在。以家庭为主体的笔坊组织结构，在管理上显得更为松散，人们在劳作中，空间生产和关系生产彼此相连、相互促进，劳动的动力源自个体对家庭的责任感，即便是雇用的工人，也被融入家庭的氛围中，因而，以家庭为单位的笔坊生产民俗气息浓郁，人际关系更温馨、和谐。

2. 血缘性、亲缘性

笔坊生产以家庭为单位，血缘性、亲缘性明显。文港毛笔制作自古以家庭作坊的形式，父传子、母传女，世代相继。当然，随着社会的发展，受市场经济的冲击，这种技艺传承的封闭性已经被极大地打破，制笔技艺的传承不再像过去那样神秘，但仍具有一定的保密性，也就是说传授制笔技艺一般都限制在血缘、亲缘的范围内。笔者从调查中发现，文港笔坊家庭一般都是制笔技师的联姻，即便是不会制笔的，联姻后由于共同生活的影响，都会学会制笔，故而，制笔技艺成为一种血缘、亲缘基础上的家庭手工艺。"血缘是稳定的力量。"[①] 血缘较之地缘，更具有文化传承的稳定性与持续性，因而，血缘及亲缘基础上的笔坊生产自然具有一定的稳定性，这也是为什么文港制笔技艺得以传承至今的重要原因。当然，这种稳定性是相对的，在现代市场经济的冲击下，传统封闭的"熟人社会"也逐渐"瓦解"，因而，以血缘、亲缘为基础的笔坊也就面临着前所未有的危机。

3. 地域性

笔坊是以家庭为单位的生产组织，同时生产也是建立在血缘、亲缘基础上的，这样就造成了地域空间上的稳定性，亦即笔坊生产的地域性。地域性不等于地缘性，不是陌生人之间以地缘为基础的，"很多离

---

① 费孝通：《乡土社会》，人民出版社 1987 年版，第 87 页。

开老家漂流到别地方去的并不能像种子落入土中一般长成新村落，他们只能在其他已经形成的社区中设法插进去。如果这些没有血缘关系的人能结成一个地方社群，他们之间的联系可以是纯粹的地缘，而不是血缘了"①。地域性是一种空间属性，与"熟人社会"紧密相连。在文港，混合型笔坊所雇请的笔工，也绝大多数是本地人，即便是外地人，一般都在当地生活了很多年，已经完全融入了当地社会。当然，随着社会经济的发展，不少文港人都迁往异地他乡，从事毛笔制作或销售，但在当地地域性仍是其笔坊生产的一个重要特征。

4. 身体性

毛笔生产是一种手工艺，手直接参与造物活动，人与造物对象有直接的天然关系，因而这种造物活动具有鲜明的身体性，具有"人的品格"。"身体性就是感觉的丰富性和感官的敏锐性。……非物质文化遗产既由感官（器官、肢体、身体、躯体）承载、演示、生发，又在感官技术中将身体从客体转化为主体，将主体客体的统一升华为身心的统一。"② 在手工艺创造活动中，手、眼、耳等身体器官及身体姿势都参与了造物活动，甚至注意力、精神、思想、文化、价值观等精神因素也参与了造物活动，因而，手工艺活动既存在物质载体形式，也融入了精神感受，身体是主客体的统一，通过身体性的活动，主体的精神品格、价值观、思想情感等都融入客体之中，从而创造出人化的艺术品。因此，梅洛—庞蒂宣称，"身体为我们提供了一种'初生状态的逻各斯'。人首先是以身体的方式而不是意识的方式和世界打交道的，是身体首先'看到'、'闻到'、'触摸到'了世界，它是世界的第一个见证者"③。

5. 传统性

笔坊生产是一种手工劳作的小生产，具有半市场化属性，机械化、标准化、规模化水平不高，因而，传统性特征突出。美国学者爱德华·希尔斯指出："传统意味着许多事物。就其最明显、最基本的意义来

---

① 费孝通：《乡土社会》，人民出版社1987年版，第90页。

② 向云驹：《论非物质文化遗产的身体性：关于非物质文化遗产的若干哲学问题之三》，《中央民族大学学报（哲学社会科学版）》2010年第4期。

③ 季晓峰：《论梅洛—庞蒂的身体现象学对身心二元论的突破》，《东南学术》2010年第2期。

看，它的含义仅只是世代相传的东西（traditum），即任何从过去延传至今或相传至今的东西"。① 传统的决定性标准，就是它是人类行为、思想和想象的产物，并且被代代相传。文港毛笔也是一种历经千年，而依托血缘、亲缘传承的一种民间手工艺。当然传统性是相对的，不是完全封闭的，传统也会发生变迁。"传统是不可或缺的；同时它们也很少是完美的。传统的存在本身就决定了人们要改变他们。"② 当然传统变迁的发生，有的源自主观的努力，有的则是客观环境所迫。在科技高速发展的今天，文港毛笔也在不断变迁，如工序的简化、制作工具的改进，但总体而言，这种变化很小，传统之所以为传统，就是其变迁的速度较缓，变迁的程度较小。因而，文港毛笔虽然不断在变迁，但其制笔工序基本稳定，其制作工具也比较简单，机械化程度还很低。

第二节　毛颖之技的工艺流程

毛笔是作为书写工具出现的，毛笔的好坏直接影响文人的书写或创作，米元章谓，"笔不可意者，如朽竹篙舟，曲箸捕物"③，可说是最为贴切的比喻了。毛笔对文人来说犹如"臂膀"或"武器"，在其心中具有神圣的地位。汉代著名学者扬雄对毛笔推崇备至，他反诘道："孰有书不由笔。苟非书，则天地之心、形声之发，又何由而出哉！是故知笔有大功于世也。"④ 西晋著名文学家成公绥对毛笔举形序情、宣情达志的功用叙写得更是大气蓬勃、臻于极致，"治世之功，莫尚于笔。能举万物之形，序自然之情；即圣人之志，非笔不能宣；实天下之伟器也"⑤。

毛笔对使用者，尤其是文人来说，不仅仅是一种工具，也是抒发自

---

① ［美］爱德华·希尔斯：《论传统》，傅铿、吕乐译，上海人民出版社 2009 年版，第 12 页。

② 同上书，第 228 页。

③ （宋）周密：《癸辛杂识》，王根林校点，上海古籍出版社 2012 年版，第 24 页。

④ （宋）苏易简：《文房四谱》，台北商务印书馆 1986 年版，第 3 页。

⑤ （晋）成公绥：《弃故笔赋》，载《全晋文·中》，商务印书馆 1999 年版，第 616 页。

我具有"灵性"的叙事语言，是身心自然延伸的一部分，"能使'生命'、'灵魂'、'轨迹'驻留展显的惟一'臂膀'"①。基于毛笔的重要意义，历来不少文人都参与或关注毛笔的制作技艺，亦即"工欲善其事，必先利其器"的心迹。但毛笔具有半市场化属性，既极度依赖于市场又超然于市场，生产制作需要在平淡、枯燥、单调中感受生活，提升自我，但制笔技艺不能带来"功名"，亦不能"暴富"，不是那些徒有兴趣的文人所能"从一而终"的，因而，总体而言，制笔技艺主要由那些没有受过多少正规教育的民间艺人传承。他们的动力不完全是兴趣，而是民俗传统的影响，是祖祖辈辈们生活轨迹的"指引"。他们用自己的双手，用自己的生命去感受毛笔，触摸毛笔文化的脉搏，同时也融入自我，表达和展示自我。

俗话说："点火放炮，七十二道。"毛笔制作技术繁杂，工序较多，各地差异不大。文港毛笔制作，在长期的发展中形成了专业化的笔业分工，包括笔头、笔杆、笔帽、笔坠、笔盒、笔雕等多种分工门类。其中笔头制作最为繁杂精细，也是毛笔制作的核心部分，一支毛笔的好坏，全在毛笔头的做工上。从原材料到毛笔制成，包括水作、干作、装套、雕刻等部分，制作一支精良的毛笔，按传统的做法，需要经过选、浸、拔、拼、梳、连、合等100多道工艺流程，据统计，目前文港制作一支精细的毛笔需要工序达128道，毛笔类型（羊毫、狼毫、兼毫）不同，具体制作方法、工序及分类标准不同。从技术民俗的视角来说，技术本身就是工艺知识、技术经验、操作规范、习惯偏好等精神文化的体系。因而，技术的使用不是独立的造物活动，"在对物质实体进行加工处理时，技术是手段。构思如何进行这一项工作需要想象，使用技术制品来执行这项工作需要运用知识和想象。复制这种技术制品——工具或机器，需要知识；在复制的过程中，复制者心中必须有这种工具或机器的模型……"② 技术的本质也是人的本质的体现，没有人类积累的技术思想、技术原理、技术规则也就没有技术本身。"技术是人类所特有的最能体现人的本质力量的手段或活动。而技术的本质则是人的本质的体

① 周汝昌：《永字八法——书法艺术讲义》，广西师范大学出版社2002年版，第119页。
② ［美］爱德华·希尔斯：《论传统》，傅铿、吕乐译，上海人民出版社2009年版，第87页。

现，技术的意义是人的规定性的延伸，技术的存在是人对自身存在的一种证明，人欲为人，就必须与技术共存；人将自己需要作为一种社会性存在的要求映射到技术之上，从而使得技术也形成了自己的本质，获得了存在的根据，成为'本质先于存在'的人工现象。"① 同时，技术的使用也离不开历代技术创新者对传统的传承与突破，技术的进步就是在继承传统的同时不断颠覆传统并构建新传统的过程。因而，没有独立而存在的技术，技术的发展没有跳出传统的"掌心"，技术的发展也离不开传统，离不开技术民俗的规范和指导。

本节尝试阐释以往民俗学者容易忽略的工艺知识、工序环节、操作技术等技术知识体系，对毛笔制作的水作、干作、整笔和雕刻四大制笔工序的主要构成工序进行比较全面的分析和展示，旨在更为透彻地对毛笔制作技术民俗"物质性"的方面进行更为深入的探析。

一　水作："千万毛中拣一毫"

水作，因在水盆中操作，又称盆作，或水盆，即毛笔头制作。这是毛笔制作中最复杂、最关键的工序，"笔之所贵者在毫"②，白居易亦慨叹"千万毛中拣一毫"③，毛料经过此道大工序便成为毛笔的主体毛笔头（见图2—4）。

毛笔头的制作方法，历史上主要有两种：披柱法和散卓法。在目前，我国大多数地区毛笔制作都采用披柱法。披柱法，简而言之，就是做好毛笔头的笔柱（笔胎）后再于其上覆上一层披毛（盖毛）的方法，其作用是增加毛笔头的腰力。披柱法文献多有记载。王羲之《笔经》载，"采毫竟，以麻纸裹柱根，次取上毫薄薄布柱上，令柱不见"④。贾思勰《齐民要术》载，"以所整羊毛中或用衣中心名曰'笔柱'"。⑤

①　肖峰：《论技术的社会形成》，《中国社会科学》2002年第6期。

②　（明）屠隆：《考槃余事》卷2，中华书局1985年版，第41页。

③　《白居易集》，喻岳衡点校，岳麓书社1992年版，第62页。

④　（晋）王羲之：《笔经》，载（清）严可钧辑《全晋文·上》，商务印书馆1999年版，第261页。

⑤　（北魏）贾思勰：《齐民要术》，中华书局1956年版，第170页。

梁同书《笔史》载，"笔有柱、有披、有心、有副"①，等等，都是有关披柱法的记载。

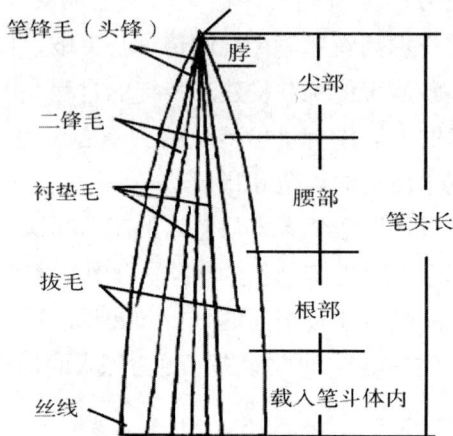

图 2—4　毛笔头剖视图

资料来源：李兆志：《中国毛笔》，新华出版社 1994 年版，第 67 页。

1. 选料与拔毛

选料很讲究，要依据天时节气。如紫毫笔所用兔毛，需仲秋取毫。西晋大书法家王羲之《笔经》载："凡作笔须用秋兔。秋兔者，仲秋取毫也。所以然者，孟秋去夏近，则其毫焦而嫩；季秋去冬近，则其毫脆而秃；惟八月寒暑调和，毫乃中用。"② 王羲之在《书论》中亦记载，"要先取崇山绝仞中兔毛，八月九月收之"③。他认为崇山峻岭之间的中山兔毛好用，而且要在八月和九月之间。对取毫的具体时间学者的认识也有一定差异，东汉著名文学家蔡邕在《笔赋》中指出："惟其翰之所

---

① （清）梁同书：《笔史》，载《文具雅编（及其他一种）》，中华书局 1985 年版，第 5 页。

② （宋）苏易简：《文房四谱》，台北商务印书馆 1986 年版，第 8 页。

③ （晋）王羲之：《书论》，载（清）严可钧辑《全晋文·上》，商务印书馆 1999 年版，第 259 页。

生，生于季冬之狡兔。性精亟而慓悍，体遄迅而骋步。"① 蔡氏认为季冬的兔毫最可用，因为此时的狡兔"性精亟而慓悍，体遄迅而骋步"，而这样灵动迅疾特征直接与书写联系。秋冬之际的毫毛虽有差异，但都顺应了岁时节气，质量都属佳品，明代学者屠隆在《考槃余事》中记载："秋毫取健，冬毫取坚，春夏之毫则不堪矣。若中秋无月，则兔不孕，毫少而贵。"② 李兆志先生结合实践，也认为"山兔毛的采集季节以仲秋至正冬猎取的山兔兔毛质量最好"③。再如黄鼠狼④尾毛，取毫时间一般以降霜和降雪时为佳，但我国疆域辽阔，南北气温相差很大，因而降霜和降雪时间很难划分，要因地因时而定。秋季适于收获，《岁时广记》对其岁时征象有文献辑录，"太玄经曰'秋者物皆成象而聚也'。管子曰'秋者阴气始下，故万物收'。说文曰'秋，禾谷熟也'。淮南子曰'秋为矩，矩者所以方万物也'……月令曰'秋三月，其日庚辛，其帝少暭，其神蓐收其虫毛'"⑤。秋季是万物成熟而收聚的季节。而冬季适于收藏，《岁时广记》对其岁时征象亦有文献辑录，"礼记·乡饮酒曰'北方曰冬，冬之为言中也，中者藏也。'管子曰'冬者阴之毕，下伏万物'。尸子曰'冬为信'。淮南子云'冬为权，权者所以权万物也，权正而不失，万物乃藏'"⑥。冬季天转寒，为藏万物的季节。因而说明古人对制笔有一套顺应天时的经验，毛笔毫毛的收取在秋、冬季之间为最佳，此时兔毛、黄鼠狼毛、山羊毛等毛颖最为柔软丰劲，为制笔的最好材料。

除岁时节气之分外，选料还有地域之分。一般来说，羊毛以长江三角洲的江浙一带尤以苏南地区为最佳。山兔毛以长江下游尤其是安徽南

---

① （汉）蔡邕：《笔赋》，载（宋）苏易简《文房四谱》，台北商务印书馆1986年版，第19页。

② （明）屠隆：《考槃余事》卷2，中华书局1985年版，第41页。

③ 李兆志：《中国毛笔》，新华出版社1994年版，第42页。

④ 黄鼠狼为俗名，又叫黄鼬（学名：Mustela sibirica）、黄皮子，因为它周身棕黄或橙黄，所以动物学上称它为黄鼬。头似鼠，但额部稍宽，体细长，耳壳小而横宽，唇有须，四肢短小，爪锐，尾长约为体长的一半，尾部毛绒较其他部位的长；周身毛绒为棕黄色，也有金黄或杏黄、深黄、浅黄、浅褐等色，腹部毛色略淡。生存在森林、草原、半荒漠、山区、平原等各种环境。习惯穴居，以各种鼠、蛙、昆虫等为食，繁殖能力较强。

⑤ （宋）陈元靓编：《岁时广记》卷3，中华书局1985年版，第29页。

⑥ 同上书，第41页。

部、湖北南部和江西北部一带为最佳。各种毛料地区划分很讲究，以黄鼠狼尾为例，黄鼠狼尾产地业内有"路"之分，一般分"江北路"、"长江路"、"京蒙路"、"云川路"等四路，各路的黄鼠狼尾都有其不同的制笔性能，而以"京蒙路"最优。

> "京蒙路"主产河北、天津、内蒙古和山西等冬季气候寒冷区域。产于京东八县以及唐山的黄狼尾毛绒，略粗而长，呈深黄色，俗称"京东条"；产于天津的毛绒较粗，针毛呈浅黄色，有黑毛尖；产于张家口地区，毛绒滑细，针毛呈浅黄色；产于保定、邢台、邯郸、沧县等地区，针毛粗长；产于北京的，毛色深黄；产于内蒙古自治区东部的，锋毛高密，毛细，呈金黄色，尾毛长，堪称狼毫笔料中的佼佼者。①

此外，适合制作毛笔头的毛料还有猪鬃、鹿毛、鸡毛、貉子针毛、山马毛、牛耳毛、狗尾毛、小孩胎发、老鼠胡须等，其中老鼠胡须所制的鼠须笔曾备受文人青睐，称为鼠须笔。鼠须笔始于汉代，当时书法大家张芝、钟繇皆用鼠须笔；相传书圣王羲之也从中得到启发，用鼠须笔写下了绝世佳品《兰亭序》。唐代何延之在《兰亭记》中论及王羲之"挥毫制序，兴乐而书，用蚕茧纸、鼠须笔，遒媚劲健，绝代无比"②。元代谢宗可甚至写有《鼠须笔》一诗："夜逐虚星上月宫，奋髯夺得管城公。囊中不觉吟窗梦，指下先争翰墨功。莫笑砚池濡醉墨，绝胜仓廪饱陈红。平生啮尽诗书字，散作龙蛇落纸中。"③ 但是对于鼠须笔，认为其笔头是用老鼠胡须制作而成之说其实是值得怀疑的。就连王羲之本人也不承认有真正的鼠须笔，"世传钟繇、张芝皆用鼠须笔，锋端劲强有锋铓，余未之信。夫秋兔为用，从心任手，鼠须甚难得，且为用未必

---

① 谢萌、吴国华：《关于文港毛笔制造业的调查报告》，载《书法与中国社会》，北京师范大学出版社 2008 年版，第 154—155 页。

② （唐）何延之：《法书要录》，洪丕谟点校，上海书画出版社 1986 年版，第 99 页。

③ （清）俞琰、长仁选编：《咏物诗选》，成都古籍书店 1987 年版，第 98 页。

能佳，盖好事者之说耳"①。明代著名医学家李时珍在《本草纲目》
"鼬鼠"条中亦载："其毫与尾，可作笔，严冬用之不折，世所谓鼠须，
栗尾者，是也。"② 鼬鼠，俗名黄鼠狼，李氏认为鼠须笔是用黄鼠狼尾
毛所制。调查中，也有不少制笔技师指出古代的鼠须笔已失传，现在市
面上所售多用紫毫笔充当。

拔毛多采用手拔，也有用一端为三角形的治笔刀作为辅助工具，夹
着动物毛拔。如拔兔毛，周坊村的八坊祖传拔兔毛技艺，对拔兔毛的工
序，周国平师傅介绍说："买来兔毛，要先用水浸一个晚上，再把冰碱
和石灰水调好涂抹到皮板上，起软化作用，使皮子更好拔。拔出的兔毛
还要用石灰水呛，祛油脂，那样就不打滑，好加工，再把兜对齐，并进
行分类，一般要分黑尖、珍珠尖、白尖、旁尖等多种，黑尖最好，有五
六道工序。"③ 对毛料的处理，以易拔、不损伤毛锋为原则。拔毛也有
讲究，要顺着毛发生长的反方向倒拔。这种活很费时间，当然，技术好
的师傅每天亦可拔并加工出近 50 张兔皮。

2. 包扎与脱脂

包扎：拔好并分类好的毛要进行包扎，取约 1 厘米宽的纸带，将拔
好的毛料包扎成直径 4—7 厘米圆柱形毛坨，纸带接口处用胶水粘贴。
脱脂：用含量 30% 的石灰水，将毛坨放入装有石灰水的盆中，浸没毛
坨根部但不要浸没纸带，浸泡时间 24 小时。

3. 去绒

即去除绒毛（见图 2—5）。将毛坨散开，分成小片，然后，左手握
片靠近盛满水的木盆，将毛锋藏于手心，露出毛根，分别用宽细衬梳④
反复梳理数十次，将绒毛梳进盆内水中。但去绒时梳至八九成即可，绒
毛不可梳尽，以备齐毛时固着毛根，便于拿捏。三国魏时书法家韦诞在
《笔墨方》中有载："先次以铁梳梳兔毫及青羊毛，去其秽毛讫，盖使

---

① （晋）王羲之：《笔经》，载（宋）苏易简《文房四谱》，台北商务印书馆 1986 年版，
第 8 页。
② （明）李时珍：《本草纲目》第 4 册，人民卫生出版社 1977 年版，第 2911 页。
③ 访谈对象：周国平，男，1955 年生，初中文化。访谈时间：2010 年 5 月 7 日。访谈
人：刘爱华。
④ 用牛骨制成的长方形梳子，长约 20 厘米，便于手握，一端有 11 个尖锐的 5 厘米左右
长的骨齿，另一端无齿。

不髯茹。"① 亦即用梳子把污秽的绒毛去除掉。

图2—5　去绒毛

4. 齐毛

即整齐毛笔锋颖，将参差不齐的毛料从顶部由长到短地一绺绺抽出，再重新聚拢，使锋端基本平齐（见图2—6）。《笔墨方》对齐毛工序亦有记载，"讫各别之，皆用梳掌痛拍，整齐毫锋"②。其工序是把齐板③一端抵在身体的腹部，以保证其平稳性，微侧，另一端用右手握住，但不能全握，大拇指要放在微侧的齐板向上平面的边缘，使齐平的毛锋以微侧的齐板侧边为标准对齐，一般不超过齐板侧边。齐毛前，先用手掌把分成片的毛垞用手拍打铺开，左手大拇指指肚握住毛垞根部同时按在食指指关节前端，然后通过右手的拇指把毛垞的毛锋由尖部少量抽出，尖部对齐，一一整叠于齐板上。"头要略低下，眼睛要仔细盯着毛锋，拔得不能太快，否则会把毛垞拔出来，而很难对齐毛锋。"④ 不时还要把拔剩的毛垞在身边桌子上碗中盛的拌匀的腻子粉⑤中蘸一下。

---

① （北魏）贾思勰：《齐民要术》，中华书局1956年版，第170页。
② 同上。
③ 薄木板，规格多样，一般的齐板长大概30厘米，宽四五厘米，厚0.5厘米。
④ 访谈对象：ZYH，女，1973年生，初中文化。访谈时间：2010年5月7日。访谈人：刘爱华。
⑤ 去油作用，防止毛锋打滑，便于拔毛。

毛锋对齐以后，还有一些修整的小工序，用厚刀把齐好的毛料打平，再用一条医用胶布把对齐的毛料固定，左手大拇指按住胶布中部，右手用牛骨梳对毛锋和根部进行梳理，并去掉梳出来的杂毛，还要用牛骨梳把毛锋不平的地方修平。

图2—6　齐狼尾子

5. 切料

切料是一个关键环节，过去一般由掌作（管作）师傅操作。切料的工序很简单，就是把齐好的芯毛、护毛（或盖毛）按照生产的品种和规格切好。切料没有任何规则可以遵循，完全依据切料者的经验，因而，切料者的切料水平或者说掌刀技术直接影响毛笔最后的性能。"切料很关键，一定要切齐、平整，如果稍有偏差，笔的性能就相差很大，此外，怎么切，切成怎样，需要你的经验，更要领悟力。"①

6. 去杂障、去弯锋

又叫拔障子（见图2—7）。用手把切好、梳好的毛片摊平，并压在左手中指指关节前端，将腕关节转向自己，毛锋朝上，对着光线，右手持薄刀将无锋毛或弯锋毛去掉。这道工序看上去挺简单，但对那些缺乏实际锻炼的人来说并不容易。"你看上去可能觉得很容易吧，但台上一

① 访谈对象：周鹏程，男，1954年生，小学文化。访谈时间：2010年5月7日。访谈人：刘爱华。

分钟，台下十年功，手腕要弯转过来对初学者是很难的，你这样一两个小时就会感觉酸痛，我们熟练了，不觉得怎么难了。"①这道工序要求左手使摊平的毫料竖直，与身体平行，初学者手比较僵硬，操作起来很不顺畅。"制作者被制作所形塑，应用者被应用所形塑"②，技术对身体具有形塑功能，空间结构、生产技术与社会文化、社会秩序之间也存在相互建构的关系。

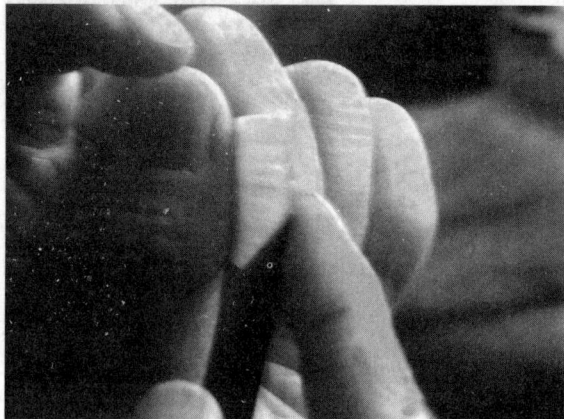

图 2—7　去杂障、去弯锋

去杂障后，进行整叠，再用牛骨梳进行反复梳理，之后用剪刀剪齐毛兜，分成周长相等的小片备用。

7. 改刀

又称配料（见图 2—8）。配料是毛笔头制作的另一个关键技术环节，对毛笔最后的性能影响甚大。技术要领是把各种齐好的芯毛、衬毛、护毛按比例配置好。配料要配成"坡叠"状，以芯毛为中柱，外配以衬毛、叠毛并一层层从内往外叠好。叠毛以前用苎麻丝，现在主要使用猪鬃，而芯毛则广泛使用人造尼龙毛。"2000 年以后，市场上出现了人造尼龙毛，原为白色，可染成金黄色与黄狼尾毛混染或染成兔尖

---

①　访谈对象：ZYH，女，1973 年生，初中文化。访谈时间：2010 年 5 月 7 日。访谈人：刘爱华。

②　[美]白馥兰：《技术与性别》，江湄、邓京力译，江苏人民出版社 2010 年版，第 16 页。

色，其性能虽有了弹性，但含墨、收锋等性能是无法与天然毛相比的。"① 配料技术性要求很高，配料的比例是决定毛笔性能的关键。

图 2—8　配料

8. 合梳

把配好的芯毛和衬毛进行合梳，俗称"梳衬"（见图 2—9）。梳衬是毛笔制作的基本功，过去有"笔头制作，梳占一半"的说法。"初学者一般是先学梳衬，衬梳有大有小，有密有疏，用牛骨制作而成，一般有 8—12 齿成一梳，每齿 2—5 厘米，齿齿如刀，绝大部分的初学者都会在梳衬时将左手大拇指刺破流血，熟练者都是经过一年以上的磨炼、形成条件反射才达到的。"② 不过，今天这道工序逐步机械化，在文港市场上出现了半机械化、机械化的梳毛机。对梳毛的程序，梳毛笔工 ZMF 介绍说："梳毛要很多次，一般要分表毛、衬毛、护毛三个部分进行梳理，每个部分要梳五次，每梳一次又要叠三层。"③ 所谓的梳五次叠三层，就是在梳理一次后要用手推拍成扁平状，再翻起一边折叠三层，以充分让表毛、衬毛混合匀称，每一种毛都要重复五次这种工序。

---

① 谢萌、吴国华：《关于文港毛笔制造业的调查报告》，载《书法与中国社会》，北京师范大学出版社 2008 年版，第 156 页。

② 同上书，第 157 页。

③ 访谈对象：ZMF，女，1981 年生，初中文化。访谈时间：2010 年 7 月 12 日。访谈人：刘爱华。

表毛、衬毛、护毛及其混合，前后加起来要梳近 20 次，比较复杂，不一一加以介绍。

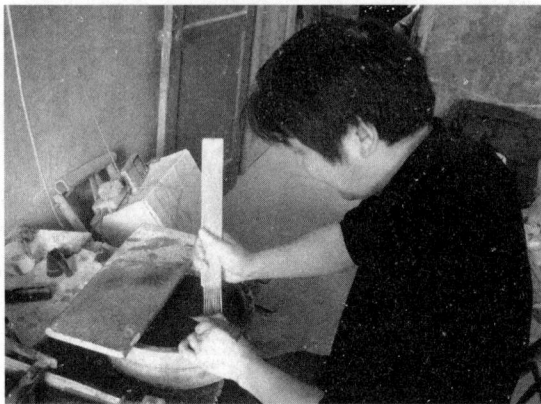

图 2—9　周茂水在演示传统手工梳毛

9. 圆笔

圆笔，也叫圆头，或圆毛（见图 2—10）。先用牛骨梳把合梳后的成片芯毛梳理顺当，去除无锋杂毛，然后用手在牛骨梳上拍扁，再顺势在衬板上把毛兜（根部）敲拍整齐，随后再把扁平整齐的毛层卷成圆锥状的"笔柱"，称为"圆"，为了使"笔柱"更圆满，今天很多笔坊这道工序还用剪去底端的塑料笔套穿套修理一下。这道制笔工序，在三国魏时"韦诞笔"制作中已出现，《齐民要术》记载，"皆用梳掌痛拍，整齐毫锋，端本各作扁，极令均调，平好，用衣羊青毛缩羊青毛去兔毫头下二分许，然后合扁，卷令极圆，讫痛颉之，以所整羊毛中或用衣中心名曰'笔柱'，或曰'墨池'、'承墨'，复用毫青衣羊青毛外，如作柱法，使中心齐，亦使平均"①。谈到圆笔，从事笔头制作多年的笔工 LBL 介绍说："过去圆笔比现在复杂多了，要加植物麻作'腰肚'，麻要切成小片，垫在笔头腰部，现在都不要加'腰肚'，配料时已经加上

---

① （北魏）贾思勰：《齐民要术》，中华书局 1956 年版，第 170 页。

去了（猪鬃）。"① 这种加麻的圆笔方法，在王羲之《笔经》中已有记载，"裁令齐平，以麻纸裹柱根，令净"②。

图2—10　圆笔

10. 护笔

护毛在经过选料、脱脂、去绒、分小片、齐毛、切毛、配料、梳毛等一系列工序之后，就要对圆好的"笔柱"加上一层护毛，这道工序叫护笔，也叫覆披毛（见图2—11）。护笔工序，简单地说，就是从做好的护毛垞中用薄刀均匀地分出一层薄薄的毛片（护毛），然后围着"笔柱"覆盖一圈，护毛的覆盖要均匀、根部对齐，长度以盖住"笔柱"为标准。经过这道工序，笔头基本制作成型。李兆志的《中国毛笔》对这道工序有详细的记载：

> 用小刀轻轻地挑下小片，放在"扶板"上，使小片的根部和"扶板"的边沿对齐，用小刀把取下的小片均匀地摊成薄片，薄片的长度以围起笔柱不重叠也不短缺为宜。用右手的食指把薄片轻轻地抹下托在食指上，左手拿起笔柱放在薄片上，使薄片的根部和笔

---

① 访谈对象：LBL，女，1959年生，初中文化。访谈时间：2010年7月9日。访谈人：刘爱华。

② （晋）王羲之：《笔经》，载（宋）苏易简《文房四谱》，台北商务印书馆1986年版，第8页。

柱的根部对齐，把薄片均匀地卷在笔柱上，薄片的连接处要吻合，既不重叠，也不短缺。重叠会使重叠的部位隆起，造成笔头不平顺，不圆正；短缺会在短缺的部位，露出笔柱毛（笔胎毛），不能拢抱住笔柱，使用时，笔柱中的毛容易蹦出，造成笔头分绺或笔尖开叉。[①]

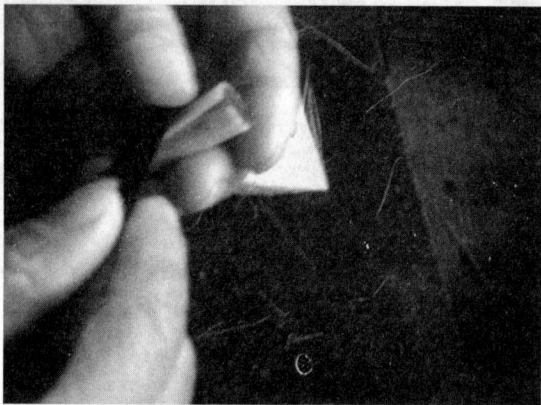

图 2—11   护笔

11. 去水、矫色

成型后的笔头含较多水分，需要用一个木盆盛满草木灰，平整压实后在上面覆盖上一层吸水的卫生纸，再把做好的笔头整齐地磕打在卫生纸上，俗称"打灰"，利用草木灰辅助去除水分。毛笔在经过很多工序后，颜色会变得不"纯"，半天后可找来一个密封的纸箱或木箱，在里面点上硫黄，覆盖十几分钟，可使狼毫更黄、羊毫更白。

12. 扎笔、吊攀

去水、矫色以后，毛笔头还未干透，需要捆扎晾晒，用细线将毛笔头兜（根）部扎紧（见图 2—12）。目的是"预防笔头晾干后松动，推跑披毛"[②]。因而，笔头扎紧后还要进行攀毛，并将捆扎的毛笔头吊在竹

---

① 李兆志：《中国毛笔》，新华出版社 1994 年版，第 81—82 页。

② 李兆志：《中国毛笔》，新华出版社 1994 年版，第 81—82 页。

竿上，放置于通风处或太阳下暴晒 2—4 小时，如遇阴雨天则时间相应延长，这一过程叫吊攀。其具体操作方法如下：

图 2—12　周鹏程在扎笔

　　将细线的一端用牙齿咬住，左手拉直细线，右手握住齐板将灰盆上的笔头送至左手细线上打结扎紧，边扎边上下滚动并用齐板打齐笔兜。一根细线一般扎数十只笔头（像泥鳅串一样），之后一端吊一重 100 克左右的细石，另一端捆在竹竿上晾晒，待干后，要进行攀毛，将多余的和与笔兜不齐而未扎紧的杂毛用手攀落，以免在书写使用过程中出现掉毛的"假象"。①

上述只是毛笔制作工序的简述，省略了不少工序，要真正制作好一个毛笔头，需要 70 多道工序，可以看出笔头制作的复杂程度。对毛笔制作，费孝通先生生前亦感兴趣，并考察过毛笔制作过程，对毛笔头亦有过一段比较详细的描写：

　　只见一位工人一手握着一叠长短不同，按比例配好的羊毛，在一个盛满水的镬子里沾湿，另一手持梳不断地梳理，并不时将手里

---

① 谢萌、吴国华：《关于文港毛笔制造业的调查报告》，载《书法与中国社会》，北京师范大学出版社 2008 年版，第 157 页。

的羊毛翻折，以使长长短短的羊毛能均匀地混合起来，同时还要把混在这一把羊毛中不合格的毛剔除出来。这样反复地翻折，沾水，梳理，直到手里的羊毛达到能够做笔头的标准。①

当然，毛笔制作工艺虽然大体相同，但目前中国毛笔制作工艺仍存在不同派别，其制作方法略有不同，正如著名学者、书法家沈尹默先生所说：

> 我国制笔工作大抵可分为两个派别：一派就是湖笔，其工作基地在湖州善琏镇，由此分行于浙江、福建、江苏、安徽，经过中原到首都北京；一派是湘笔，以长沙得名，江西及西南各省皆属此派，其分别在于扎毫。湖派是分层匀扎，湘派是不分层杂扎。湖笔长于羊、狼、紫各品纯毫，而湘笔则长于兼毫、水笔。此其大略。②

赣笔属于湘笔，但随着湖南毛笔的衰弱，赣笔逐步兴起并成为中国制笔工艺举足轻重的一支力量。对于赣笔从湘笔中脱颖而出，周鹏程说："原来湖南毛笔做得很好，但现在很少有人做了，江西毛笔就不同，制笔工艺比以前更精细了，在销售上近年来却呈上升趋势，全国到处都有江西毛笔，在全国毛笔销售市场中占据重要份额。"③

二　干作："削文竹以为管"

相对毛笔头制作在水盆中进行而言，笔杆制作是在没有水的环境中进行的，所以称为干作或旱作。笔杆也称笔管，是手执的部分。笔杆制作在古代文献中有不少记载。汉代著名文学家蔡邕《笔赋》云："削文

竹以为管，加漆丝之缠束。"① 以竹管为笔杆在毛笔制作中比较普遍。晋代傅元同名《笔赋》亦载："嘉竹挺翠，彤管含丹。"② 《西京杂记》记载："天子笔管，以错宝为跗。"③ 表明西汉时天子的笔管，其下端笔斗部分宝物交错，是用宝物所制作的。

除竹管外，有机玻璃、乌木、楠木、檀香木、玉石、陶瓷、玳瑁、象牙、玛瑙、珐琅、犀牛管等很多材料都可以用来制作笔杆。

笔杆制作相对比较简单，现以竹管笔杆为例择其要者简述如下。

1. 选竹、选杆

竹取材较易，轻便实用，物美价廉，因而竹制笔管较为普遍。竹类有：白竹、方竹、麻竹、紫竹、棕竹、斑竹、湘妃竹、罗汉竹和马鞭竹等（见图2—13）。

图2—13　笔市铺面里销售的各式竹竿

斑竹、湘妃竹、罗汉竹等都是著名的观赏竹。湘妃竹，俗名泪竹，又叫斑竹，产于湖南、河南、江西、浙江等地，竹表皮白色而带有暗红

① （汉）蔡邕：《笔赋》，载（宋）苏易简《文房四谱》，台北商务印书馆1986年版，第19页。

② （晋）傅元：《笔赋》，载（宋）苏易简《文房四谱》，台北商务印书馆1986年版，第20页。

③ （晋）葛洪：《西京杂记》卷1，中华书局1985年版，第1页。

色或紫褐色的圈状圆形斑纹，有红湘妃和黑湘妃之分，非常美丽。关于湘妃竹，有一个动人的传说，传说舜有二妃娥皇、女英，闻舜死于湖南九嶷山，大恸，泪干血出，滴竹成斑。古文献对此亦有不少记载。晋张华《博物志》载："尧之二女，舜之二妃，曰湘夫人。舜崩，二妃啼，以涕挥竹，竹尽斑。"[①]梁任昉《述异记》载："昔舜南巡而葬于苍梧之野，尧之二女娥皇、女英追之不及，相与恸哭，泪下沾竹，竹上文为之斑斑然。"[②]唐李亢《独异志》亦载："娥皇、女英从舜巡狩，行及湘川，闻舜崩于苍梧，泣下，泪洒湘川之竹，皆成斑文。"[③]毛泽东同志在考察九嶷山时，亦曾留下"斑竹一枝千滴泪，红霞万朵百重衣"[④]的著名诗句，以缅怀娥皇、女英二夫人。

当然，湘妃竹传说只是传说，实际上湘妃竹斑纹的形成是其自然环境造成的。从事笔杆制作，且多年来坚持在全国各地采竹的支小洋，谈起湘妃竹的由来，向笔者解释说："我到过很多地方，亲自上过山采过竹，这种斑纹是因一种叫红菇的病菌附着在上面，受气候、湿度等自然环境影响而形成。科学来讲，这是一种病菌，周围的竹子也会感染，但远处的就不会。这种竹子感染病菌，寿命就三至五年，三五年里不砍掉，就会死掉。有一次我在山上采竹子，正好遇上一个农业专家去考察，他是这样解释的。"[⑤]

之后，他还向笔者介绍了有关采竹的时间、竹子的辨认等知识。

有意思的是，还有一种竹子也叫斑竹，当然和湘妃竹在外在特征上是不同的。

> 湘妃竹表皮呈淡黄色，也是由于受细菌的侵蚀，表皮上长有大小不等的"花朵"。花朵呈大红色、深红色或暗红色等。花朵较大，有的直径在1厘米以上，各式各样的花朵连绵不断像一个个花

① （晋）张华撰，范宁校证：《博物志校证》，中华书局1980年版，第93页。
② （梁）任昉：《述异记》卷上，中华书局1985年版，第4页。
③ （唐）李亢：《独异志》卷上，中华书局1985年版，第1页。
④ 傅德民、邓洪平主编：《毛泽东诗词鉴赏》，四川人民出版社2001年版，第229页。
⑤ 访谈对象：支小洋，男，1971年生，初中文化。访谈时间：2010年7月27日。访谈人：刘爱华。

瓣层层叠叠地簇在一起，看上去像是淡黄色的竹竿上绽出一朵朵红花，极美，为我国各种笔杆竹中的佼佼者。[①]

通常称的斑竹，表皮也呈淡黄色，表皮上长有大小不等的各种花斑，花斑为灰黑色、灰褐色等，花纹呈长圆形或椭圆形环圈。这种竹子多产于福建。

因为湘妃竹稀少，近年来不少人热炒，致使湘妃竹价格高昂。因而仿品不少，谓之"烫花"，即在白竹上用烙铁烫出斑痕。

选竹除了需要选择花纹外，还需要注意采竹的时间。竹子生长也遵循岁时节气，一般来说采竹最佳时间在立冬后至立春前这段时间。支小洋告诉笔者，采竹有时间限制。"砍竹子不能乱砍的，立冬前后左右砍竹子最好，那时候竹子没什么水分，虫不吃，永远不生虫。11 月份、12 月份砍最好，那时候不生虫，放 100 年都没关系。其他的时间砍，竹子容易生虫。"[②]

选杆需根据天然竹竿管径、管长、圆度、直度等条件，进行精心挑选，干裂、虫蛀、皮色枯劣、粗细不匀、弯曲不直的竹竿尽量不用。根据笔头大小，要挑选略粗于笔头 1—2 毫米的竹竿。选好竹竿后，根据笔管需要尺寸长度，用裁刀把竹竿裁截、对齐，捆绑成捆。

2. 矫直

又称压梗。裁截好竹竿后，从中把不够直的竹竿挑出来，把弯曲部位置于炭火上略微炙烤，待烤热后，弯曲部位韧性较强时，用矫正器[③]矫直。

3. 湿水

矫直后的笔杆整理出大小头扎成一捆捆，取少量水浸湿笔杆小头 1—2 小时或放入大锅中用水煮约半小时，以便对笔杆进行加工。

---

① 李兆志：《中国毛笔》，新华出版社 1994 年版，第 62 页。
② 访谈对象：支小洋，男，1971 年生，初中文化。访谈时间：2010 年 7 月 27 日。访谈人：刘爱华。
③ 矫正器是一根长方体的木条，内有斜挖的三个口径不等的孔洞，用来矫直不同口径的笔杆。湖州制笔人称为压板。

4. 剌口（见图 2—14）

图 2—14　剌口

又叫平头。就是把切好矫直后的笔杆用剌刀将笔杆两端进一步切削，使之平齐、光滑，不扎手。

5. 倒口

又称倒线口、倒子口、拉脐口。平头之后，把笔杆顶部外围的棱角用剌刀削去，成一斜肩，有助美观。

6. 挖腔（见图 2—15）

图 2—15　挖腔

又叫车孔、挖仓、挖膛，即用刀在笔杆内径挖孔，以适宜笔头装入。这道工序的技术难度较大。其具体操作方法是右手持"棱刀"（棱子），伸入笔杆内孔，左手握着笔杆在一橡皮垫（俗称"车砧"）上来回滚动，使刀口"车削"内孔至一定规格，以与笔头规格适配。"其难度在于'车'出的内孔大小、深浅与笔头适配，使笔头装入不松不紧。技术高超的装套工能做到把笔杆管壁'车'得很薄，但装入笔头又不致碎裂。"① 过去没有塑料笔帽，还需要挖竹笔套（镶管镶套）及镶头，这道工序难度系数更大，要求对笔帽管壁"车削"得更薄、更深。

谢萌、吴国华在《关于文港毛笔制造业的调查报告》一文中对传统笔杆制作有过详细的记载，现转载如下：

步骤1：取竹竿放进刀架，左手握竿，右手握住裁刀进行滚动截断。

步骤2：将截断的竹竿进行筛选，然后进行烫花（天然的香妃竹②无须烫花），烫花方法是：将金属锡放入长约30厘米、宽10厘米、高5—7厘米的铁制容器中用火加温至锡熔解成液态，然后将薄玻璃小片放入容器的液体锡上，因为玻璃的熔点相对高，而比重相对低，因此玻璃上浮且不熔解。之后将铁剪夹住笔杆置于容器中，待冒烟后迅速夹起，再转动另一侧面进行热灼，笔杆便成了烫花色。

步骤3：将数百根笔杆捆扎成团，一端浸于盆中，水位3厘米左右，浸泡1小时后取出，然后左掌按住笔杆于"拖墩"上，上下来回拖动，右手用剌刀剌平笔杆端口，并剌平笔端口的周沿，然后取棱刀，来回拖动选洞，选洞时不能过大或过小，过大笔头粘不住易脱落，过小笔头难放进，即使放进去也会造成"暴肚"，很难上笔套，也不能过深或过浅。③

三　整笔："管颖姻成藏神韵"

1. 粘笔头

又叫胶笔头、上笔、粘胶、粘接等，亦即晋傅玄所说"缠以素枲，

---

① 程建中编著：《湖笔制作技艺》，浙江摄影出版社2009年版，第64页。
② 应为湘妃竹。——引者注
③ 谢萌、吴国华：《关于文港毛笔制造业的调查报告》，载《书法与中国社会》，北京师范大学出版社2008年版，第157—158页。

纳以元漆"① 之工序。其步骤是,待笔头和笔杆做好后,用丝线把笔头根部扎紧,再用乳胶、环氧树脂或清漆与香蕉水调和的黏合剂涂抹笔头根部,装入笔腔 1 厘米左右,12—24 小时干透。

2. 修笔②

首先,用小刀仔细整理笔头中未去除干净的粗毛或弯扁毛,使笔头更聚锋,笔锋更清透细腻。

其次,取海藻类"鹿角菜"适量加水炖烂呈胶状,待凉透倒入木盆内,再将大把已做好的毛笔放进盆中,手握笔杆,在胶水中用劲反复揉挤笔头,然后取出,用细线捏挤出笔头胶水,整理成型。修笔的主要目的是使毛笔定型挺直,外观秀丽及保养笔头(见图 2—16)。

图 2—16   笔工正在修笔

湖笔和湘笔(包括江西毛笔)做工不同,修笔工序重要程度亦不同,清代著名学者、书画家包世臣在《记两笔工语》一文中记载了善琏笔工王兴源评论笔工修笔的谈话,他认为笔工有"能手"与"俗工"之分,"能手之修笔也,其所去皆毫之曲与扁者,使圆正之毫独出锋到尖,含墨以着纸,故锋皆劲直,其力能顺指以伏纸。俗工

---

① (晋)傅玄:《笔赋》,载(清)严可钧辑《全晋文·上》,商务印书馆 1999 年版,第 459 页。

② 在修笔工序上,赣笔和湖笔区别较大,赣笔不重修笔,笔形在配料中即已成型,而湖笔重在修笔,笔形在修笔中成型,修笔有注面、熏、清、择、抹等工序。

意亦如是，而目不精，手不稳，每至去圆正之毫，而扁与曲者反在所留，曲且扁之毫到尖，则力不足以摄墨，而着纸辄臃肿拳曲，遇弱纸即被裹，遇强纸即被拒，且何以发指势以称书意哉！"① 相对于湖笔修笔工序的重要地位，湘笔系统中的江西文港毛笔则不重修笔，而重心在配料工序中。

总的来说，整笔工序虽然相对简单，对制笔质量的把握主要依靠制笔技师的经验和手感。当然，"不以规矩，不成方圆"，轻工业部 QB/T 2293—1997 对笔头、笔杆的黏结牢固性能"硬塞"进了一个参考标准（见表2—1）。

表2—1　　　　　　毛笔制作笔头、笔杆黏结牢固性能标准

	笔头直径（mm）	静负荷拉力（N）
牢固性	5 以下	5
	6—10	15
	11—15	20
	16 以上	30

资料来源：中国轻工业部联合会综合业务部编：《中国轻工业标准汇编·文教用品类》（第二版），中国标准出版社2007年版，第263页。

毛笔制作是一种具有民俗性的民间手工艺，技艺无法用精密性和准确性衡量，而是长期的生活实践熟练程度和感悟力。对整笔工序，费孝通先生在《老字号需要保护》一文中也进行了记录。

　　另一位工人则是将已经成型的笔，沾一些用海草熬制的胶状液体，然后用食指和拇指捏住笔头捻动，不时用特制的小刀，从笔头里削出一两根羊毛。经理告诉我，这是在进行最后的精加工，她要在这捻动当中，判断出笔头的哪个地方不够匀称，要剔除混杂在笔

_____

① （清）包世臣：《艺舟双楫》，载《清前期书论》，湖南美术出版社2003年版，第431页。

头里少数几根不合适的毛，以保证每支笔都能达到质量要求。①

四　雕刻："精雕细琢锦添花"

毛笔是一种兼具实用与艺术功用的文化用品，一支好的毛笔，不仅需要好写，还需要有素雅精致的外观。古人就非常重视毛笔的雕刻。自西晋开始，就很注重"丽饰"。王羲之的《笔经》中就有"昔人或以琉璃、象牙为笔管，丽饰则有之"②的记载。至汉代，笔杆雕刻极为华贵富丽，据《文房肆考图说》记载，"汉制笔，雕以黄金，饰以和璧，缀以隋珠，文以翡翠。管非文犀，必以象牙，极为华丽矣"。③表明汉时笔杆用材及雕刻已经成为供人雅玩的一种艺术品了，而不仅仅是书画工具。南北朝时期，笔杆雕刻巧夺天工、雕镂精致。梁元帝曾赞叹："雕镌精巧，镂东山之人物；图写奇丽，笑蜀郡之儒生。"④到唐宋时期，笔杆的雕刻装饰更为精美。《续本事诗》记述，唐代德州（今山东省德州市）刺史王倚家中，有毛笔一支，比平常的粗。笔管上刻有《从军行》的画面，无论士兵的体态、毛发，还是有空间感的亭、台与远处的河流，都刻得细致逼真，繁而不乱。笔杆上还刻有诗句："庭前琪树已堪攀，塞外征人尚未还。"古代工匠在周不盈寸的毛笔管上，巧妙地描绘、镌刻山水人物、花卉鸟兽，足以表现工艺的独特、高超。⑤唐代大诗人白居易在《紫毫笔》诗中亦有"管勒工名充岁供"⑥的叙述。至于故宫收藏的明清之际帝王所用黑漆、彩漆描金云龙、龙凤管笔等笔管，其雕刻技艺之精湛就更令人叹为观止了。

一般实用性的毛笔，雕刻只限于刻字。就毛笔制作来说，刻字工序也是技术性较强的不容忽视的一道工序。如果所雕刻的字遒劲有力、精美飘逸，书写者比较欣赏，并产生心理认同，深切感受书法艺术之美，

---

① 费孝通：《费孝通文化随笔》，群言出版社 2000 年版，第 260 页。

② （晋）王羲之：《笔经》，载（宋）苏易简《文房四谱》，台北商务印书馆 1986 年版，第 8 页。

③ （清）唐秉钧纂：《文房肆考图说》，台北广文书局 1981 年版，第 24 页。

④ （梁）萧绎：《谢东宫赐白牙镂管启》，载（清）严可钧所辑《全梁文》上册，商务印书馆 1999 年版，第 178 页。

⑤ 崔建林主编：《中国文房四宝文化鉴赏》，中国戏剧出版社 2007 年版，第 302 页。

⑥ （唐）白居易：《白居易集》，喻岳衡点校，岳麓书社 1992 年版，第 62 页。

从而使其在使用该笔练习书法或进行书法创作时容易受到"刺激"，产生书写的冲动；相反，所雕刻的字软弱无力、形销骨立，书写者可能对使用该笔也会产生一定负面的心理暗示，以致兴味索然，提不起兴致。

刻字工序根据用刀不同，主要分为两种类型：

一种是单刀字。用中斜钢刃尖锋在笔杆上直接刻，字一次刻成，不再重刻横画，如书写一般，刻出字体生动活泼，有书法味。

另一种是双刀字。用中斜钢刃尖锋先刻出笔画底部，返折回刻完成一个笔画，每个字需折成很多笔画才能完成。双刀字刻法在横画上和单刀字不同，刻时需要在单刀字的基础上，把笔杆倒过来，用刻刀把横画竹皮刻去，使横画更粗壮、清晰。此刻法比较慢，但刻出字体端庄秀美，富有金石气息。

刻字对笔画有独特的要求，并有行内的类别名称。诸如"划"（横）、"挺"（竖）、"挑"（撇、捺、提）、"点"（点）等，笔画不同技术要求也不同。刻字的质量也有内在的要求。

> 刻字的质量要求字体大小匀称，字距均匀，直行排列要达到"一支香"，即整行字如"一支香"般整齐、垂直。字体镌刻要不拼刀、不偏刀、不漏刀，不脱体，划头平整。笔形要求是："点"呈瓜子式，"竖"的上端宝剑式，"长钩"粗细均匀，上下字体略粗，中腰字体略细。①

刻字的内容很广泛。有表示毛笔品性特质的"纯羊毫"、"特制豹狼毫"、"小紫颖"等；有表示毛笔性能和书写特点的"云鹤泼墨"、"贮云含露"、"宜书意画"等；有表达美好愿望的"万年青管"、"两清藻彩"、"文星永耀"等，有怀念历史名人的"恬文抒怀"、"梦笔生花"、"唐寅屏笔"等等。对于比较高档的笔，为了增强其观赏性，笔杆也往往雕刻各种图案，如雕刻双龙、双凤、龙凤戏珠、云凤、云蝠、狮子等传统祥瑞图案，寓意吉祥如意、平安顺利等，再配上"福、禄、喜、庆"、"梅、兰、菊、竹"等图文的笔套，雅致、祥和，民俗气息

---

① 程建中编著：《湖笔制作技艺》，浙江摄影出版社 2009 年版，第 69 页。

浓郁。

在文港，有一批专门进行笔杆雕刻的艺人，鼎盛时期有 100 多人，但随着科技的发展，电脑刻字的出现，笔杆雕刻行业受到极大冲击。从邻市丰城迁入文港从事毛笔雕刻多年的吴印昌师傅谈到目前的毛笔雕刻业，很是平淡："现在在集市铺面上从事雕刻的就我和张仁鹏两个人，还有几个在家里雕刻。原来雕刻的有几十个，加上农村搞雕刻的，有一百来人，后来电脑刻字对这个冲击很大。当然，冲击也不完全是坏事，很多刻字的人因为境况不好就转行到外面做生意去了，挣得钱更多。"①当然，也有极少数人从笔杆雕刻起步，逐步扩展到各种材料的雕刻，成为赣笔的又一大特色。微雕大师周信兴就是微雕业的佼佼者，他从小爱好书法、雕刻，后来从医，在业余时间从事雕刻（见图 2—17）。

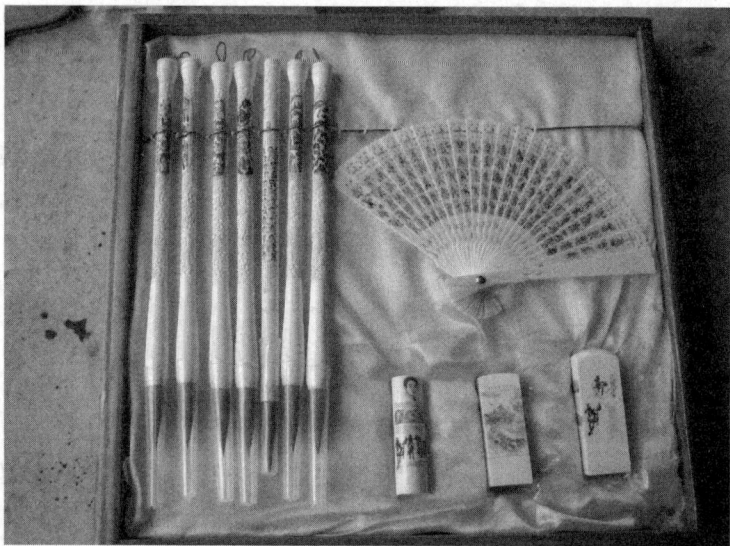

图 2—17　周信兴微雕作品

在访谈中，笔者在文港多次听说周信兴的大名，但一直没有合适的机会去拜访。2011 年 4 月下旬的一个上午，笔者正在周鹏程家观察其

---

① 访谈对象：吴印昌，男，1964 年生，初中文化。访谈时间：2010 年 8 月 7 日。访谈人：刘爱华。

制作毛笔，一个中年女子走近他的笔坊，说要几支好的毛笔。周鹏程赶快告诉笔者，她是周信兴的爱人，并借此机会介绍给笔者。她听说笔者是研究毛笔的，想去拜访她爱人，很高兴。简单寒暄之后，笔者便随同她一起去她家拜访周信兴。

周信兴家文化气息很浓，到处是字画，还有几个橱窗摆满了各种表彰证书、奖杯之类的东西。当时周信兴正在家中练书法，听说近来身体不是很好，中了风，正好转。我们就坐在他家客厅的沙发上，因为他身体的缘故，说话感觉也不是很利索，恰当的时候他爱人就帮着他表达。周信兴向笔者介绍了其走上微雕的过程。

> 我是这样走向这条路的，那时候文港有个毛笔厂，毛笔厂要雕笔铭，笔铭就是（雕刻）大狼毫啰、中狼毫啰、小楷啰，为了挣点钱，我也去雕。因为我的字好，人家都非常喜欢。有一次别人请我写对联（也是当官的啵），就送了两支好毛笔给我，那两支好毛笔笔杆很漂亮，当时就想，这么好的毛笔，我能不能弄点什么东西在上面，当时突发奇想，就雕了一对松鹤，写了一句"玄鹤千年寿，苍松万古春"的诗，自觉比较漂亮，就在笔上落款中国工艺。那是在晚上弄的，没有（微雕）刀具，就用手式刀刻的。以后，经常有经商的人来找我刻毛笔，刻大狼毫、中狼毫，刻笔铭。一次，我就把刻好的那两支笔给一个经商的人看，那个人看到很惊叹，非常感兴趣。他问怎么雕出来的，我说在值班时用手式刀刻的。他非常吃惊，他告诉我他想拿出去卖，这么漂亮的东西肯定有市场的。一拿出去果然就很抢手，很多人都想要，我就订到一批合同。就这样，雕刻很有市场，后来我签订了很多合同……那时候是雕刻，不是微雕，属于工艺品，后来（在文港）就带出来了一大批人（雕刻的人）。我就想，别人现在都会雕了，我再雕就没意思了，只能考虑创新了。有一次在报上看见王梦石的微雕，非常惊叹……①

---

① 访谈对象：周信兴，男，1949 年生，中专文化。访谈时间：2010 年 4 月 22 日。访谈人：刘爱华。

后来，周信兴通过朋友介绍，认识了当地著名微雕家王士诚先生，通过不断通信、研究，微雕艺术大进，在毛笔杆上可以雕刻各种图案、长篇的诗赋，其微雕领域也不断扩展，陶瓷、木、竹片、玉石、象牙，甚至头发丝也可以雕刻，荣誉奖励纷至沓来，还受到党中央国务院领导的接见。

毛笔制作是一种特种工艺，制作工序繁杂、精细，因制笔技师个人对制笔要求不同，很难做出完全统一的统计，据笔者观察及与文港制笔名家交流，毛笔制作工序远在128道之上，如果把制笔前的准备工作计算在内，大概一支毛笔从原料加工到成笔需要140—150道工序。而要完整观看完一支笔的制作过程，大约需要十天左右。其大体共同制作工序（狼毫、羊毫、兼毫）及基本工具如表2—2。

表2—2　**文港毛笔制作主要工序及基本工具**

	一级工序	二级工序及基本工具	具体工序名称及基本工具名称
毛笔主要工序（146道）	笔头工序	芯毛制作工序（30道）	选毛、整理、脱脂、对齐、去绒、分片、打绒、齐毛、切料、梳毛、分小片、去杂障、去弯锋、改刀（配料）、合梳、分组小片、第二次合梳、分毫饼、分衬 、扎麻衬、切衬、分衬只、梳衬、定笔形、去杂毛、汇衬、加麻（加腰肚）、再梳、圆笔等
		护毛制作工序（36道）	擢羊毛、捏小团、脱脂、对齐、去绒、分小片、打绒、齐毛、切毛、配料（上中下各部分比例）、反复梳毛、分小块、汇合、重复梳毛、再分小片、去杂毛、去弯锋、组合梳、分小块、去杂障、梳毛、护笔、烧兜 、烧灰、捏揉、入盆、打灰、磕笔兜、熏笔头（指羊毫、狼毫、兼毫）、扎笔、吊笔、晾晒、粘兜、上笔杆、攀毛、去杂毛等
		基本工具	衬梳、毫饼梳、打麻梳、小木盆、衬板、毫刀、薄刀、厚刀、齐板、盖板、压板、尺寸板、侧子、水碗、灰盆、瓷盆、梳磨石（粗磨、细磨）、剪刀、笔筒、细线、纸箍、晾笔竹竿、吊笔石、桌凳、蜡、硫黄、大木盆、灰盆、火柴

续表

一级工序	二级工序及基本工具	具体工序名称及基本工具名称
笔杆工序	笔杆制作及芯杆组合工序（31道）	直杆类：选竹杠、洗砂、晾晒、存储、制笔尺、切料、筛选、矫直、捆扎、印花、浸湿、刺口、倒口、挖孔、镶头、镶管、刺头；斗笔类还需：笔杆挖空、测径口、刮型、笔斗挖孔、打磨、抛光、上蜡、定槽、粘接、吊头、护线、组胶、粘头、干胶晾晒等
	基本工具	刀架、裁刀、棱子、刺刀、拖墩、棱刀柄、刺刀柄、桌凳、推槽石、磨刀石、定型尺、火炉、绞刀、绞刀架、火钳、印花铁槽、铅锭、蜡笔、印泥、刻蜡刀、画字刀、雕刻刀、微雕架、微雕刀、白乳胶、糊浆、挂线
整笔工序	治笔、雕刻工序（19道）	蘸清水、定笔形、去弯锋（用治笔刀）、沾茸、揉笔、梳笔、夹茸（用刀）、复梳、挤茸（用线）、修笔、挑盖毛、拔障、定型、半干清理（芯毛、护毛）、晾干、刻字画、贴商标、上笔套、捆扎等
	基本工具	桌凳、笔筒、治笔刀、刻刀、水碗、火炉、铁锅、鹿角菜
包装工序	包装工序（17道）	选料、切料、粗刨、挖型、细刨、打磨、上光、印字、喷漆、钉扣、打蜡、切布、定尺、制纸板、粘布、装扣、缝软带等
	基本工具	玻璃板、透明漆、火炉、水布、笔盒、尺子、蜡、颜料等
其他工序	其他工序（13道）	诸如笔头制作的选骨、开梳、磨梳等；笔杆制作的磨棱、开刺刀、磨竹刀、磨刮刀、定刀等；制笔工序的开治笔刀、合拼、下茸、煮茸、蘸清水等

资料来源：此表的制作参考了文港镇文化站吴国华先生提供的文港毛笔制作工序的相关资料，在此深表感谢。

第三节 写满记忆的制笔工具

"工欲善其事，必先利其器。"① 毛笔制作的工具都很简单，裁刀、棱刀、刺刀、毫刀、修笔刀、薄刀、厚刀、牛骨梳、齐板、衬板、盖板、压板、测尺、水碗、灰盆、瓷盆、拖墩等等，但简单的工具却有着各种独特的效用。任何一支挥洒自由、得心应手的毛笔都是通过巧妙利用这些简单的工具制作出来的。某种意义上说，不仅毛笔制作是一种创造性很强的特殊工艺，就连这些简单的工具也构成了工艺的一部分，具有素朴的审美造型、情感价值和文化意义。

从技术民俗的角度来说，在造物活动中，民众不仅仅创造了物质形体，同时也创造了主体的认识能力、判断能力和对民俗活动的感受能力、审美能力。而劳动工具的生活属性和艺术特征又渗透着劳动主体对民俗活动的感受能力、审美能力及价值认同。因而人类在"创造工具的同时，也使工具具备着实用价值和一定程度的审美价值，具备着属于物质性的工具和属于精神性的艺术这样的双重性"②。制笔工具亦然，虽然很简单，但其结构、形制及制造的理念都暗合了物质与精神的双重性，正因为如此，那些简简单单的工具经过合理的应用，才能够制作出做工精细、善于书写的好毛笔。

本节主要运用民俗学的理论，结合田野调查资料，旨在对制笔工具的民俗文化内涵进行深入挖掘和阐释。

一 工具：身体与情感的延伸

"技术民俗是民间最主要的生存方式，是人们赖以生存的最基本的知识和手段，也是最重要的地方传统。"③ 技术民俗的传承不仅仅是物质形态的造物活动，同时也是精神形态的创造活动，这种创造也离不开

---

① （春秋）孔子：《论语》，来可泓注译，陕西人民出版社 1996 年版，第 204 页。

② 陈彬：《论手工工具的发生、演化及其审美特性》，《武汉交通科技大学学报（社会科学版）》2000 年第 2 期。

③ 万建中：《"技术民俗"——民俗学视域的拓广》，《中国图书评论》2010 年第 6 期。

造物活动的物质载体——工具。工具的形制、结构及其使用，既是创造者身体参与的结果，也是创造者主体创造性、情感性和审美性的展示。

对制笔技师或笔工来说，毛笔制作是一个熟悉的日常行为或创造活动，在这些日常行为或创造活动中承载着其价值认同、情感诉求、审美倾向和现实追求。而工具是物质创造活动和精神创造活动的载体或桥梁，工具不仅仅"再生产"现实生活的可能性，也建构着精神生活的维度与色彩，因而，从这个意义上来说，制笔技师或笔工的创造活动，包括物质形态的和精神形态的，在很大程度上都受工具的制约，工具和技艺本身一起建构着他们的日常生活世界。

了解和贴近民间艺人，感受其生存状态和文化诉求，需要深入观察和体验其技艺，体验其生活。生活的体验更为重要，也更细微，而具有个性特征的工具往往也是一种不可忽略的"镜子"，从中可以"窥视"或折射出劳动主体内在精神世界之一角。制笔是一个很复杂、精细的民间手工艺，对制笔技师或笔工来说，牛骨梳、毫刀、剪刀、棱刀、剌刀等制笔工具是每天都必须接触和使用的，工具上的任何瑕疵，直接决定制作工序的流畅性和有效度，也影响着其自我价值的最终实现。

毛笔制作具有半市场化属性，具有手工性、传统性及个体性特征，无法实现规范化、标准化和模式化，制笔工具亦然，比如切料的毫刀，文港市场上虽然有供应，但并非能够满足每个制笔技师或笔工的个体需要，很多制笔技师或笔工在制笔的过程中往往都感觉到力不从心，很难找到一把好用的毫刀，他们很多都想尽办法搜求合意的毫刀，或者自己对毫刀进行改造，使其适应自己的使用习惯。制笔过程暗含着人类的设计活动，也是物质客体和精神主体交会融合、实现和展示自我的一个创造活动。只有依托好的制笔工具，才能使主体的目的性得以实现，弥补身体性的不足，完成主体的创造活动，因而，对主体来说，只有拥有了得心应手的工具，才能做到"心中不慌"。

在造物活动中，工具不仅仅成为身体的一部分，是身体的延伸，参与造物活动，而且在造物活动中，身体和工具的接触，使得工具"承载"了主体的情感，主体喜欢或不喜欢哪一件工具，它的形制好坏在哪里，在制作过程中起了什么作用，它能否帮助主体实现自我价值，它用了多久等等，工具作为主体生活世界中的一部分，都被主体赋予了

"记忆"、文化情感和生活的痕迹，因而，工具也成为主体精神的一部分，是其情感的一种延伸。比如，不少制笔技师或笔工对于已经没用的但曾经好用的工具，往往舍不得丢掉，有的甚至收藏了几十年，因为对于他们来说，这些工具已经构成其情感宣泄、文化记忆和自我价值的一部分，具有了更多的精神文化内涵，人与工具之间结成了一种"亲密的超物质性的情感关系"①。

二　"制笔的需要一把好刀"

毛笔制作需要很多刀具，毫刀、薄刀、厚刀、剪刀等等（见图2—18），都有其各自重要用途，但因笔头制作切料的重要性，毫刀显得更为重要。毫刀所起的作用是，制笔技师或笔工将选好的各种毛料经过多道工序加工后，做成各种"材子"（也称"毫片"毛），然后再由具有相当高技术的制笔技师或笔工（过去由掌作或管作师傅负责），用毫刀把各种"材子"压切成长短不一的衬垫副毫、芯毛、披毛。毛笔质量的高低取决于制笔技师或笔工使刀的技术高低。

刺刀　——

薄刀

厚刀

毫刀　——

修笔刀　——

图 2—18　部分主要制笔刀具

资料来源：孟凡行制作。

---

①　詹娜：《农耕技术民俗的传承与变迁研究》，中国社会科学出版社 2009 年版，第 110—111 页。

对制笔技师或笔工来说，要寻找到一把得心应手的好毫刀很难，市场上虽然也卖各种毫刀，但毫刀制作存在很多问题，或大半质量不过关，或形制不合理，和一般的菜刀无异。为了买到一把好用的毫刀，制笔技师或笔工往往想尽办法，有的人到处访求，有的人甚至从台湾地区购买，还有的人则不得不对市面上购买的毫刀进行加工，否则无法使用。

制笔技师周有财，住在文港大街南二弄 X 号，从事制笔技艺多年，儿女们都成家立业了，自己闲时也做做笔。他的笔坊有一个很大的工具橱柜，里面装满了各式各样的工具。谈起制笔的毫刀，周有财说：

> 制笔的需要一把好刀。这把刀是真的，钢做到这里（用手指着刀刃，比画着约 5 厘米左右的尺寸），就是一百块钱我也买，家伙（方言，刀的意思）做得好用多好啊。现在冒牌的太多，这把同样是十八子呢，但现在假假真真，真真假假，乱套了，弄得你买不到一把好刀。十八子是名牌呢，（有时）没有名牌的还好呢。现在的阳江刀（广东阳江）好用，也就是新中国成立前的广刀。这把刀也好，这个是菜刀呢，但钢用掉了，这个（刀刃）就软下来了，没有用了。你看（拿出一些收藏的刀），这把刀用了几十年，原来钢很多，做得很好，我舍不得丢，但现在做得不行，钢很少，质量也下降了，钢再宽点，就是一百五、二百块我也会买。①

从周有财家出来，笔者对"刀"仍存在不少疑问，诸如到底什么样的刀是好刀，制笔技师又是怎么寻求好刀的等等。

周鹏程用过很多毫刀，对毫刀很讲究，他曾专门驱车去南昌买过刀，也曾改制过毫刀。谈起毫刀来，周鹏程感触很深，他说：

> 周：就跟你话（方言，说的意思）做这把刀哇，听说这种刀好用，我开着车子（打车）到南昌，买了这把刀，买来一磨呢，

---

① 访谈对象：周有财，男，1948 年生，小学文化。访谈时间：2010 年 4 月 14 日。访谈人：刘爱华。

切那个尼龙毛呢，就是一刀切不下去。一扎尼龙毛要分成八只（方言，八份的意思），切一只都切不下去。

刘：你跑到南昌买的啊？不好你跑到那买干吗呢？

周：跑到南昌买这把刀啊，专门跑车子都去了一百多。听说他的刀好，就想去买这个东西。有一次我就买了一把四川打的刀，目前从我小时候到现在，我就认可这把刀好。

刘：就是市场上买的啊？就是两面的你改造的那把？叫什么名字啊？

周：嗯，两面的，我磨掉了一面，叫蒋昌洪（刀名）嘛（指着刀上的字给我看），蒋介石的"蒋"。这个人在四川，接刀的人从四川进过来的，晓得啵。所以话（方言，说的意思）就跟做笔一样，我也想做成这种东西，你要青（方言，寻找的意思）我来买。

刘：无意中买到的，是啵？你用过他几把刀呢？

周：我用过两把，都好用，没有噻（方言，差的意思）咽，包括菜刀都好用得很。

刘：他的（刀）要卖得贵些啵？

周：好便宜哪，没有好贵。

刘：哦，怎么回事？

周：名气冒（没）出来噻，就跟人的艺术一样，这个人的名气冒（没）出来。

刘：你在哪里买的呢？以前第一次。

周：就这文港市场上，地摊子上买的。名气冒（没）出来噻，可惜呢。

刘：平时在市场上买得到吗？

周：买不到了，又没有了，所以这个东西就很神秘呢，除非去四川。我还买了一把放在这里。（他拿出来一把新刀）刀面上写有"重庆"两字。

刘：你的刀怎么改造的呢？

周：（用手指划给我看）用钢锯把这个角锯掉，中间是钢，两边是铁，我把一边的铁磨掉，露出钢，那样就切得更标准，不走样。

刘：我前段时间在周英明那看到一种广州制的刀，就是曾在邹紫光阁做过很多年的（人）。他说那种刀是用来切中药的，很好用（我从相机中把所拍摄的照片展示给他看）。

周：十八子。他那刀是切羊毛用的，但我的可以切人造尼龙毛，人造尼龙毛非常难切的。（看完照片）咯（方言，这的意思）是广东刀，广州的，十八子，最有名的，名气很大，但还没有这把刀（指蒋昌洪的刀）好用。①

毫刀的质量直接关系到切料（切"材子"）的水平，而切料是制笔头的关键环节，周鹏程告诉笔者，在切料的时候只要你稍微歪一点或者说和设想的相隔一条线的位置，制出来的毛笔质量都会受到直接的影响。因而，和一般的菜刀不同，毫刀要平如镜，需要磨平才能把握切料的精确度。

毫刀的操作不仅体现制笔技师的技艺水平，也能体现其"品性"。比如，精选某种质量最佳的兽毛一斤，经多道工序做成待切的毫片，在切料时不仅考验技师的技艺，还考验其诚信和公德心，按照笔头的规格，制笔技师或笔工在刀上控制好，一般可做50支或60支高质量标准毛笔的笔头。假如品行有问题，用同样一斤毛，就可以切制成100支或150支甚至更多的笔头。这是一种制假的行为，很多买主不太懂毛笔质量的优劣，往往容易上当。因而毫刀也被人认为是"神刀"或"鬼刀"。过去毫刀多由掌作（管作）师傅负责，一般不外传，现在文港都是家庭作坊，操刀者多为家长，用毫刀切料的技术也多在家庭亲属间传承。

制作毛笔的还有一把刀，在有些地方制笔业中也很重要，即修笔刀，也叫治笔刀、整笔刀、修拂刀或盘尖刀，体型很小，刀质是白钢制成的，尖形。湖笔很重视修笔工序，有"掠笔如号脉，择笔如看病"②之说，对修笔刀的使用很讲究。其大致过程是：经选毛、浸料、拔毛、

---

① 访谈对象：周鹏程，男，1954年生，小学文化。访谈时间：2010年7月12日。访谈人：刘爱华。

② 周一渤、陈锋：《绝世珍存之中国民艺》，青岛出版社2007年版，第45页。

整齐、切料、配料等多道工序后，制作成笔芯、副毫、笔柱、披毛，捆扎成笔头。再交修笔工精工修剔，先用略具黏性的六角菜糊状物蘸几遍，用手指抹顺，用修笔刀仔细认真盘锋，摘去卷曲毛和尖子，使笔锋粗细合度，旋转自如，不过尖，也不秃，达到上手好写的要求。从事修笔的笔工称为修笔工、整笔工、择笔工，要求技术高，执刀稳定，眼光犀利，判断毫毛精确无误。

当然，在文港，修笔这道工序并不是很重要，很多作坊都没有专门的修笔工。当地一些有名的制笔技师告诉笔者，文港毛笔的制法和湖笔不同，它主要是在配料环节上，毛笔的形制在配料中就已经做好了，修笔工修笔这道工序显得不是很重要。而湖笔不同，湖笔的关键在修笔，由修笔工（当地称"择笔工"）用修笔刀修好毛笔的形制。

三 "梳毛差不多半机械化了"

俗话说："制笔工序，梳占一半。"自古以来，毛笔都是牛骨梳来梳理。牛骨梳的种类有圆笔梳、刮梳、麻衬梳、衬梳、毫饼梳、打麻梳等，其形制和用法都不同，圆笔梳有锋锐的锋齿，去除杂障之用；刮梳无锋，齐毛锋时用；麻衬梳、衬梳尺寸较大，锋齿比较稀，可用来梳匀毫饼①等等（见图2—19）。

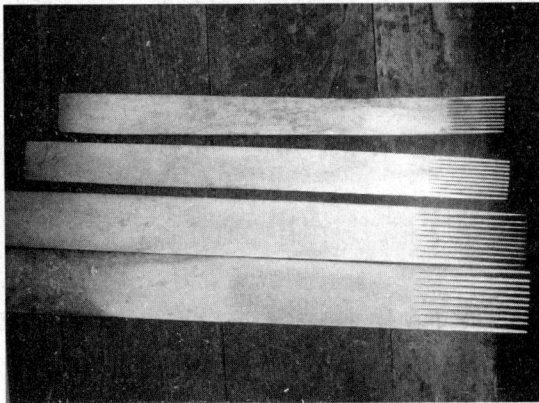

图2—19 各种牛骨梳

---

① 即指配料切好后的芯毛经梳理匀称形成的毛坨。

制笔传统中选择牛骨梳，也是制笔技师或笔工长期实践经验的总结。毛笔的梳理多用手工的方式，直到今天，手工的方式仍占主要地位。牛骨梳比较光滑、坚锐，梳毛远比木梳效果好。同时，梳毛环节很多，需蘸水反复梳理，左手大拇指往往会被梳子刺破，渗出血来，而牛骨梳具有防止皮肤发炎的功效。

在调查中，笔者看过很多不同种类的梳子，这种梳子和我们梳头用的梳子很不同，它是长条形的，不同梳子的区别主要在形制大小和梳齿锐钝。

周茂水的父亲生前专门制作狼毫笔，制笔技艺很好，在文港一带很有名。周茂水从小和父亲学制狼毫笔，学得一门好手艺。谈起用牛骨梳梳狼尾子、羊毛，周茂水边亲自示范，边告诉笔者：

> 过去都是用手梳的，用牛骨梳，学徒三年，梳毛占一年。徒弟开始都梳麻，刚开始时手往往刺出血，等熟练了才能梳狼尾子。现在梳毛差不多半机械化了，原来是纯手工，梳占很多工夫，如果是羊毛，要侠（方言，梳的意思）羊毛，侠也是梳，侠后要去绒，去绒后梳表毛，表毛要梳一下，要清障子、清杂毛，过后梳叠毛，（先是）煎（方言，梳的意思）芯毛，后煎毫饼，要梳衬毛，我们梳衬毛叫梳障子，还要煎护毛，芯毛、护毛还要汇衬，也是梳毛，好复杂。[①]

他告诉笔者，一支毛笔要用牛骨梳反复梳理几十遍甚至上百遍，笔头才会尖挺、齐顺、圆润、匀称，做出的笔头才好看。因而，对于制笔这个微利行业来说，很多人都不愿做，尤其是梳毛这个工作。牛骨梳很尖锐，常刺破手指，虽然不会发炎，但在冬天水盆水很冰，手常常会冻坏。

当然，今天文港已经广泛使用梳毛机了（见图2—20），这是一种简单的机械化、形制较大的铁梳，效率得以提高。但也并非完全机械

---

① 访谈对象：周茂水，男，1975年生，初中文化。访谈时间：2010年5月7日。访谈人：刘爱华。

化，梳毛力度、频率及铁梳的开合都由掌梳的笔工控制，因而它只能算
是一种半机械化，且其他很多环节如齐毛、择笔等环节仍需要用到牛骨
梳。机械追求的是标准化，受自动程序的控制，而手工追求的是精细
化，受人的身体性、经验及情感的影响，因而铁梳不能取代手工梳理。
对机械与手工的界限，日本著名民艺学者柳宗悦谈道，"人们对于机械
的缺点不能视而不见，只有这样的反省才能显示出使机械产品成为最合
理的器物的力量。机械必须发展，但是，这并不是对手工艺的侮辱。各
种器物都有其相应的领域，器物相互之间的性能应该有所区别。机械本
身就是机械来生产的，而手工则应该制作只有手工才能制作的器物"①。
梳毛机和牛骨梳都有其独自应用领域，梳毛机提高了梳毛的效率，得到
了广泛的应用，但它也不可能完全取代牛骨梳。在文港，现在少数作坊
也开始采用电动的梳毛机，机械化程度更高了，但使用这种机械的作坊
很少，制笔技师朱细胜也对电动梳毛机梳毛质量方面有看法："梳毛机
完全电动不好，容易把毛梳断，梳理的力度、频率很难控制，只能辅助
手工梳毛机和牛骨梳。"②

图 2—20　半机械化的梳毛机

---

① ［日］柳宗悦：《工艺文化》，徐艺乙译，广西师范大学出版社 2006 年版，第 75 页。
② 访谈对象：朱细胜，男，1970 年生，初中文化。访谈时间：2010 年 7 月 24 日。访谈
人：刘爱华。

四　"棱子①每天要磨一遍"

民间手工艺是建立在经验基础上的依托身体尤其是双手进行的造物活动。工具相对比较简单，使用也具有个体的差异性，因而，很多民间艺人不仅制作手工艺产品，有时也制作适合自己手感的工具。

在传统笔杆制作中，棱子是使用最多的一种，形制为长条形的铁片，约卷曲成半圆状，一端磨成锋锐的弯曲刀口，在刀口三四厘米处压弯成约 10—15 度的角度，以使刀口对着笔杆内腔。使用时为便于手握，一般将其无锋的另一端插入一个空心毛笔杆中，只留出带刀刃的压弯部分，再用细铁条或细竹竿插入其中卡紧，使刀刃挖笔杆时着力。这种工具过去铁匠铺会打制，但很多技师或笔工往往会自己加工，按照自己的喜好压弯成一定的角度。

棱子是笔杆制作常用工具（见图 2—21），不少制笔技师对棱子有自己的使用偏好，为了让它更顺手，不少人常常对买回来的工具进行一些简单的加工、改造。谈起自己改制棱子的事情，从事笔杆制作 50 多年的 XXS 老人说道：

> 棱子铁匠打的不是很好用，主要是弯曲的弧度不适合，咯样就好容易手酸，因而，棱子弯曲的程度要跟身体同步，以前啊，每次我把棱子买回来，都要放在火上烧，烧红了用老虎钳再压一次，用以前用得顺手的（棱子）比一下，再放水中呛一下，再摸摸，这样很习惯，用起来顺啊。为了提高速度，我用的棱子每天都要磨一次，越磨越快（锋利的意思），这样速度就快多了，一天可以挖上千根笔管。②

① 方言音译，又称棱刀，即挖孔刀。用于在笔杆的一端挖孔，以安装笔头的铁质长条刀具。

② 访谈对象：XXS，男，1933 年生，私塾两年。访谈时间：2010 年 7 月 28 日。访谈人：刘爱华。

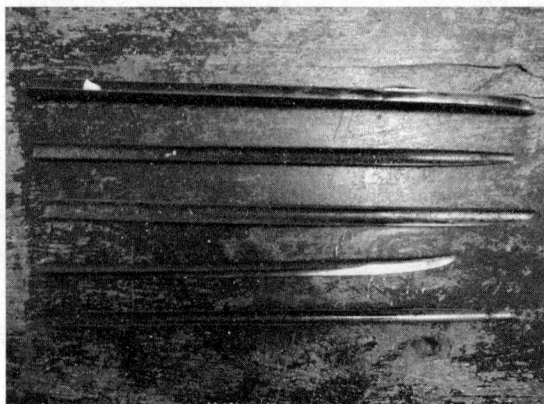

图 2—21   挖笔腔的棱子

棱子挖的笔管，和机械相比各有优劣。长处是比较细腻，挖得比较薄，在挖比较细的笔管时比较好；短处是效率低，挖得不够深。由于其制作工艺相对简单，因而伴随工具理性主义的渗透，科学技术的迅猛发展，机械钻机逐步取代了棱子、刺刀等手工工具，但随着技术、理性化的膨胀，人的个性化生活方式和主体的价值认同又逐步遭到威胁，因而，在生活中人们对机械与手工的态度又表现出"欲说还休"的矛盾情感，"在一个纯表面的水准上，可以看到两种对立的时尚潮流之间的冲突。一方面是对少数民众手工艺和家庭制作或手工制作工艺的值得怀疑的热情（尽管并不太热心实际的起源），另一方面是那种对'高技术'——表面的而不是实在的最发达技术——的同样令人可疑的热情"①。随着毛笔装饰功能的加强，文化反哺的小溪也因之悠悠而来，手工具及手工艺本身因其文化的近原生态而仍具有一定的吸引力，尤其当其成为稀缺性资源，源自身体记忆的文化缅怀与责任意义暂时大于经济价值与世俗追求时，社会希冀传统手工艺复原的呼声越来越强烈，虽然这种呼声与理想已被现实沉重碾压而失去了其自我复原的可能和动力，但这种掺杂强烈感性色彩的文化认同、缅怀及理想诉求仍具有强烈的诱惑和吸引力，如笔杆制作中濒临消失的镶管镶套绝活，便成为这种

---

①   ［英］爱德华·卢西—斯密斯：《世界工艺史——手工艺人在世界中的作用》，朱淳译，中国美术学院出版社 2006 年版，第 249 页。

理想与现实交相影响的产物，楼子、刺刀等手工具亦然，已不仅仅是单纯的物质载体，也赋予了文化缅怀、认同的意义，虽然它永远是过去时。

第四节　手艺的思想——"制笔经"与技艺观

民间手工艺作为技术民俗的一部分，具有模式化、程式化的特征，因而口传心授、祖辈承袭、师徒相承是其重要形式。"它是一个群体通过经验积累、不断改进的一整套操作技能和技巧……技术民俗在时间上具有代代相承性，并在空间上具有向周围地区传播的扩布性。"[①] 技术民俗具有一定的基本规范或模式，能够通过口耳相传及实践展示得以传承。民间艺人通过多年的实践，通过自己的身体与精神的创造活动，总结出的一些规范性的经验或感悟，形成了一些具有共性的手艺思想，从而使得技术民俗得以传承和扩布。当然，技术民俗不等于去个性化，更不等同于没有创造性，手艺的思想只是一些基本的经验总结和技艺感悟，不是什么"秘诀"，手艺得以传承和发扬的真正窍门在于实践，在于不断在劳作实践中去探索、思考与领悟。

技术民俗不仅仅包括技术本身，也包括主体的思想、情感、价值等精神文化活动。正如马林诺夫斯基所说："单单物质设备，没有我们可称作精神的相配部分，是死的，是没有用的。最好的工具亦要手工的技术来制造，而制造就需要知识。"[②] 本节主要从精神文化的层面来探讨制笔技师的"制笔经"和技艺观，从而让人能够从一个整体的层面来理解和感受民间技艺——手艺的丰富内涵。

一　"尖、齐、圆、健"：毛笔质量的民间规范

在毛笔制作中，制笔技师或笔工对毛笔制作有一条基本的遵循规范，即制作的毛笔要达到"尖、齐、圆、健"的形制与性能，俗称毛

---

① 朱霞：《云南诺邓井盐生产民俗研究》，云南人民出版社2009年版，第2页。
② ［英］马林诺夫斯基：《文化论》，费孝通译，华夏出版社2002年版，第5页。

笔"四德"。毛笔"四德"这个概念是明代学者屠隆首次提出的，"制笔之法，以尖齐圆健为四德"。他还对其进行了阐释："毫坚则尖，毫多则色紫而齐，用苘贴衬得法，则毫束而圆，用以纯毫，附以香狸角水，得法则用久而健。"① 《文房肆考图说》对此亦有详细注释："尖者，笔头尖细也。齐者，于齿间轻缓咬开，将指甲揿之使扁排开，内外之毛一齐而无长短也。圆者，周身圆饱湛，如新出土之笋，绝无低陷凹凸之处也。健者，于指上打圈子，绝不涩滞也。"② 柳公权《笔偈》云："圆如锥，捺如凿，只得入，不得却。"③ 现代大匠沈尹默对这个《笔偈》做了解释："虽然只有短短十二个字，却能把毛笔的性能功用，概括无遗。向来赞颂好笔，说它有四德，就是尖、齐、圆、健。偈中之'圆如锥'，揭示了圆和尖二者；'捺如凿'，捺是把笔毫平铺在纸上，平铺的笔毫就形成了齐；用'锥'、'凿'等字样，不但形象化了'尖'和'齐'，而且含有刚健的意义，这是明白不过的。'只得入，不得却'是说笔毫也和锥、凿的用场一样，所以向来有入木三分，力透纸背，落笔轻，着纸重等说法。"④ 毛笔"四德"，是衡量毛笔制作效果和书写效果的重要参考，因而便成为民间毛笔制作所遵循的标准和规范，也成为书画界和收藏界对笔毫鉴定的一个重要参考标准。

"尖、齐、圆、健"作为毛笔"四德"（见图2—22），也是普通百姓选择一支好毛笔的一个重要参考依据。笔者在文港毛笔市场调查发现，一些经常购笔的人在挑选毛笔时常常把毛笔头笔尖含在嘴里，再在手上圈画。

为了搞清楚其中缘故，笔者曾向周有财询问过相关问题及其对毛笔"四德"的理解。周有财是一个很有意思的人，对毛泽东时代怀有特别情感，怀念那个时代社会公平、正义及诚信，他很健谈，也容易激动，和他聊天，有时会偏题，或"小题大做"，对当前的一些不良现象予以一番批评。

---

① （明）屠隆：《考槃余事》卷2，中华书局1985年版，第40—41页。
② （清）唐秉钧纂：《文房肆考图说》，台北广文书局1981年版，第24页。
③ （宋）钱易：《南部新书》，中华书局1985年版，第29页。
④ 马国权：《沈尹默论书丛稿》，香港三联书店1981年版，第41页。

尖 ——

齐 ——

圆 ——

—— 健

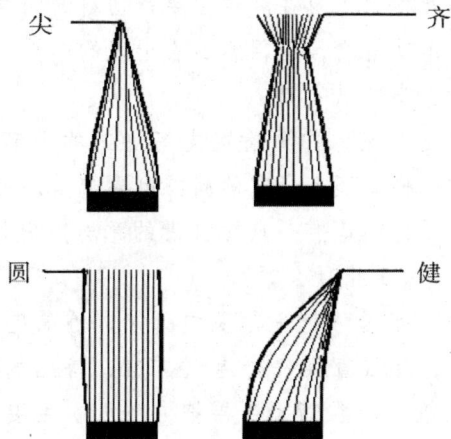

图2—22 "毛笔四德"示意图

谈到市场购笔时在手上圈画的"伎俩"，周有财拿出一支好的毛笔头和一支有毛病的毛笔头，让笔者进行辨认，并进行了形象的解释。以下是笔者和他进行的交流。

周：（他拿起一支有问题的毛笔）它这个地方多了一点点呢，我指甲壳（方言，敲的意思）的地方是有毛病的。

刘：哪里出问题了？

周：你是看不出来呢，这支笔（指另一支好的毛笔）就没有毛病，（好坏的区别）这就要求刀法上要弄好。

刘：这支笔（指好的毛笔）尖一点是吧。

周：嗯，这支笔要尖一点，那一支笔要胖一点，胖一点就是没有做好笔形，容易散掉，就要求切料时要切好。

刘：这和买笔时试笔有关系吗？

周：当然有。试笔就是检验毛笔的做工，而毛笔的好坏就是我们话（说的意思）的毛笔"四德"。一是要尖。像这支笔（好的毛笔）一样，它的尖是有坡度的，缓缓地尖，向笋尖一样的。这一支（有问题的毛笔）就不同，它的坡度有点陡，好像我们骑车下坡一个道理，本来是慢慢往下滑的，但前面有个坑，突然一下你就沉下去了，你就感觉不自在。这主要是切料的问题，刀法上处理好了，配成的毛笔就好看，这很容易看出来的。

刘：那什么是"圆"呢？

周：圆就是饱满，你看看这支笔（好的毛笔）笔头底端，是不是像圆公章一样。还有，它的周围也要饱满，但不能凸出来也不能凹进去，只要你的笔有一点冒（没的意思）做好，都不好写。

刘："齐"又是指什么呢？

周："齐"就是你把毛笔头打开来，看看它的毛锋是否对齐了，好的毛笔，要跟直线一样湛（方言，特别的意思）齐啯。市场上人家把毛笔头含在嘴里，再把它捻开，主要是看它毛锋齐不齐，做工精细不精细，现在市场上很多人做笔就是骗人家钱的，看上去像一支笔，根本用不了，你把它笔头打开一看，毛锋高高低低的，就像我们走路到处是坑坑洼洼一样，它就是没有做好。你注意到没，人家把笔头打开了后还要对着光照一下，是不是？

刘：嗯。那是什么意思？

周：那是在看毛锋，看你的毛锋长不长，毛锋越长说明你的材料越好。外行的人是看不出来的，所以很多人用不好的原料或染过色的原料骗人呢。

刘：哦，这就叫"毛糊涂"吧。

周：对，现在的人啊很多就是为了一个钱字，坑蒙拐骗，用很差的骗人家不懂的人，这些人太坏了。

刘：是啊。对了，买笔的人在手上圈画又是什么意思呢？

看到他对社会风气很不满的样子，且有些激动，笔者赶快把话题引到自己的问题上来，怕他这么一发挥又拐到另一个话题上去了，而把笔者需要解决的问题暂时放到一边去了。

周：那就是检查毛笔健不健。"健"对制笔的人要求很高，如果一支毛笔任由你怎么写，在收笔时毛笔都能收拢，而不是牵拉成一团，蔫不拉叽，那么这支笔就做好了。"健"是检测这支笔的弹性，它的腰力如何，就像人一样，腰上没劲，啥事也做不了，肩不能挑东西，手不能提东西。买毛笔的人把毛笔头放在嘴里，就是蘸一点唾沫，在手上圈画就是看看这支笔的弹性、腰力怎么样，看它健不健。毛笔"四德"就是检验毛笔的做工，而做工里面最关键的是看你掌刀的人，看你的刀法如何。①

因而，可以看出，毛笔"四德"是一个毛笔质量的检验规范。文港毛笔市场上那些购笔的人把毛笔头含在嘴里，再在手上圈画几下，就是在测试这支笔，除了看毛笔的外形（尖、圆）外，把笔头含在嘴里轻轻咬开，蘸上唾沫，拿在手上捻开对着光线看毛锋，然后在手上圈画几下，这是在检验其弹性（齐、健）如何，看其能否复原笔形及是否有杂毛脱落，以此来鉴别毛笔制作的质量。可见，"尖、齐、圆、健"的检测在民间有其自己的一套实用方法。

对于文港人来说，对毛笔"四德"几乎妇孺皆知，在毛笔制作的文化氛围中，甚至就是从来没有制作过毛笔的人也明白它是怎么回事。当然，他们对毛笔"四德"的理解肯定没有研究者那么通透、玄妙和"精致"，但也解读得明白、晓畅，他们往往从耳濡目染的知识中提取信息，再加上自己的感受，以最简单、朴素的语言对其进行解读。文港老市场边沿江路上原来有一个副食店，也兼卖毛笔，年轻的女售货员对毛笔"四德"也有自己的一番独到理解。

> 从笔头朝上看，虽然笔头是尖的，却"锁"住所有的笔毛，核心在此，锋也在此；齐，一个笔头近万根毫毛，从根到尖都要整齐，不掺不斜不乱不结不掉；圆，笔根是圆的，如盘，笔腰也是圆的，如鼓，笔尖也是圆的，如针，圆而润，润而平；健，既挺直又坚韧，既柔软又具有弹性。这四点根据狼毫、羊毫、紫毫、石獾及画笔、斗笔、条屏，甚至排刷又有所变化，尖圆齐健，永无止境。这四个字是一个制笔人的毕生追求，我们文港人对它倾注了全部心血。②

---

① 访谈对象：周有财，男，1948 年生，小学文化。访谈时间：2010 年 4 月 23 日。访谈人：刘爱华。

② 郭传义：《华夏笔都》，新华出版社 1993 年版，第 21—22 页。

　　毛笔"四德"是一个基本规范，而不是绝对标准。因毛笔规格、品种、用途不同，毛笔"四德"亦有侧重，如大幅写意、泼墨画或狂草字体，则对"圆、健"的要求高些，对"尖、齐"要求较小；而那种工笔画或小楷字体则相反，对"尖、齐"要求更高，对"圆、健"要求相对小些。

　　毛笔制作技术民俗具有一定的规范性，但技艺的提高更需要个人的领悟，俗话说，"师傅领进门，修行在个人"。"尖、齐、圆、健"作为毛笔的制作规范和经验总结只是一种普遍性的要求，而不是绝对的标准。如果真正成为绝对的标准了，也就窒息了技术民俗的发展。技术民俗虽然具有模式化、程式化的"套路"，但亦有很大的弹性空间，赋予民间艺人以自我提高、自我领悟的空间，亦即从"他俗"转变成"我俗"。如《文房四谱》记载："今之小学者言笔有四句诀，云'心柱硬，覆笔薄，尖似锥，齐似凿'。"[①] 虽然《文房四谱》成书时间在北宋，但因之可见，"尖、齐、圆、健"并非固定不变之制笔准则，亦可相应灵活调适。

二　"家有千金，手艺防身"：制笔群体的文化认同

　　手（工）艺诞生之初是作为副业存在的，尤其是在农村地区，随着社会经济的发展，手工艺产品需求量的增加，手艺人开始脱离农业生产，成为专门的职业阶层，当然，这个过程非常缓慢。从文港地区来看，目前大多数家庭仍在从事农业，只不过农业产值所占比重很小，但作为一种传统生活形态仍具有其稳定性。毛笔制作技师或笔工一度和木匠、泥瓦匠、篾匠、漆匠等处于一样的地位，只不过由于工业化的发展，后者开始逐步被机器工业所取代，而毛笔制作技艺的技术性更强，仍具有一定适应空间。

　　谈到近代家庭手工业产生及其发展时，彭南生认为，"家庭手工业的优势在于它照顾了农户的眼前利益和农村劳动力的特点，风险性小，妇女足不出户即可从事生产，充分发挥了家庭妇女劳动力利用上的灵活性，相反，工场手工业虽然效益更高，但风险也更大，且管理费用较

高，因此，那些通过家庭手工业生产而积累起一定资本的农村商人、农民手工业者对发展工场手工业是相当审慎的。家庭手工业即便不是一种最佳选择，也是农民手工业者在现实基础上的一种理性、稳妥的选择"。① 在自然经济条件下，农民对土地的依赖程度很高，劳动力流动性很小，因而，风险性小、劳动灵活的家庭手工业能够在农村广泛兴起。从文港实际来看，虽然家庭作坊和家庭手工业有一定的差异，不能完全等同，但其产生的背景都具有相似性。人多地少一直是文港经济生态的主要特征，过去，生存问题是文港人最大的问题。因而，学手艺是一般农家孩子的首选。

老笔工周英明，周英发的哥哥，年轻时曾在武汉的邹紫光阁做过20多年。在20世纪80年代就内退回了文港周坊村老家，让儿子顶替自己的职位，几十年来，仍一直坚持做笔，让妻子去市场上卖，以贴补家用。

他的"笔坊"（或住房）不是独立的空间，而是融制笔和居住为一体的一个房间。房间的后面放着一些旧家具，中间是一张木质老床，前面放着他的一些制笔工具，一张案桌，一台简易梳毛机，两张小板凳及剪刀、毫刀、蜡烛等等。

周英明告诉笔者，毛笔制作是周坊人的祖传手艺，在文港，周坊人做笔最好，人数也最多。过去，除了做毛笔的，也有木匠、篾匠、泥瓦匠等，但大多数人的生活还是依赖制毛笔。谈到自己学制笔的原因，周英明说：

> 我们村子大多数人都种田，边种田边做手艺，种田勉强够吃饭，生活开支就要靠手艺，挣点零花钱。我家过去非常穷，没有田，"上无片瓦，下无寸土"，后面的老房子被日本人烧了，只得租住别人的房子。我的父亲在邹紫光阁（文港前塘）做毛笔，我13岁就开始跟父亲学做毛笔……如果没有亲戚做笔的，就要请熟

---

① 彭南生：《论近代乡村手工业的三种形态》，《华中师范大学学报（人文社会科学版）》2007年第1期。

人介绍，跟师傅学，学徒三年，一般都没收入的。①

手艺对手艺人来说，很大程度上仅仅是出于生存的需要，生存是其传承、发展的原始动力。但这种出于生存需要的手艺，在客观上又往往超越了其本身的内涵，凝为一种技艺规范、身体记忆和人生体验而流传下来，成为老百姓的生存哲学。

> 毛笔工艺、制作有好多头脑（方言，头绪的意思），做手艺有句话叫"家有千金，手艺防身"，你再有钱，如果没有手艺，遇到特殊情况，你就会饿肚子。周坊全村都是做毛笔嗰（助词，无义），那时候大家都很穷，不做毛笔不行。②

手艺人拥有手艺，收入增多了，地位也随之提高。据一些制笔技师介绍，过去手艺人地位很高，经常走南闯北，属于见过世面的人，找对象都不用愁，很多人会帮你介绍。而这与杭间在《手艺的思想》中介绍自己家乡过去手艺人地位时所谈到的情形也类似，"我所处的周围乡村，历史上几乎没有出过什么显赫的人物，富有之家也是寥寥，因此乡里人的审美标准有许多便是来自这些曾经走南闯北、见多识广的手艺人"③。

"家有千金，手艺防身"是过去普通民众生活状况与生存境遇的一个侧面折射，也是手艺人对手艺的价值认识和自我认同，其在普通民众中的广泛传播凸显了技术民俗宽广的时间维度、空间广度和深厚社会基础。当然，科技的迅速发展，社会变迁的加速，技术民俗也不断新陈代谢，手艺人开始逐步淡出主流社会，对手艺的认识也处在迅速发酵、流变中，手艺成为广大民众对功利社会现实的情感鞭笞和对自我修复的美好过去的共同记忆与文化缅怀。

---

① 访谈对象：周英明，男，1938年生，小学二年级。访谈时间：2010年5月6日。访谈人：刘爱华。
② 访谈对象：周国富，男，1945年生，大学本科。访谈时间：2010年4月30日。访谈人：刘爱华。
③ 杭间：《手艺的思想》，山东画报出版社2001年版，第29—30页。

三　"无麻不成笔"：退出视野的制笔经

技术民俗是随着技术的发展而不断变化的。社会需求不断提高，技术不断进步，或者说两者相互促进，使得过去具有指导意义的各种谚语、俗语、经验总结等语言习俗开始失去其应有的借鉴意义和价值，与社会现实不相适应，因而，技术的发展必然要求与之相适应的更加具有指导意义的语言习俗体系，使技术民俗得以在变化中不断更新。

虽然毛笔制作在制作工序方面保持了一定的稳定性，但不是一成不变的，不少工序甚至变化很快。比如，苎麻丝，过去毛笔制作一般都要在笔头中加苎麻丝做衬毛，俗有"无麻不成笔"之说，其主要起加健和保持笔形的作用。启功先生在一次演讲中也提到毛笔加麻的情况。

> 其实呢，没有里头不掺麻的。有这么一句话，"无麻不成笔"。笔里头总要垫上衬，衬这个笔毛，从笔头中间里头的芯一层层往外裹。所裹的是各种毛，里头总要衬垫一点儿麻，它就挺脱。①

苎麻可以增加笔的腰力，启功先生认识到了这一点。当然，苎麻也存在缺点，就是它容易团起来，吸墨后笔肚容易涨开。也有不少制笔技师和书法家认为麻吸水性强，加麻后毛笔的吸墨量更多，连续书写较持久。

谈到"无麻不成笔"的这句俗谚、苎麻对毛笔的作用及苎麻在当下毛笔制作中的被替代，省级非物质文化遗产项目——文港毛笔制作技艺代表性传承人周鹏程告诉笔者，苎麻丝只起保持笔形的作用，并不能改善毛笔书写的性能，以下是笔者和他就这个问题的相关访谈记录。

> 刘：鹏程大哥，"无麻不成笔"中的麻有什么作用呢？
> 周："无麻不成笔"是以前的做法，现在很多笔没有麻了。那是以前的做法。

---

① 启功：《启功书法丛论》，文物出版社 2003 年版，第 269 页。

刘：嗯，我想知道以前麻起什么作用。

周：它主要做笔的形状，放在毛笔头的下面，把笔的形状做出来。

刘：麻是不是很吸水啊，是不是吸水性、吸墨性很强？

周：嗯，吸水性强是强啊，但也是缺点，大笔加麻吸墨多，时间一久，容易把笔肚子撑开。

刘：它还有什么优点？

周：它不容易散，用梳子去梳，梳得好稠，团在一起散不了。其实麻（现在）没什么用，江西的笔现在（影响）做大了，就是不再用麻了。

刘：麻粘得很紧，不容易散锋，对吧？

周：也不是。它团得好紧是好紧，但笔形没做好，吸墨多，很容易开。麻什么笔可以用呢，做小楷笔，很细很细的东西。制成一支笔的形状，要把麻大部分装进笔管里去，只能空一点点出来，主要做笔的形状用，做小楷笔还可以用。现在（做小楷笔）有的人用，有的人不用了。

刘："无麻不成笔"这句话是不是说原来没有找到更好的衬毛代替？

周：对对对，没有找到别的东西（衬毛）代替。如果用别的东西那一个个笔头放在坛子里容易散，它（加麻后）那个散不了。以前一支笔上墨只上 1/3，上一半都很少，现在不一样，它要把那个（笔头）全部都打开。

刘：您不是说配笔麻要加在底端一点吗，它怎么吸得到墨呢？

周：很多人讲加麻是为了吸墨多一点，是错误的，包括书法家对那句话的理解都是错误的。那是不对的，如果靠麻去吸墨啊，那个笔就全部涨开了，就收不拢来。以前是这样的呢，一支毛笔，它的麻就放在（底端）2/3 的（位置），如果笔头是 6 厘米，底端 4 厘米有麻，2 厘米没有麻呢，写字的时候就写前面的 2 厘米，过了 2 厘米以后就不（打）开了。

刘：哦，过去麻主要起配笔形的作用。

周：主要是配笔形。很多书法家不懂，他们说含墨，实际上它不能含墨，如果它含到了墨，就不好办了，（笔）肚子就增大了。"无麻不成笔"主要强调的是麻配笔形的作用，没有麻做不了笔啊。我们现在用猪鬃，以前的人不敢用猪鬃啊，根本不敢用啊。

　　刘：猪鬃与麻相比，其优点是什么？

　　周：现在的笔从笔头到笔根全都要（开水）泡开，用上了猪鬃它就不怕泡嘛。如果是麻一泡，全部就像一个我们说的刷糨糊的（刷子），全部打开了，它就不团了。根本不能写，就是刷糨糊的。以前的笔头只泡开 1/3，有麻的 2/3 都不泡开。①

　　苎麻丝，过去是毛笔制作的必用原料，现在已经很少用了，只是在小楷笔中还偶尔用到。文港毛笔，继承的是湘笔传统，擅长水笔和兼毫笔，过去几乎都要用苎麻丝添加腰肚，但今天猪鬃已经成为毛笔制作的主要衬毛，苎麻丝逐步退出了制笔人的视野，同样，"无麻不成笔"这句俗谚也淡出了人们的话语圈，偶尔才会在人们头脑中闪烁一下，继而沉入更深邃的梦般的永恒记忆。

四　"神仙难识磨烂药"：制笔技艺的了悟

　　技术民俗的产生和技术发展联系密切，是技术的经验化、俗语化、理性化的重要过程，具有模式化、程式化的特征，可以通过口传心授、祖辈承袭、师徒相承等传统方式传承，但这种稳定性并不代表其没有变化、没有发展。以毛笔制作技艺来说，从上古时期将动物毛捆绑于木棒、竹竿外端的简单制作到战国、秦汉之际将动物毛纳入一段挖空的笔杆内的改进制作，再到韦诞笔、鼠须笔、鸡距笔、宣笔、枣心笔、"无心散卓笔"、"三副笔"、湖笔、湘笔等等，毛笔的形制和制作方法实际上也发生了很大变化，而这些变化离不开历代笔工结合时代需要对笔进行的不断改进和总结。

　　毛笔制作技艺是一种看起来容易学起来难的手艺，不仅需要勤奋，更需要悟性，很多笔工制笔只知其表而不知其里。谈到真正学好制笔技

---

① 访谈对象：周鹏程，男，1954 年生，小学文化。访谈时间：2010 年 12 月 13 日。访谈人：刘爱华。

艺的难处，周鹏程很有感触地向笔者谈起了他对毛笔制作的一些个人
理解。

　　笔是不容易制好的，那是千难万难的，一支笔上千根毛，几千
根毛，你要把它排得根根有理，什么毛放在什么地方合理，那是很
难的。毛的排列不是靠梳理出来的，主要是靠这把刀，切出来、配
成的，然后再拿去梳匀，东西梳匀了后（辨认）没有办法，神仙
都难识。"神仙难识磨烂药"呢，就跟中药样，一磨磨烂了，磨成
了末，这样凑一点，那样凑一点，凑拢来，神仙也搞不清什么药放
在里面。毛笔也一样，弄乱了，你晓得什么部分放几根啊，也不晓
得。你没有悟进去，就根本不懂这支笔。好多人制笔是这种现象
呢，我这次要你做 500 支狼毫，打比方是中狼毫，这一次很好用，
下次我再叫你做 500 支中狼毫，可能根本就不能用，和上次做的根
本不同。（插问：为什么呢？）这个人没有悟到这支笔里面去，他
是碰到的，他只能做出笔的形状，要大要小，但是笔的性能他可能
根本没有感觉到，做笔一定要懂，什么笔要制成什么性能，这是千
难万难的。材料不一样，你按照原来的方法去配就不同，即使用同
样的材料，也可能不同。毛笔上面（芯毛）就要配七八层，下面
还要配，即便是配齐了七八层还不够，做笔关键的（地方）增加
一根线的位置，制出的笔都不相同。日本人话（说的意思）毛笔
这样一行，是一种特种工艺，日本以前也有制毛笔的，现在没有，
制笔是好难学的东西。制毛笔和画画的画家一样，没有那种悟性，
你那水平就玩不成，画出来的东西就没有层次，道理是一样的。①

　　俗话说，"行行出状元"，或者说"条条大路通罗马"。实质上，毛
笔制作技艺和其他任何技艺一样，需要不断地实践，所谓熟能生巧，但
多实践只是技艺提升的必要条件，而不是充分必要条件，更不是等价命
题。"熟"能够生"巧"，但"熟"不一定可以生成"巧"，如何让

---

　　① 访谈对象：周鹏程，男，1954 年生，小学文化。访谈时间：2010 年 4 月 29 日。访谈
人：刘爱华。

"熟"生成"巧"，就不仅仅是"熟"的问题了，否则技艺就完全等同技术了。因而，让"熟"生成"巧"，就还需要添加一个充分条件，就是如果你足够聪明，有较强的领悟力，再不断地努力实践，"熟"才可能生"巧"。从毛笔制作发展史来看，中国古代书写工具主要是毛笔，从事毛笔制作的古代笔工众多，虽然具体数字无法统计，但可以确认的事实是，每一个朝代的笔工至少不会比今天少，但从文献记载来看，有名有姓的著名笔工也就三四十人，如史虎、白马、韦诞、诸葛高、严永、吕大渊、汪伯立、冯应科、郑伯清、陆继翁、陆文宝、周虎臣等，当然可能存在古代文人对手艺人的歧视与偏见，在文献中故意不记载（即便是这一条假设的理由，其实也很牵强，因为文人对好毛笔求之若渴，颂笔之诗文俯拾皆是，因而对手艺过人的笔工也会由衷产生敬仰），但不能否认的事实是，毛笔制作技艺是一种易学而难精的手艺绝活。

文港制笔历史悠久，但手艺真正享誉海内外的屈指可数，大多数人都是碌碌的笔工，是"匠"而不是"师"。文港几乎家家户户都制笔，有如繁星点点，据统计，文港目前从事毛笔制作人员 1.1 万。[①] 但制笔技艺脱颖而出者，少之又少。大多数笔工都是碌碌了一辈子，制出的笔只是徒有其形，而无其质。对毛笔制作只是执着于工序的完备，而无法把握动物毛的结构与性能，更无法理解毛笔制作浅显而深邃的哲理与文化内涵。

第五节　坚守中的创新：以周鹏程为例

毛笔制作虽然是一种程序化的制作技艺，但并非是谁都能做好的手工艺，会做和做好不仅仅是一种技术水平，更是一种精神追求和生活理想。本节即以南昌市第一批传统技艺大师、省级非物质文化遗产项目——文港毛笔制作技艺代表性传承人周鹏程为个案，基于民俗学的学

---

① 谢萌、吴国华：《关于文港毛笔制造业的调查报告》，载《书法与中国社会》，北京师范大学出版社 2008 年版，第 150 页。

术传统与立场，从生活文化的角度以理解的态度去探究其生活观、审美观与价值观，旨在通过比较深入的个案分析，全面探究民间艺人（制笔技师）的生活历程、艺术追求，展示其奋斗的足迹、技艺的磨砺及对技艺的理解，从而深入感受和理解其"生活世界"。

一　"'气壮山河'，那支笔二十七块多钱"

源自人多地少的生存条件，文港人自古以来都以制笔为生，但本地毛笔市场很有限，因而制笔人在制好一批笔后，就肩挑手提或用推车运到外地去卖，再沿途收集各种制笔的原料——动物毛运回家拔毛，制笔、卖皮，再把笔运出去卖，如此循环往复，因而，"收皮—拔毛—制笔—卖笔、卖皮—收皮"成为文港制笔人的生产经营模式，故而当地流传"出门一担笔，进门一担皮"的俗语。外出卖笔的这种习俗，相沿至今，成为文港制笔人"开眼看世界"的一个优良传统。出外的闯荡，让他们有机会交结国内的著名书画家，从而开阔自己的眼界，不断提高自己的制笔技艺。

周鹏程，男，文港周坊村人，1954年生，世代制笔（见图2—23），族人周虎臣是清康熙乾隆年间享誉国内的著名制笔大师，享有"海上造笔者，无逾周虎臣"之赞誉。周鹏程从8岁起便开始跟随父亲从事毛笔制作，但在当时，因为家庭"成分"不好，没有分到房子，一家7口住在邻居家的一间不足15平方米的偏房里，后来周鹏程兄弟姐妹都长大以后，家里实在挤不下，他只好到邻居家里和玩伴一起"搭铺"，睡了东家睡西家，稀里糊涂地借住了三年。因为家庭原因，他只读了三年书，有空便和父亲学习毛笔制作。在文港，他父亲周有富的制笔技艺也是鼎鼎有名的，以做小楷笔见长，2002年7月，中央电视台《夕阳红》栏目还专题介绍了他的制笔技艺。在父亲的教育和影响下，通过自己的不断钻研、磨炼，周鹏程的制笔技艺进步很快，年轻时在文港制笔技师中已崭露头角。由于聪颖、好强，周鹏程从小就在各方面都表现突出，诸如钓鱼、插秧、割稻等农家活计样样都比一般人做得好。成年后，他开始在大队毛笔厂做工，每天可以挣10个工分，但所得收入不到3角钱。家里穷得连盐也买不起，为了贴补家用，他就在空闲时间靠一根竹竿和缝衣针做的鱼钩，钓遍了村前村后的河沟，用自己钓来的鱼去和人家换盐。

图 2—23　周鹏程祖孙三代一起制笔

1976 年，周鹏程开始了他人生的第一次远行，第一年向生产队交了 30 元工分钱，开始外出推销自制毛笔。他当时肩上背了一包毛笔，口袋装有 10 元钱路费，便直接买票奔向了北京。那时，经济还没有放开，整个周坊村只有 3 个人在外"跑市场"。到了北京后，他找不到住宿的地方，那时北京对外来人口管制很严格，旅社住宿要到旅社介绍处办登记手续，初次外出的他人地生疏，摸不着头脑，快天亮了还没找到住宿的地方，便又买了一张去河北兴隆县的车票。在兴隆他的笔卖得很顺利，第一天就卖到了 90 多元钱，当时 90 多元是一笔很大的收入。后来有人建议他去文化馆、群众艺术馆等单位去卖笔。从兴隆出来，他继续北行，在承德市落脚，在该市群众艺术馆的一次卖笔经历让他经受了一次巨大的冲击，这一次冲击可以说是直接影响了其以后的制笔道路和事业追求，在文港制笔小有名气的他所制的毛笔被人拒之门外。

我就拿笔到文化馆去卖，人家都说江西的笔不好，江西的笔不能用。然后我就对文化馆的一个人说，"你就拿一支（你们认为）最好的笔给我看啰"。他就拿了一支"气壮山河"的笔给我看，北京制笔厂制嘅，李福寿制嘅。当时那支笔二十七块多钱，那时间老百姓种的谷子九块五一百斤，我就好感兴趣，制笔的人和书法家一样的，对好的毛笔都很喜爱。心想：咯一支笔可以当老百姓几百斤谷子啊。他就说，你要制就制一支这样的笔来，你的笔才有市场。我想买他不卖给我，我就把笔头打开来看，那支笔确实做得很好，因为自己会制笔，可以看出里面笔的配料。看完笔后，眼界大开，觉得自己的笔还有很多方面需要改正，于是，就决定回家改制笔。①

这一次经历对周鹏程冲击很大，既是打击，但更是动力。从此他铆足一股劲，决心把毛笔制好，回家后慢慢摸索，一次次试制毛笔，将原来的制笔方法进行了重大的变革，制好后再送笔给全国各地的书画家试用，走遍了除新疆、广东、福建之外的所有省份和大城市。这样闯荡了八年，其间辛酸自不必言说，他告诉笔者，这八年几乎没怎么挣钱，等于是向书画家学手艺，卖笔的钱只够维持自己吃住等基本生活需求。

二　"猪鬃比石獾更好"

第一次卖笔之行让周鹏程开了眼界，明白毛笔制作技艺也是山外有山，于是，他回家后不断对毛笔制作工艺及制作原料进行改进。制作工艺的改进主要在配料上，但还有一个很现实的问题，他告诉笔者，当时他看"气壮山河"，做工做得好无话可说，但它的原料也很好，用高档的石獾针毛②做衬毛，成本很高。而原来文港毛笔中衬毛主要原料是苎麻丝，有"无麻不成笔"之说。麻丝吸墨性强，但不耐用，笔肚容易涨开，而且腰力不足。为了寻求廉价而好用的毛笔原料，他几近痴迷，

---

① 访谈对象：周鹏程，男，1954 年生，小学文化。访谈时间：2010 年 4 月 16 日。访谈人：刘爱华。

② 石獾，名为食蟹獴（学名 Herpestesurva），也叫山獾、石獾、水獾、白猸、笋狸、竹筒狸等。体长 40—60 厘米，尾长 24—30 厘米，体重 1050—2250 克。外形酷似红颊獴，但体形大得多，且略微粗壮。尾长约为体长的 2/3。躯体及尾部的毛甚长，且较粗硬。产于印度的阿萨姆、尼泊尔、印度支那，以及中国的广东、广西、海南、福建、浙江、江苏、江西、安徽、台湾、四川、贵州和云南等地。石獾集皮、毛、肉、药用于一身。其毛皮较好，可制精美衣物及衣饰；其毛表面较粗糙，含墨量大，吐墨均匀，能显示多种效果，可制高级书画笔和胡刷；其肉鲜美可口，营养丰富，亦有重要药用价值。

不断试验，屡败屡试，花了几年的时间去尝试各种制笔原料，以更好地改进毛笔的书写性能。也许是"天道酬勤"，后来有一次他突发"灵感"，看见油刷厂有一些废弃的猪鬃油漆刷子，他便向换荒（收购废品）的人收购了一些这样的废弃油刷，把油刷上的猪鬃切下来进行尝试，这一次"灵感"终于迸发出了璀璨的光芒，添加猪鬃的毛笔性能更为优越，完全可以取代石獾针毛，苎麻丝作为毛笔的主要原料也开始退出历史舞台。

时过多年，周鹏程谈起当时改用猪鬃做衬毛制作毛笔的经历仍很兴奋，下面是笔者就这项革新对他进行的访谈。

刘：你如何想到用猪鬃做原料的？

周：我当时就一直琢磨，用什么去做呢？要不就用动物毛，当时有用石獾毛做的，但是太贵，一般用不起。

刘：石獾是否比猪鬃更好呢？

周：猪鬃比石獾更好。当时在李渡有做油漆刷子的，因为各种原因不少刷子弄坏了，做废品处理。我当时就找到换荒（收购废品）的人，让他帮我收集一些刷子。我就把收集来的刷子，把猪鬃切下来，添加到毛笔笔芯里面去。

刘：怎么会突然想到用猪鬃呢？

周：想不出什么更好的办法，试过很多毛料，都不好。对猪鬃也是偶尔想起的，因为平时看见不少别人丢在地上的刷子，毛很整齐，所以就想试试。

刘：猪鬃是不是太粗了？

周：就是要粗的，且它具有弹性，再说它也是动物毛，比较常见。以前麻都需要浸泡，使它更软。不是说加猪鬃就能用，还要看加在什么地方，怎么加，这些细节就花费了好几年。

刘：现在湖笔是否也在尝试加猪鬃？

周：嗯，但他们加不好，这种尝试不是那么容易的。以前市场上不卖有猪鬃笔尖的毛笔，现在都开始卖了，很多人都仿照我，包括湖笔，1995 年或者 1996 年，浙江有个邵文炳，在那边制笔很有名，来过文港，他买了好几百元钱的样笔，每种笔一支，后来走的时候才对我说，他是买我的笔做样，说湖笔不教几个人出来，就会被淘汰，就后继无人。

刘：你应该申请个专利（笑），这样不是对你直接形成威胁吗？

周：还有好多东西可以竞争，不是他学到了就能怎样，就如日本人学了我们的宣纸技艺，但还有好多东西是无法学习的。毛笔这种东西是很深奥的，你看起来就是一支笔，好跟坏是无底的。书法家的一幅好作品，关键就在笔头上。书法家再有本事都离不开一支好笔，好笔可以给作品带来一种特别的他自己想都想不到的味道。

刘：从整体上来看，感觉湖笔比赣笔名气大很多。

周：是那样的，现在不少江西制笔的人自己制的笔仍用湖笔的牌子，湖笔名气很大，比较好卖，就我们几个制笔做得好的不打。不过，现在湖笔问题也很大，开始走下坡路，但国家不希望这种工艺失传，媒体呼吁希望这种工艺能够传承下去。湖州制笔的现在少了很多，很多笔商都从文港进笔头，用他们的笔杆组装，再贴他们的牌子，实际上仍是江西的笔。①

图 2—24　新落成的周鹏程笔庄

资料来源：周晨旭提供。

---

① 访谈对象：周鹏程，男，1954 年生，小学文化。访谈时间：2010 年 4 月 18 日。访谈人：刘爱华。

在制笔材料中，添加猪鬃，而取代石獾，甚至苎麻丝，这在毛笔制作中无疑是重大的突破。猪鬃价格便宜，原料易得，弹性好，且是动物毛，可以说具有苎麻丝的优点而无其缺点，因而，添加猪鬃的毛笔一制作成功便很畅销，周鹏程的名气也骤然提升。文港镇文化站站长吴国华对文港毛笔的发展概括为三阶段，认为周鹏程是当下的代表，"第一阶段以清康熙乾隆年间的周虎臣为代表，第二阶段以清道光至民国期间的邹紫光阁[1]为代表的，现代以周鹏程为代表，为第三阶段"[2]。周鹏程成为文港毛笔的继往开来者。那时候，周鹏程制好的笔，晾晒在屋外，不同类型的毛笔常常会莫名其妙地少几支。原来，因为他用猪鬃改制毛笔，文港同行都想看个究竟，从而进行复制。事物发展是相互联系的，文港是一个全国性的市场，经常有全国各地的毛笔经销商来文港做生意，文港毛笔制作的革新，使得其在国内外的影响逐渐增强，因而，文港毛笔市场也逐步扩大，文港毛笔在国内外的声誉也越来越好。

三　"做梦都在制笔"

梦是缥缈的，具有某种神秘性或神奇性，无可名状，来去无踪，无法捕捉，因而，梦往往与灵感联系在一起，不少文人的名篇佳作都与梦密切相连。因而，梦的神秘性或神奇性也就成为文人创作的灵感源泉之一，成就了艺术史上不少佳话。

"梦笔生花"就是一个经典的梦的传奇。这个典故民间有三个版本：第一个版本是说晋代著名书法家王羲之因梦见手中毛笔开花，光彩满室，醒后文思如泉涌，挥笔成文。故为这支笔取名为"梦笔生花"，它曾是李渡梦生笔店的著名品牌。第二个版本是说唐代大诗人李白梦见笔头生花后才气纵横。据《开元天宝遗事》载："李太白少时，梦所用之笔头上生花，后天才瞻逸，名闻天下。"[3] 第三个版本是说南朝著名文学家江淹梦笔后文章独步。据说他一次夜宿吴兴城西孤山，梦见神人

---

① 邹紫光阁是笔庄和品牌名，为文港前塘村邹发荣、邹发惊兄弟创办，清末至民国时期曾扬名海内外，以至于民国时期日本一些书画家都来前塘访求邹紫光阁的毛笔。

② 访谈对象：吴国华，男，1971年生，大专文化。访谈时间：2010年4月15日。访谈人：刘爱华

③ （五代）王仁裕：《开元天宝遗事》，中华书局1985年版，第16页。

授其一支五彩笔，自此文思如泉涌，风骚绝代。"笔是他的心灵，花是他的心血。"① 其实这些传说，离不开民间的再生产，按常理一个人文采的精进离不开其努力。因而，"梦笔生花"的故事很可能是由民间"层垒地造成"的，也许王羲之、李白及江淹在梦中不是梦笔，而是梦"文"，因对文辞的推敲甚勤，从而在梦中浮现。当然，对这些传说不应执着于追究其历史真实，其真实就在传说的衍化。有意思的是，"梦笔"的传奇并不完全缥缈、遥远，它也同样发生在周鹏程身上，只是这个传奇更加真实，可"触"可感，富有生活气息。

> 各种人用笔喜好不同，有的人古怪的笔都要，（有时候）你就是没有办法去做。我们南昌有个叫张鑫嗰，他是我们江西省书法家协会主席，他用笔用湿里（方言，什么的意思）哩，用"蒜头笔"，喊"鸡距笔"，下面很大，前面很小，笔锋很短，前头锋要饱满，还要硬，根本没有办法去做。所以（对）他的这种要求呢，（我）在这支笔上是真嗰花了时间。（笔锋）好短，还不能散锋，外头也有人用这种笔写甲骨文，写隶书，就用这种"蒜头笔"。做这种笔呢，真正哩是在梦里做成嗰，一次做梦做成嗰。一下午（白天）冒（没）做成，做梦都在想这支笔，后来就跟一个老人家，梦到嗰，同做笔，雪白嗰头发，不晓得几漂亮，老人家呢，两个人一起做这支笔，很舞冈舞（方言，这样做那样做的意思），就做成了功，这支笔是梦中做成嗰呢，后来就不会散锋。（插话：你梦到了一个老人家，也会做笔？）嗯，一个老头子，同来研究这支笔，弄样弄样做（方言，怎样做的意思），他说，你冈（方言，这的意思）样做一下，很（方言，那的意思）样做一下，后来梦醒了，（凌晨）三四点钟就爬起来做，按照梦中的样子去做，做做那支笔后来就成了功呢。（插话：你按梦中的方法去做的吗？）嗯，好清楚，两个人在那里舞（方言，制的意思），弄样弄样改，弄样弄样舞。②

---

① 周汝昌：《永字八法——书法艺术讲义》，广西师范大学出版社 2002 年版，第 119 页。
② 访谈对象：周鹏程，男，1954 年生，小学文化。访谈时间：2010 年 4 月 29 日。访谈人：刘爱华。

鸡距笔，宣笔一种，古代名笔，流行于晋代，短锋，多用野兔黑尖，笔锋短小犀利，因其形制似鸡爪后面突出的距，故名。唐代大诗人白居易对之赞赏有加，其《鸡距笔赋》曰："足之健兮有鸡足，毛之劲兮有兔毛。就足之中，奋发者利距；在毛之内，秀出者长毫……不名鸡距，无以表入木之功……斯距也，如剑如戟，可击可搏……遂使见之者书狂发，秉之者笔力作。挫万物而人文成，草八行而鸟迹落。"① 当然，用笔喜好是因人而异的，柳公权就嫌它"出锋太短，过于劲硬"，他喜欢长锋笔，"盖其书与晋人大异，故觉鸡距笔之不适，而必欲长且柔者"②。这样一种已经失传的古代名笔，要进行复制其难度可想而知。周鹏程告诉笔者，古代的鸡距笔是用野兔黑尖制成的，笔锋很硬，但张鑫要他做的这支笔要求更硬，很短而且不散锋。因而，这种挑战是巨大的，随时都可能功败垂成，因为没有任何经验可借鉴，只能依据需求者对其形制、性能的大概描述。

有道是"日有所思，夜有所梦"。如果一个人身心过于专注地做一件事情，白天思索的问题有时就会在梦中呈现。奥地利著名心理分析学家弗洛伊德对梦有深入的专门研究，他对白天所思与夜晚所梦的联系有透彻的阐述："其实在白天最引起我们注意的完全掌握住了我们当晚的梦思。而我们在梦中对这些事的关心，完全是在供应我们白日思考的资料。"③ 梦的产生不是偶然的，它来源于潜意识，是某种强烈的愿望在潜意识中得到加强而以梦的形式加以呈现，"意识的愿望只有在得到潜意识中相似愿望的加强后才能成功地产生梦"④。因而，梦中的"灵感"其实是我们的愿望通过潜意识呈现的结果而已，因为人的某种强烈动机所致。周鹏程日思夜想，整个脑子塞满的都是鸡距笔，这样强烈的愿望因而刺激其潜意识，使制笔的"灵感"在梦中呈现，从而成就其制笔的传奇。

周鹏程还曾为研制瓷用料半笔花费很多心血。景德镇原有一个制作

①　（唐）白居易：《白居易集》，喻岳衡点校，岳麓书社 1992 年版，第 359—360 页。
②　陈辅国：《诸家中国美术史著选汇》，吉林美术出版社 1992 年版，第 768 页。
③　［奥］西格蒙德·弗洛伊德：《梦的解析》，丹宁译，国际文化出版公司 1998 年版，第 77 页。
④　同上书，第 398 页。

瓷用料半笔的大师李柏茂，原籍李渡松山人，深得瓷都艺人信赖。可惜的是，20多年前李柏茂突然辞世，其制笔绝技失传，令陶瓷艺术家痛惜不已。后来景德镇的中国陶瓷工艺美术大师王隆夫得知周鹏程制笔技艺高超，联系上他，希望其能够研制这支瓷用料半笔。源自对已故大师的崇敬与惺惺相惜的心结，周鹏程遂下决心研制和复原瓷用料半笔。他多次试制，并反复与王隆夫先生交流，终于事遂人愿，这支已经失传的瓷用料半笔得以再现神采。

瓷用料半笔的研制成功，令王隆夫先生惊叹不已，特意给周鹏程寄来贺信，现摘录如下：

> 文港产笔历史悠久。人所共之。书画用笔。文港笔可与湖州善琏媲美。
> 景德镇陶瓷绘画所用之笔。确实异样。产笔地区。不少仿效。不能达其功用。文港鹏程笔庄经研制瓷用笔。寄我试用。试用之下。令我惊叹不已。周鹏程先生对瓷画画笔研制成功。仅就我所试用之笔而言。真不亚柏茂瓷用画（加：笔）了。可贺。
> 谨此志复
> 周鹏程先生
>
> 王隆夫
> 二〇〇九年四月十一日①

这次制笔，同样令周鹏程宵衣旰食，往往在夜深人静时他还在研制，后来也是一次"偶然"，他才深悟瓷用料半笔制作的精髓，从而使其得以有机会重现瓷画界。其中甘苦，自不必多言。周鹏程告诉笔者，只要你花时间精力，全身心做一件事，早晚总会成功的。很朴素，很简洁，也很富有哲理。也正是他的这种精神，在研制毛笔过程中克服一道道困难，不断钻研，改良工艺，推陈出新，从而成就其在制笔业界的良好声誉和影响。

---

① 原信为竖体，从右至左行书，从笔迹来看为软笔或小毛笔所写，信中断句仅用句号，故保留其大致原貌。

技术民俗具有民俗的全部基本特征，即集体性、传承性和扩布性、稳定性和变异性及类型性，因而技术民俗在传承的过程中，其整体形态似乎很少变动，是静态的，但这种静态的传承中蕴含着动的因素，蕴含着突变、创新的因子，稳中求变，变中趋稳，传承与创新在动态中达到和谐统一。此外，技术民俗还具有其殊异特征，技术（艺）是一种每天不断重复、模式化、程式化的民俗事象，具有日常性，但技术的传承也是工艺知识、规范、经验、惯习等精神文化体系的传承，技术本身也受精神文化体系的支配和引导。因而，技术的日常性，使得构建其本身的文化体系即技术民俗具有常态性，但常态并非静止，在常态之中蕴含发展变化的因素，因而，技术民俗也是发展的，是随着技术的传承而不断突变、创新的。

四　"古有周虎臣，今有周鹏程"

技术民俗具有日常性，是每日重复的、模式化、程式化的民俗事象，不像岁时节日、生产仪式、舞台表演等，渲染力和渗透性不强，故而手艺人的民俗生活更为平静、朴实。当然，这并不表明其生活世界[①]风平浪静，没有色彩，在普通手艺人的生活世界中也可能发生过不少值得回味的经历和故事。

周鹏程的制笔经历就曾有过不少平凡的神奇。据传，他有个姐夫叫李冬元，在 20 世纪 90 年代初曾因做生意亏本，欠了别人十多万的高利贷，那时在农村这是一个天文数字，但就因为周鹏程给他的一包笔而"否极泰来"。

> 大概 1992 年或 1993 年，他跟人家合伙做卖输液器生意，亏本了，后来又在家养鸡，又亏了，欠了人家十来万高利贷，当时算是天价了，压得他喘不过气来。然后我就给他一包毛笔，他到外面去，给书画家用，我教他按我以前到外面跑的经验做，很多人买了笔还送作品给他。送了作品以后，他就到很多卖文房四宝的地方

---

① 此处的生活世界既指可感的客观的生活世界也包指主观的即民俗学所研究的生活世界。

去，才知道书画作品很值钱，然后一下子就发了，一两年就把债还了，还买了一块地，在文港镇盖了房子。人家都很羡慕他，就一两年，把债还了，还从村里搬到镇上来，买了地皮盖房子。①

　　与台商林仁贵的合作，是周鹏程制笔业发展的重要时期。周鹏程告诉笔者，林仁贵在中国台湾地区经营了一个很有影响的老字号文化用品公司——"林三益笔墨专家"，由于台湾的工价高昂，1986 年，他带了一批台湾畅销的毛笔样笔，到著名的"湖笔"产地浙江湖州善琏第二毛笔厂，预付了 3 万元定金，希望能定做一批同样的毛笔，但三年过后，厂里一直没能做出令他满意的样品。林仁贵也做兔子尖的生意，一个偶然的机会，林仁贵在文港贩卖兔子尖，试探地把这批毛笔交给周鹏程、周发水等四人，周鹏程制作其中高档型的毛笔，他们一次就试制成功，令林非常高兴。此后，林三益公司大批采进周鹏程他们制作的毛笔，并同他们建立了长期的合作意向。为了满足林三益公司的需求，做好这笔生意，周鹏程把全家人都发动起来，并请了十多个工人，日夜赶制，"那时候不和林仁贵合作，我也买不起镇上的房子，在和他合作之后，1992 年我就在镇上买了房子，上下五层，花了 17 万多，现在这个房子可能得要 50 多万了。林三益公司当时对于我们的毛笔制作多少要多少，没有数量限制，我请了十多个工人制笔，那时村子里还没有请人制笔的作坊"②。以后周鹏程等人把毛笔送到林仁贵的工厂去，他都要请他们吃饭、住旅社。周鹏程和林三益先后做了几十万块钱的生意。

　　"台商对文港毛笔的复苏和发展，发挥了很大的推动作用，但没有改革开放的大背景，这一切也不可能变成现实"，周鹏程坦率地说，"当林仁贵第一次到他家里的时候，心里很紧张，也不知道能不能和台商做生意。"③

---

　　① 访谈对象：周鹏程，男，1954 年生，小学文化。访谈时间：2010 年 12 月 16 日。访谈人：刘爱华。
　　② 访谈对象：周鹏程，男，1954 年生，小学文化。访谈时间：2011 年 1 月 15 日。访谈人：刘爱华。
　　③ 鹿鸣：《中国"笔王"的小康路》（ http: //bbs. jxnews. com. cn/thread－14202－1－1. html）。

　　周鹏程值得称道的不仅是其高超的制笔技艺，更难得的是其真诚、勤勉的制笔态度及素朴、求真的人品。他认为制笔和书法家一样，也需要胸怀，更需要学会做人，需要时刻抱着反省的心态。在一次访谈中，他很认真地谈了他的认识。

　　　　特别做毛笔这行，要有一种湿里（方言，什么的意思）心态呢，莫去骗人家的心态去做，你觉得这只（方言，个的意思）东西我硬冒（没）做好，我卖到人家的钱来了，心里有愧，要有这种心态你才做得好，你冒（没）做好，你人就烦躁，你吃饭都没有味……有好多人是这样的呢，管他呢，把人家钱测（方言，骗的意思）得到袋子就算了，这种心态你的笔一辈子都做不好。①

　　周鹏程制笔的传奇故事，对毛笔制作的深刻感悟及素朴求真的人生态度，使其声名逐渐为书画家所熟知和赏识。

　　早在 1983 年，中国书法家协会副主席尉天池来南昌参加中青年书法大赛，有人向他推销周鹏程的毛笔，他看见上面刻的字比较漂亮，就让人把周鹏程找去，那是周鹏程第一次认识尉天池。后来直到 1993 年，他姐夫李冬元因为欠债，去南京卖笔，周鹏程嘱托其送几支毛笔给尉天池先生试用，尉先生试用后叫李冬元先回去，三天后再来见他。当李冬元再次来到尉天池家时，尉先生拿出早已题好的"中国笔王"条幅（见图 2—25）郑重交给李冬元，并给周鹏程打来电话赞扬一番。周鹏

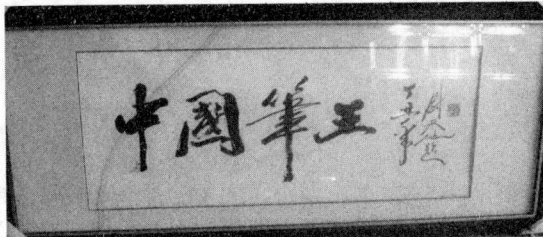

图 2—25　"中国笔王"牌匾

---

　　① 访谈对象：周鹏程，男，1954 年生，小学文化。访谈时间：2010 年 4 月 29 日。访谈人：刘爱华。

程怯于这个称号太大，尉先生则鼓励说："还没给你写'中国笔皇'呢，先给你写个'笔王'，等你的毛笔做得更好了，我再给你写个'中国笔皇'。"

东南大学教授喻学才，喜好书法，曾两次去进贤文港，对文港周坊千年毛笔制作技艺及遍布的毛笔作坊非常惊叹，同周鹏程相谈甚欢，并欣然赋诗盛赞鹏程毛笔："昔日青史见笔祖，今因规划识笔孙。毛锥三支能量大，漫书辟地开天文。"① 回到南京后，再次赋诗一首并在题序中详叙其在文港所获，用信件邮寄给周鹏程。现将其诗转载如下：

> 周氏鹏程。生长笔乡。家住进贤，文港周坊。
>
> 世代业笔，千载华光。虎臣献臣，兄弟②齐芳。汤显祖序，家谱珍藏；乾隆帝匾，御笔悬堂。书画名家，岁时造访。佳话连篇，笔史留香。
>
> 改革开放，奋发图强。鹏程毛笔，举世无双。小平画像，李琦当行。天池赠匾："中国笔王"。横扫千军，笔海翱翔。有子晨旭，继承发扬。
>
> 仓颉造字，蒙恬制笔。中华文明，举世罕匹。宣城泾县，诸葛第一；吴兴善琏，冯氏无敌。展读青史，笔工历历。沧海桑田，半留陈迹。
>
> 而今中国，天下毛笔。十分市场，进贤占七。作坊如麻，工艺胜昔。
>
> 寄语当局，何不申遗？遗产驱动，天赐良机。天予不取，后悔无及！③

---

①　文先国：《笔王周鹏程》，《天津日报》2009 年 3 月 10 日第 12 版。

②　周虎臣为制笔名师，周献臣为文人进士，与汤显祖相交甚深，汤显祖曾为周献臣一家四兄弟登科而题写"科甲第"牌匾，此牌匾现立于周坊三房祖祠门楼上。另据笔者考证，"虎臣献臣，兄弟齐芳"是一个明显错误。根据民国壬戌年（1922）周氏第八修宗谱对周虎臣、周献臣有相关记载。周虎臣，清康熙壬子年正月廿五日寅时生，乾隆己未年十二年廿四日殁。按公历推算其生卒年应为 1672—1739 年。而周献臣，明嘉靖癸丑年十一月初三日生，崇祯壬申年三月初十日殁，按公历推算其生卒年应为 1552—1632 年。前者生卒年为清中前期，后者生卒年为明后期，两者不是一个朝代的人，只有同宗的关系，而没有所谓的兄弟关系。

③　喻学才网易博客博文：《赠中国笔王周鹏程》（http：//yxcmtq. blog. 163. com/blog/static/7498004120092983253 20/）。

随着周鹏程制笔技艺的不断提升，其知名度也越来越大，而其真诚、朴实的为人，更为书画家所欣赏。有不少书画家慕名而来，试用其毛笔后对其技艺赞叹不已，而试笔后寄来书画作品以表示感谢的更是众多。

1992年，邓小平到南方视察。为毛主席造像的艺术大师李琦，借周鹏程毛笔之幽韵，恭绘《我们的总设计师》，为邓小平造像，睿智传神。李琦感念鹏程毛笔，有通融人与自然之魅力，致函谢忱并亲笔签赠复件，以示留念。斯乃名家用名笔留名作也。

1997年，书法大家尉天池偶然用到鹏程毛笔，甚觉得心应手，无可比拟，欣然题赠"中国笔王"①，极力推崇鹏程毛笔。尉天池用笔无数，对毛笔非常挑剔，为鹏程毛笔喝彩，是一个艺术家的欣喜发现。

2002年以来，国内名家如史树青、尼玛泽仁、林岫、魏启后、何应辉、刘江、何家英、周积寅、郑欣淼、孙郁、扬之水、刘涛、薛冰、王稼句，国外有日本、新加坡、马来西亚等友人，或题字赠画，或登门造访，概以彰显鹏程笔道为乐事。多少年过去，周鹏程从来不向任何名家索要书画作品。仅魏启后一人，就由衷地为周鹏程赠送书法作品180件。周鹏程这些年随缘收藏到的名家字画几百幅，足足可以开设一家书画艺术馆。②

周鹏程和上海书法家主席、著名书法家周慧珺的交往也属于君子之交。周鹏程弟弟1994年在上海卖笔，得闻书法家周慧珺的大名，便特意送去了几支周鹏程所制的毛笔给周慧珺使用，周用后连声称赞。周鹏程得知此事后又寄了几支毛笔给周慧珺，令周非常高兴。周平时对毛笔非常挑剔，也很少给人题写字款，在使用过周鹏程的毛笔以后，对其制笔技艺及人品赞赏不已，先后为其题写了四幅字。最后一次题字是在

---

① 据周鹏程回忆，尉天池题写"中国笔王"四字，大概在1993年。
② 文先国：《笔王周鹏程》，《天津日报》2009年3月10日第12版。

2005 年，她为周鹏程题写了遒劲的"周鹏程笔庄"五个大字，并来信表示感谢（见图 2—26），赞赏其勤心敬业的精神，现将其信内容转载如下：

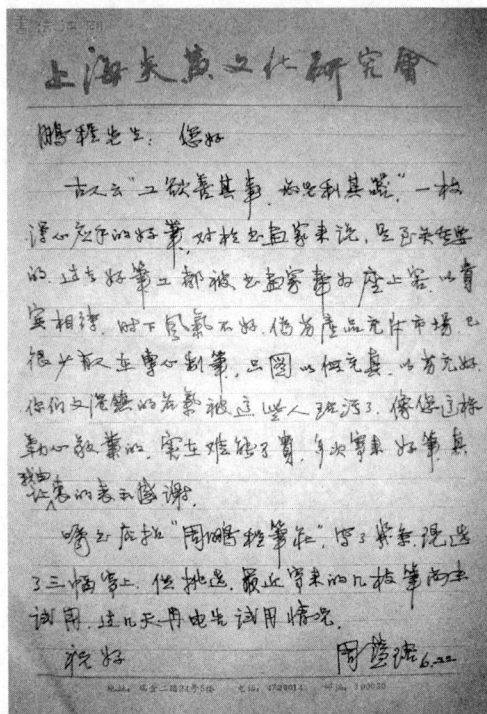

图 2—26　周慧珺给周鹏程的来信

鹏程先生：您好

　　古人云"工欲善其事，必先利其器"。一枝（支）得心应手的好笔，对于书画家来说，是至矣（为）重要的。过去好笔工，都被书画家奉为座上客，以贵宾相待。时下风气不好，伪劣产品充斥市场，已很少人在专心制笔。只图以假充真，以劣充好，你们文港镇的名气被这些人玷污了。像您这样勤心敬业的，实在难能可贵。多次寄来好笔，真让我由衷地表示感谢。

嘱书店拟"周鹏程笔庄"，写了几条，现选了三幅寄上，供挑选。最近寄来的几枝（支）笔尚未试用，过几天再电告试用情况。

祝好

周慧珺 6. 22①

当然，周鹏程的"笔"友中，不限书画名家，也有普通的书画爱好者。网上署名"但愿"，山东文登市一位姓战的老师，多年来都未寻求到称心的好笔，一次偶然机会在书法江湖得知周鹏程制笔声名，便开始试用周鹏程制作的七紫三羊，试用之后，爱不释手，三四年来，一直试用周鹏程制作的毛笔。通过几年来的用笔经历，让他真正爱上了周鹏程所制的毛笔，近来有感而发，思绪万千，以古体歌赋形式在书法江湖网上传了一篇《鹏程笔赋》，并手书全文相赠，寄意鹏程，秉承家范，研制经典，歌咏鞭策、文采洋溢，现摘录如下：

余好翰墨，购笔颇多。或如散蓬，不能聚锋；间若败絮，难畅淋漓；又似竹帚，太过瘦硬。每每开笔以冀盼之心，屡屡弃之以懊恼之情。

偶游江湖②，得鹏程之笔数枝，濡翰试之，惊喜无比。衄挫使转，刚柔提按，无不中意。过庭书谱有云："得时不如得器，得器不如得志。"笔墨纸砚皆为器，而笔者，器之首也。逸少流觞曲水兰亭序，妙手当借神工笔；怀素兴来小豁胸中气，狂草亦凭中山翼。

利器既得，翰情更炽。昼暇或俯案长卷，寝前复盘膝尺牍，真人生之惬意！心懔懔以绝尘，手跃跃而援笔；神窈窈而入定，志眇眇以凌云；追怀素之醉狂，慕右军之飘逸；悟起伏于锋杪，恣蹈舞于点画；吟古人之清芬，写自我之性情。所以精骛八极、心游万仞，全赖巧工鹏程之杰作也。

笔者，要在毫端而管者次之。巧商之徒，常于管杆处精雕细

---

① 转载内容格式保持和原信大致一样，括号中字为笔者加注。
② 书法江湖网站。

琢，媚饰取宠；至于锋芒则粗制滥造，以次充好。真乃金玉其外，败絮其中，实非方家智者之选也。

君为此道，深悟其妙，所制之笔，可称物美而价廉。区区十元之制，不逊百钱之作，堪慰拮儒之憾，亦解据生之忧，善哉善哉！陋作以七紫三羊而书，据实以荐，不敢欺焉。望君秉承家范，研创经典，拳拳效技，孜孜以求。激墨客骚人之趣，扬华夏文明之风。

感此而赋，书之共勉。①

中国毛笔文化博物馆馆长、毛笔文化研究专家邹农耕说，一个好的毛笔技艺师，就是书画家的保健医生，他可以根据书画家各自的用笔习性而"对症下药"，改良毛笔而顺人意，让书画家有如"笔神之舞"。②制笔技师能够解决毛笔的"病症"，而对一些书画家来说，有时也就是解决他们的病症。"倘若说到好的毛笔技师是书画家的保健医生，还真有一个神话般的故事，那是10年前在贵阳，周鹏程为一正发烧中的书法家送去毛笔，书法家即席挥毫，顿时病亦全无。"③ 提起这件事，周鹏程告诉笔者，那是80年代的事情，那时他改制的毛笔已经很好写了，当时他在贵州卖笔，一次去省卫生防疫站，一位搞宣传的姓王的老师，得了重感冒发高烧，早上没吃饭，他送笔给他试用，他便拿起来画画，用得兴起，一直画到12：00快下班还没有停下的迹象，在周鹏程提醒后，他才恍然缓过神来，告诉周鹏程他的病已经好了。当然，这只是一个偶然的事例，但不可否认的是毛笔与书画家及书画爱好者的密切关系。在文化史上，书画家对毛笔的赞咏俯拾皆是，佳句历历。毛笔是一种具有创意的软性笔，所谓"惟笔软则奇怪生焉"④，善于随意挥洒、张扬个性，提按铺拢，锋露锋藏，汪洋恣肆、纵横捭阖、变幻莫测，恍若神鬼之术，具有"究天人之际，通古今之变"的神奇力量，因而深得书画家的喜爱。随着现代科技的发展，电子时代的到来及毛笔制作的

① 但愿：《鹏程笔赋》（http：//shop．sf108．com/thread-279685-1-1．html）。
② 文先国：《笔王周鹏程》，《天津日报》2009年3月10日第12版。
③ 同上。
④ （汉）蔡邕：《九势》，载潘运告《汉魏六朝书画论》，湖南美术出版社1997年版，第45页。

半市场化属性，必然加剧制笔技艺的消亡。技艺高超的毛笔技师或笔工，尤其是制笔大师在今天更是难找，文先国甚至直接把周鹏程与周虎臣做对比，即"古有周虎臣，今有周鹏程"，似乎是一种惊骇之言？但仔细想来，语句中实寄寓了作者的厚望与期待，却也并非惊骇之言，很多书画家在见识过周鹏程的制笔技艺之后，不少都赞叹周鹏程传承了周虎臣的制笔灵气。这种对比也许没有实在的意义，但可以肯定的是，周鹏程无疑是今天文港甚至国内制笔界的佼佼者，在没有天才的时代，普通人只要肯于勤心钻研，传承、坚守自己的手工艺，用心去感悟，就一定可以走出一条属于自己的创新的道路，就可以在平凡中创造出传奇。

小　结

德国地理学家、哲学家凯普（E. Kapp，1808—1896）认为："技术是人类自身器官结构和功能变换的外部世界工具的手段和方法总和。"[①] 技术是人类在对自然发生作用时某种自我原型的投影，技术的使用就是人类自我的外部世界呈现。因而，技术的传承离不开民间艺人对技术规范、工艺知识、经验惯习等精神文化的东西的传承和创新。"技术并非只是功利的理性的传导，技术知识的传与授，是一个心灵感悟的过程；长辈的示范与晚辈的仿效既是社会责任、义务，更是一种信念、情感和对生活的执著。"[②] 技术的使用过程，某种程度上也是技术民俗传承过程。技术与技术民俗相互联系，技术的使用离不开民间艺人自我的价值审美、工具偏好、技艺理解及技艺接受。同时，技术民俗不仅仅存在于生产仪式、技艺规范和传授口诀中，也存在于民间艺人的具体工艺操作与日常生活之中。文港毛笔制作技术民俗的考察，不可能忽略制笔技师或笔工的劳作时空、灵巧的双手、制笔工序、制作工具、价值理念及其个人的生活史。

在日常生活之中，人们遵循着传统，传承着毛笔制作技艺，毛笔制

---

① 转引自李思孟、宋子良主编《科学技术史》，华中理工大学出版社 2000 年版，第 10 页。

② 万建中：《"技术民俗"——民俗学视域的拓广》，《中国图书评论》2010 年第 6 期。

作工序历经千年而变化较少，制笔技艺表现出强大的稳定性，但"技术作为当地人基本的生存手段，本身就能形成具有强大惯性的传承动机和变迁的法则"，① 传承与变迁相辅相成、相互统一。人们在日复一日的劳作中，对制笔工序、制笔原料都会逐步进行改良，以适应当下人们的用笔需求，对制笔技艺也会进行一定的革新，在坚守中传承和创新毛笔制作技艺，经历人生的悲喜，展示普通民众的日常生活世界。

---

① 万建中：《"技术民俗"——民俗学视域的拓广》，《中国图书评论》2010 年第 6 期。

第三章

传统与现代的"纠葛"：拽入
市场轨道的毛笔生产

技术化是一条

我们不得不沿着它前进的道路。

任何倒退的企图都只会

使生活变得愈来愈困难

乃至不可能继续下去。

抨击技术化并无益处。

我们需要的是超越它。①

——［德］卡尔·雅斯贝斯

　　毛笔生产制作具有鲜明的半市场化属性。一方面，毛笔生产制作必须按照现代市场需求进行；另一方面，其产业结构、劳作方式、文化内涵、价值定位却限制其生产与现代市场保持紧密的联系，抵制其完全按照现代市场来生产。毛笔是传统性厚重的文化产品，与精品化、手工化、个性化相适应，遵循"慢工出细活"的习俗规范，无法遵循规模化、标准化、模式化的规范。因而，随着工具理性主义的膨胀，科学技术的高速发展，尤其是计算机的出现与广泛应用，毛笔书写的文化生态遭到空前的挑战，半市场化的毛笔生产制作虽然仍以市场为中心，但与现代市场的抵牾或非适应性进一步增强，这体现在它的生产制作既要按照实用性的要求，又要按照欣赏性的要求；既要按照技术的标准，又要按照艺术的标准。当然，半市场化并不意味着排斥市场或无市场，毛笔

---

　　① ［德］卡尔·雅斯贝斯：《时代的精神状况》，王德锋译，上海译文出版社 2005 年版，第 146 页。

生产制作自古以来就遵循价值规律、市场供求关系来组织生产，而且毛笔生产制作也正在适应并利用现代网络，因而，在毛笔生产制作中，传统与现代的"纠葛"愈加鲜明，两者相互调适的道路更长。

毛笔生产制作是一种市场化的生产，其目标不是为使用而生产（production for use），而是为交换而生产（production for exchange），毛笔的生产制作是为了销售，是为了满足市场的需求，销售所得用以补贴家用，改善生活。但毛笔生产的半市场化属性又限制其完全市场化，因而，毛笔生产制作与现代市场的关系处于一种矛盾的状态。本章采用文献资料与田野分析相结合的方法，运用民俗学、人类学、社会学的理论，主要围绕毛笔生产制作与市场的关系，阐述传统毛笔市场结构体系、毛笔生产方式及组织的变迁、虚实相生的现代笔业及毛笔生产与市场关系等四个方面的内容，着重探讨现代市场体系下毛笔产销民俗之间的关系、产销民俗的演变及现代网络产销民俗对毛笔生产制作的影响。

第一节　传统毛笔市场结构体系

毛笔作为文化用品，要求使用者有一定的文化素养，因而其消费群体比较局限。就文港而言，地区性的销售市场很狭小，无法消费自己所生产的毛笔，必须开拓全国性的销售市场，才能适应本地农业富余劳动力向笔业（包括毛笔制作业）的转移。文港毛笔生产制作自古以来就具有面向全国的市场趋向，毛笔销售市场形成了以文港为中心，向全国各地辐射的特点。传统毛笔市场分行商、笔市和笔庄（坐商）三个层次，当然，这三个层次相互支撑、相互补充、融为一体，形成了一个发散性的结构体系。

文港毛笔交易方式具有几种重要形式，即行商、笔市和笔庄（坐商），它们不完全是历时性的发展，而是相互交叉、相互促进的。本节主要从市场结构的角度，采用田野资料与文献资料相结合的方法，运用民俗学、人类学、历史学的理论方法，对文港传统毛笔市场的三种形式进行了梳理，尝试阐述传统毛笔市场的结构体系及其内在联系。

一 行商："出门一担笔，进门一担皮"

江西自古以来就有人稠地狭的地域特点，山地多，山货、矿产资源丰富，但耕地有限。明代著名学者王士性曾明确指出，"江、浙、闽三处，人稠地狭，总之不足以当中原之一省，故身不有技则口不糊，足不出外则技不售。惟江右尤甚"①。加上苛捐杂税繁重，农业的发展很难解决人口增长对食物的基本需求，因而，在明清时代江西流民向全国各地散布，推动了江西行商习俗的发展，江右商人足迹曾遍布祖国的大江南北、深山大川，以至有"无江西人不成市场"的民谚。即便在京师，江右商人亦扮演重要角色，"今天下财货聚于京师，而半壁产于东南，故百工技艺之人亦多出于东南，江右为夥"②。江右商人多为小商贩，数量众多，故而活动范围较为广阔。为集结同乡、联络乡情，江右商人还在全国各地广建会馆和公所——万寿宫。但受传统礼教的影响，古代商人的农本思想仍很严重，江右商人尤为明显。王士性对江西人农贾结合的经济方式也曾进行过详细的考察，他说："江右俗力本务啬，其性习勤俭而安简朴，盖为齿繁土瘠，其人皆有愁苦之思焉。又其俗善积聚蓄，技业人归，计妻孥几口之家，岁用谷粟几多，解囊中装籴入之，必取足费，家无困廪，则床头瓶罂无非菽粟者。……即囊无资斧者，且暂逋亲邻，计足糊家人口，则十余日而男子又告行矣。"③ 这种商贾形式是农本的辅助形式，仍是建立在谋生基础上的，具有"以商补农，以末养本"的思想保守性，而不是一种自觉的经济方式。

文港古代属于抚州临川地区，抚州人多地少矛盾更为突出，商贾习俗尤盛，王士性对之概括为"故作客莫如江右，江右莫如抚州"④。在明代，抚州商人遍布全国，即便是边远地区也留有其足迹，如云南，王士性亦载，"视云南全省，抚人居什之五六，初犹以为商贩，止城市也……无非抚人为之矣"⑤。抚州商人的足迹甚至达于穷乡僻壤，以至

---

① （明）王士性：《广志绎》，吕景琳点校，中华书局1981年版，第80页。
② （明）张瀚：《松窗梦语》，盛冬铃点校，中华书局1985年版，第76页。
③ （明）王士性：《广志绎》，吕景琳点校，中华书局1981年版，第80页。
④ 同上。
⑤ 同上。

于明代抚州籍文人艾南英亦自慨叹，"随阳之雁犹不能至，而吾乡之人都成聚于其所"①。

在传统社会中，文港毛笔起着农业辅助的作用，主要是用来贴补家用，这既是传统经济使然，更是人多地瘠的自然生态环境客观选择的结果。文港是一个小镇，资源贫乏，老一辈制笔人不得不肩挑手提，走街串户，把自己做好的笔卖出去，以换取做笔的原材料，从而维持毛笔生产的延续。文港当地流传一句"出门一担笔，进门一担皮"的俗谚，这是过去当地制笔人的生活写照。

老笔工周英明原来在武汉邹紫光阁工作过 20 多年，20 世纪 80 年代，内退回了文港周坊村老家。谈起"出门一担笔，进门一担皮"这句俗谚，周英明说：

> 过去文港很多人都是自己出去卖笔的。自己做自己卖，做好了一些，就用篾篓挑出去，沿路卖，边收集各种皮子，羊毛、黄鼠狼尾子，以前都是用脚走，很辛苦。沿途吃住，花销也蛮大，但比种田强多了。周英仁（笔者的亲戚）的公公也曾经到安徽去卖笔，可能他都不知道。出去卖（笔）也有好处，有时候会遇到一些懂笔的人，会给你一些建议，你回家就可以改进毛笔。（插话：有没有买别人的笔去卖的呢？）有啊，也有人不会做的，然后去市场上买，原来市场在谷市街，老街上，买了挑出去卖。②

过去毛笔的产销有简单的分工，有自产自销、只产不销和只销不产三种形式，但总的来说，销售比制笔利润大很多，因而，在农闲，只要家里人手够的话，一般家庭都会有一个人外出。这样一种民俗传统便一直传承下来，推动文港人走出去，了解外面的世界。当然，这种传统形式在新中国成立后集体化及"文革"时期形式有些变化，当时由于国内外政治形势严峻，全国处于一种政治亢奋状态，期待建立一个超越资本主义阶段的全新的社会主义制度，取缔几千年来私有制经济。党中央

---

① （明）艾南英：《天佣子集》卷 9《白城寺僧之滇黔募建观音阁疏》，清康熙间刻本。
② 访谈对象：周英明，男，1938 年生，小学两年。访谈时间：2010 年 4 月 28 日。访谈人：刘爱华。

和毛主席采取了群众运动的方式，不仅在经济发展领域，而且在政治领域、思想文化领域进行了狂风暴雨式的改造，通过矫枉过正的手段，企图荡涤私有制经济及其思想基础，构建新的社会主义制度框架。这种理论思考我们从毛泽东早年言论中就可以看出来，早在 1943 年在陕甘宁边区劳模大会上所做的《组织起来》报告中，毛泽东就分析了建立集体经济的重要性，"在农民群众方面，几千年来都是个体经济，一家一户就是一个生产单位，这种分散的个体生产，就是封建统治的经济基础，而使农民自己陷于永远的穷苦。克服这种状况的唯一办法，就是逐渐地集体化；而达到集体化的唯一道路，依据列宁所说，就是经过合作社"①。新中国成立后，为了加快新民主主义经济向社会主义经济的过渡，党中央和毛泽东加快了社会主义改造的步伐，在农村集体化方面，毛泽东做了《关于农业合作化问题》的报告，指出建立农村合作社的必要性和迫切性，"大家已经看见，最近几年中间，农村中的资本主义自发势力一天一天地在发展，新富农已经到处出现，许多富裕中农力求把自己变成富农。许多贫农，则因为生产资料不足，仍然处于贫困地位，有些人欠了债，有些人出卖土地，或者出租土地。这种情况如果让它发展下去，农村中向两极分化的现象必然一天一天地严重起来"②。为了解决这个问题，他认为只有进行社会主义改造，"这就是在逐步地实现社会主义工业化和逐步地实现对于手工业、对于资本主义工商业的社会主义改造的同时，逐步地实现对于整个农业的社会主义改造，即实现合作化，在农村中消灭富农经济制度和个体经济制度，使全体农村人民共同富裕起来"③。

当然，面对国际国内复杂的政治形势，毛泽东逐步放弃了早年坚持的"逐渐集体化"主张，演变为过于追求集体化速度、规模及取缔小生产私有制的全国性运动。列宁曾指出，"小生产是经常地、每日每时

---

① 毛泽东：《组织起来》，载《毛泽东选集》第 3 卷，人民出版社 1991 年版，第 930 页。

② 毛泽东：《关于农业合作化问题》，载《毛泽东选集》第 5 卷，人民出版社 1977 年版，第 187 页。

③ 同上。

地、自发地和大批地产生着资本主义和资产阶级"①。毛泽东极为认同，为了防止"苏修"的复辟，他深切感到保持社会主义纯洁性的重要性，认为公有化程度愈高、规模愈大，就愈是社会主义，因而，党中央和毛泽东决定对小生产私有制进行大刀阔斧的"清理"，提出了取消农村自留地、家庭副业和集市贸易的过激主张，"对待农村私有经济成分问题，确曾出现了两次反复。一次是在人民公社化运动中，农村的自留地、家庭副业等被取消了。另一次是在'文化大革命'中，出现了所谓'割资本主义尾巴'的问题"②。

在这样的时代背景下，文港毛笔发展也经历了一个"坎坷"的集体化时期，各生产队组建了自己的毛笔厂。文港的私人作坊也被取消了，被组建成文港毛笔厂，毛笔制作专业村——周坊也建立了周坊毛笔厂。贩卖毛笔被看成是私有观念作祟，往往被上升到国家政治高度而加以严禁，私制毛笔轻则被批评教育，没收毛笔、制笔工具，重则在群众大会上被揪斗，把农民的毛笔制作技艺看成是"资本主义尾巴"。但尽管这样，符合经济发展的传统习俗是无法"消灭"的，在重压之下它仍会悄然滋长。因而，即便在"文革"时期，为生计所迫，文港还是有不少人在偷偷制笔，偷偷卖笔。

周小山老人在集体化时期曾当过周坊毛笔厂的生产主任，对过去的毛笔生产组织及毛笔生产情况了解得比较清楚。现在他虽然已是80多岁高龄了，但口齿清晰，记忆力很好。笔者在调查的第二阶段，经常去周坊村调查，也常去拜访周小山老人。第一次拜访他是在2010年7月6日上午，那时天气很热，我们就提了两把小竹椅坐在他家屋外的巷道里，巷道有穿堂风，很凉爽，有好几个老人都坐在那里乘凉，那天在那乘凉的老人中碰巧还有一位原来曾在邹紫光阁工作过的周美元老人，他年龄比周小山稍大几岁，但可惜的是他的记忆不清晰，口齿也不清楚，所以笔者主要是对周小山老人进行访谈。谈起在集体化时期自己出去卖毛笔的"冒险"经历，周小山说：

---

① ［俄］列宁：《共产主义运动中的"左派"幼稚病》，载《列宁选集》第4卷，人民出版社1995年版，第135页。
② 黄景芳、李媛：《"割资本主义尾巴"的来龙去脉》，《毛泽东思想研究》1992年第2期。

在大队里管制稍微松一点的时候，我就偷偷制笔了，然后就挑着笔跑到外面去了，也管不了那么多，总要吃饭，这样大约有两年。那时候是冒了好大风险出去的，我跑得远远的，它（生产队）就管不了，那时候也没想太多，主要是想挣点钱，买点口粮，买点日用品。当时，还是有一些人跑出去的，它虽说是不准私下卖，但那个时候（1957 年）还不是很紧。后来风声越来越紧了，过了几年我也就进了周坊毛笔厂。①

直到改革开放前几年，政治气氛开始缓和，加上交通工具的便利，很多年轻人都开始外出推销毛笔或开设毛笔商店，在全国开设了 5000多个销售窗口，全国各地都有文港人的身影，文港故而又有"万人制笔万人销"的俗谚。

周四和属于文港制笔业界中青年的一代，他是周鹏程的徒弟，经常出外"跑市场"，是现在文港出外闯荡的较有成就的一位。谈起出外"跑市场"的经历，周四和说：

> 我在周坊时（现已搬到文港镇）就往外跑，我是 1989 年出来的，现在生意比较好做。我每次都要自己带一些样笔去，让别人试用，别人觉得好就会告诉他的朋友，然后朋友介绍朋友，销路就扩大了。现在我在外面的销售点（定点销售）很多，每个省都有一个点，然后下面市就自己再深入，要毛笔可以去省里（销售点）调。我差不多每年都有近半年在外面，这样对市场还是比较熟悉的。（插话：你自己也是制笔的，这样效果更好。）嗯，很多人不会制笔的，他们就纯粹卖笔，说不出笔好笔坏的关键。我自己会制笔，第一次拿过去如果不好用，第二次基本就差不多了，因为我自己懂毛笔。一个人的性格跟用笔差不多，有的人性格比较躁，喜欢

---

① 访谈对象：周小山，男，1931 年生，两年私塾。访谈时间：2010 年 7 月 6 日。访谈人：刘爱华。

用硬性的（毛笔），有的人性格比较柔和呢，就喜欢用软性的笔。①

一直以来，周四和都听从他师傅的教导，经常去外面"跑市场"。这样的社会实践对他来说，是不出外的制笔技师或笔工所难以想象的。通过这些闯荡经历，他认识了很多书画家，了解了书画家对毛笔的个性化需求，从而不断改进毛笔制作，使其制笔技艺得到较大提升，毛笔销量也逐年上升。而更重要的是他了解了市场需求变化，懂得了如何去改进毛笔。他这种"跑市场"的丰富经历也在其加盟表上得以呈现，现摘录如下：

> 宋陈渊《默堂文集》云："我行何所挟，万里一毛颖。"此语道出了默堂先生即便长途远涉，亦不忘随身怀揣毛笔的情结与任情著文的嗜好。当然，除目的不同外，文港制笔青年才俊周四和亦有类似的亲身体验。
> 周四和，"华夏笔都"文港镇周坊村人——清代制笔名家周虎臣故里，出身于制笔世家。从小浸润在江右制笔文化传统中，对笔的制作与习性了然于胸。为增进技艺，多年来不断访求名师，曾得到有"中国笔王"之称的制笔大师周鹏程的指点，技艺更趋精进。
> 当地俗谚云："出门一担笔，进门一担皮。"文港人"跑市场"的这种优良传统在周四和身上得以薪火相传，内化为一种习惯。为了解市场需求，制作出有特点的个性化毛笔，从 1989 年起，他经常"万里一毛颖"，一年之中有半年多在外。有道是：天道酬勤。这种"笨"办法也让他学到很多东西，通过辗转流动，他常有机会与书画名家交流，了解他们对笔的要求，从而不断改进毛笔制作。他的勤勉与坦率，对制笔工艺的不懈追求，也赢得了不少著名书画家的信任与赞扬。中国书法家协会副主席吴东民欣然题字相赠，济南书法家协会主席张仲亭、青岛书法家协会主席贺中祥等亦视其为座上宾。

---

① 访谈对象：周四和，男，1968 年生，高中毕业。访谈时间：2010 年 7 月 23 日。访谈人：刘爱华。

"周四和笔庄"，是周四和呕心沥血打造的品牌，它充分利用文港丰富的毛笔文化资源，广泛开拓国内外市场，"以市场为导向，以质量为生命"，积极为各界书画爱好人士"量身定做"各种专业用笔。

"笔见人性，人以笔闻"，笔与人是相通的，周四和的诚信、爽朗也铸就了其笔的大气与韧劲，近年来，随着他耕耘的足迹四处播撒，四和毛笔也不断开遍全国各地，不断受到行家的推崇与好评，声誉和业务蒸蒸日上。①

传统是历时性的单向度的，但传统不等同于过去时，而是延续的线性的，传统中蕴含着现代。传统不完全是现代的阻挠因素，也会适应社会的发展，衍生出理性的因素，"传统通过界定行为的目的、标准，甚至其手段，而成为有意义行为的一个基本组成部分"。② "出门一担笔，进门一担皮"，原来只是一种传统，是社会生活所迫的文港毛笔行商的被动行为，但随着社会发展，传统逐步内化为文港制笔人的一种理性行为，推动文港毛笔制作和销售的发展。

二　笔市：周期性的中心市场

我国集市的起源很早，远在仰韶文化时期的传说中就有了市。《周易·系辞下传》载："日中为市，致天下之民，聚天下之货，交易而退，各得其所。"③《风俗通》载："市，恃也。言交易而退，恃以不匮也。古者日中为市，致民而聚货，以其所有者，易其所无者。"④ 这种"以有易无"的原始市场，就是早期集市的雏形。《说文解字》释："市，买卖之所也。市有垣。"⑤ 说明"市"这种买卖的场所，在形式上是用墙垣围住的。《考工记·匠人》载："匠人营国。方九里，旁三

---

① 摘自周四和笔庄加盟表，一张介绍笔店的小卡片。

② ［美］爱德华·希尔斯：《论传统》，傅铿、吕乐译，上海人民出版社 2009 年版，第 34 页。

③ （商）姬昌：《周易·系辞下传》，宋祚胤注译，岳麓书社 2000 年版，第 348 页。

④ （汉）应劭：《风俗通义》，转引自樊树志《明清江南市镇探微》，复旦大学出版社 2000 年版，第 17 页。

⑤ （汉）许慎：《说文解字》，（宋）徐铉校定，中华书局 1963 年版，第 110 页。

门。国中九经九纬，经涂九轨。左祖右社，前朝后市，市朝一夫。"①
古代匠人营建的王城，其格局是前面是朝廷，后面是市集。因而，市是
原始社会生产发展的产物，是人们为补充自给自足原始经济条件下生活
品之不足而自发形成的物物交换场所。当然，随着社会经济的发展，市
（集市）交换的对象逐步演化为货币交易。

　　在文港，自古以来就有一种专门的集市——笔市。笔市就是购买制
笔原料、买卖毛笔的一个专门市场。过去文港、李渡、温圳、前途、长
山晏、张公等乡镇都生产毛笔，但只有文港一个市场。按照施坚雅
（G. William Skinner, 1925—2008 年）农村集市理论的三层级市场体系
来看，这种专门市场具有其特殊性：它既是基层市场，也是中心市场，
而没有中间市场。施坚雅认为基层市场"满足了农民家庭所有正常的
贸易需求：家庭自产但不自用的物品通常在那里出售；家庭需用不自产
的物品通常在那里购买"②。文港毛笔市场虽然不是日用商品，但它也
起着基层市场的作用，成为毛笔原料、制笔工具、毛笔成品的集散地，
为家庭笔坊提供了正常的贸易需求。他认为更为重要的是，基层市场
"是农产品和工业品向上流动进入市场体系中较高范围的起点，也是供
农民消费的输入品向下流动的终点"③。而对于中心市场，施坚雅所描
述的是，"中心市场通常在流通网络中处于战略性地位，有重要的批发
功能。它的设施，一方面，是为了接受输入商品并将其分散到它的下属
区域去；另一方面，为了收集地方产品并将其输往其他中心市场或更高
一级的都市中心"④。从文港毛笔市场来看，它既有和施坚雅市场理论
论述相似的地方，又存在很大不同。一方面毛笔市场具有基层市场和中
心市场的功能，它也是为了满足农民家庭制笔的日常需要，文港市场成
为制笔家庭作坊必需的一个基层市场，同时，它又是中心市场，集批
发、零售等多功能于一身。但它又不完全等同于基层市场、中心市场，
它没有形成完整的垂直的市场体系，没有延伸的下属区域。其实，这些

---

①　佚名：《考工记》，闻人军译注，上海古籍出版社 2008 年版，第 112 页。
②　［美］施坚雅：《中国农村的市场和社会结构》，史建云、徐秀丽译，中国社会科学出
版社 1998 年版，第 6 页。
③　同上。
④　同上书，第 7 页。

不同主要是由于它不存在所谓的基层社区，毛笔不是一般的生活用品，不是每家每户的生活必需品，而且主要不是用来自己消费的，都属于家庭自产不自用的商品，它的最终去向是向外输出，而不是自己消费，因而毛笔这种文化产品无法用基层社区来限定其消费者群体。如果说施坚雅的市场体系是由基层市场、中间市场和中心市场构成的一个相互流通的市场体系的话，那么在文港毛笔的市场体系则是以文港为中心，向全国各地辐射的发散性市场体系。

有意思的是，笔市的集期和周围几个乡镇的集期却是轮流交替的，没有冲突。集期采用传统农历旬谱系的集期体系，每旬三次，文港的集期是农历尾数一、四、七，温圳的集期是农历尾数二、五、八，李渡的集期是农历尾数三、六、九。文港笔市在农历尾数为一、四、七的日子开市，很有可能是由原来的一般集市衍化而来的。相邻乡镇的集期交叉错开，是传统集期的一个重要特点。“集市作为初级市场，是乡村的商品集散地，必须以方便实用为原则，因此一县之内各集市的集期不可能集中在同一天或同几天，而应大体均衡分布，这就形成了集期分布的均衡性规律。”①

谈起文港笔市开市的规律及其消歇的特殊情况，制笔技师周英发告诉笔者：

> 农历尾数为一、四、七的日子是文港的笔市，这个（规律）自古以来就是这样的，除了大年初一集市冲掉外，每旬三天是固定的。文港是全国性的大市场，在集市的日子全国的笔商都会来文港，以前外地的人多，现在文港本地的人多。他们从市场上购买笔，然后发送到全国各地。②

过去文港有一个老市场，其原址处于现在的谷市街。最早的时候在一家老房子里进行交易，卖笔、卖材料的人给房主交上一点租金，把毛笔头挂在房子厅堂墙壁上，供前来购笔的人挑选。后来市场规模、人流

① 樊树志：《明代集市类型与集期分析》，《中国经济史研究》1992 年第 1 期。
② 访谈对象：周英发，男，1957 年生，高中毕业。访谈时间：2010 年 5 月 6 日。访谈人：刘爱华。

量大了，就在谷市街的两边摆上临时摊位，随着市场规模、人流量的进一步扩大，后来还曾在老菜市场上摆过摊位，一直到后来文港皮毛笔料市场修建以前，毛笔市场都处在有市无"场"的状态。据老人们回忆，早期谷市街集市的交易，经常是在茶馆中边喝茶边进行的，当时谷市街边有不少简陋的茶馆。

至于谷市街周围茶馆在毛笔交易中起着什么作用，老笔工周英明回忆起了过去的情景，告诉笔者：

> 原来毛笔交易在文港老街谷市上进行，那时候街上有好几家小茶馆，同事坐在一起喝茶，边喝茶边聊。还有的买卖需要介绍人，一般的不需要，少数那些好的毛笔需要请他们做中介，他们收取少量的中介费，起沟通的作用。做我们这行手艺的人，年纪大一点的上街（笔市交易），两个、三个、五个、八个的都会去小茶馆喝茶，那时候茶便宜嘛，两三分钱一杯茶。（插话：平常不会去茶馆喝茶吧？）嗯，当街（即集市）的时候去茶馆，都是卖好毛笔的才去茶馆喝茶谈生意，我们周坊卖好毛笔的多。（插话：那茶馆开到什么时候才慢慢消失了呢？）茶馆交易一直都有，一直到1954年。（茶馆）周围有开店的，有卖毛笔原料的。①

在农村集市这种周期性的交易活动中，茶馆的存在对于扩大交往圈子和进行交易营造了轻松的聊天氛围。施坚雅敏锐的触觉也意识到了茶馆对交易的意义。"殷勤和善的态度会把任何一个踏进茶馆大门的社区成员很快吸引到一张桌子边，成为某人的客人。在茶馆中消磨一小时，肯定会使一个人的熟人圈子扩大，并使他加深对于社区其他部分的了解。"② 对于茶馆的贸易功能，王笛以成都茶馆为个案，从微观的视角对其进行了深入阐释和探讨，"商人则一般只带几件样品，而不是把大宗商品搬到茶馆里。在交易做成以后，商品才会出手，一般是在四个城

---

① 访谈对象：周英明，男，1938年生，小学二年级。访谈时间：2010年7月7日。访谈人：刘爱华。

② ［美］施坚雅：《中国农村的市场和社会结构》，史建云、徐秀丽译，中国社会科学出版社1998年版，第45页。

门（后来增加到七个）或码头附近的仓库里进行。所以人们普遍认为，'在成都这市面上，茶馆成了普遍的交易场所'"①。"茶馆中'人群齐集'，所以成为很方便的'货物交易之所'，在那里'公司业务之谈判，各种行情调查……于茶馆中进行，可收事半功倍之效。人人可往，事事可往，时时可往，促膝倾谈，讨论物价，问题予以解决，贸易予以成交'。"② 在文港集市边茶馆里所进行的毛笔交易活动，卖笔的人也会带一些样笔，小额的就在茶馆中交易，大额的则在茶馆谈好价钱以后，私下联系货物运送事宜。但集市的特点是周期性的，毛笔的交易一般都集中在集期里，平时很少有人去茶馆谈毛笔的交易事宜，因而茶馆的生意在集期里都很好，其他时间则很清淡。

随着文港毛笔业的发展，毛笔交易数量的增多，人流量的增大，笔市开始转移到今天皮毛笔料市场所在地——文港文化用品商城，茶馆的生意越来越清淡，慢慢都关闭了。文港皮毛笔料市场，始建于1986年，1987年竣工，整个建筑为庭院式结构，内设简易的棚顶铺（摊）位，占地面积14000平方米，建筑面积10000平方米，共建有售货亭12座，固定铺位420个，不固定铺位200多个，为江南最大、全国第二的皮毛市场，又是全国最大的毛笔、钢笔、圆珠笔、铅笔的集散中心（见图3—1）。③ 但随着经济的快速发展，笔业交易量、交易人流量的增长，棚顶式的场馆设施难以适应需求，"由于未得到较好改造，致使场内设施老化，地面破损，水沟污水四溢，臭气熏天，场内卫生极差等，给交易双方带来极大不便"④，因而，1998年文港镇政府开始对市场进行了一次大规模的改建，建起了两层钢筋水泥结构的楼式建筑，使交易铺（摊）位增至1800多个，精品屋400多栋，步行街店面100多个，融毛笔、钢笔、笔料等文化用品为一体。

---

① 王笛著译：《茶馆：成都的公共生活和微观世界，1900~1950》，社会科学文献出版社2010年版，第158页。

② 同上。

③ 聂国柱、陈尚根主编：《江南毛笔乡》，《进贤县文史资料》总第16辑，1993年版，第127页。

④ 文港镇人民政府文件：《关于筹集社会资金改造文港毛笔皮毛市场的请示》，1999年，进贤县档案馆藏，案卷号21。

　　文港皮毛笔料市场（现更名为文港文化用品商城）的修建及多次改造，使得文港笔业交易环境得到极大改善。当地流传"笔不到文港不齐"的俗谚，在每月九个墟日（当街），各种毛笔、皮毛、笔料甚至钢笔琳琅满目，全国各地的笔商云集，人头攒动。

图 3—1　20 世纪 80 年代的皮毛笔料市场

　　在文港，墟日（当街）有两个时间段，一个是早市，专卖毛笔头，没有铺（摊）位，人们一般很早起床，早早赶来笔市，凌晨五六点钟就开市，到早晨 8：00 左右收市；另一个是常市，一般 8：00 左右开市，都有固定铺（摊）位，销售笔头、笔杆、毛料、制笔工具等等，到中午 12：00 左右收市。集市交易是文港人勤俭、精明的集中展示，文港人从小就与毛笔结缘，熟知毛笔的基本知识，因而在辨别毛笔优劣、毛笔性能等方面具有丰富的实践经验。

　　毛笔市场是毛笔交易的重要场所，也是笔者调查的重要对象。为了了解毛笔交易的现场情况及在交易中文港人所拥有的实用的毛笔文化知识，2011 年 1 月 14 日的笔市上，笔者特意留心了笔市交易情况，并对其交易情况进行了记录，以下是两段交易场景截录。

场景一

时间：2011 年 1 月 14 日　地点：文港文化用品商城二楼西区毛笔头区

X：这个怎卖（直径 16 毫米，笔头长 3 寸）？

Y：8 块。

X：这个还卖 8 块啊！少点，5 块吧？

Y：卖不了，这个笔很好啊，你看看多"健"啊（右手持笔头在左手掌圈画）！

X：你也要看看你的材料（用手指捻开毛笔头）。

Y：7 块 5。

X：6 块吧，拿 50 个。

Y：好吧（从铺位下的背包中取出用报纸包扎好的同规格毛笔头）。

X：再多拿 4 个，算 5 块（指这多拿的 4 个笔头）吧，昨天不是拿了 280 块的货吗？免得找零（从钱包中抽出 6 张一百元的纸币）。①

场景二

时间：2011 年 1 月 14 日　地点：文港文化用品商城二楼西区毛笔头区

W：这个多少钱（直径 12 毫米，笔头长 2 寸 2）？

Z：2 块 8。

W：这个要那么多钱？2 块 4 吧？

Z：买不到。

W：我刚在那边，你不是叫我过来吗？我以为有什么好事呢（笑）。

Z：（笑）好事？就是叫你过来做生意啊。

W：（用手指另一个更好的笔头）过去你这个都卖 2 块 5，这个还要卖 2 块 8？

---

① X 和 Y 做了 20 多年的生意，彼此很熟悉。X 夫妻在汉口卖毛笔，丈夫专去学校推销给老师、学生，妻子则在市场街道上摆地摊卖。

Z：瞎说，什么时候卖过 2 块 5？

W：（用手指捻开笔头，对光看笔锋）2 块 4 吧，我拿 100 支。

Z：你想要就 2 块 5。

W：2 块 5 多难听啊（二百五）……（略加犹豫）好吧，拿 100（支）。①

图 3—2　毛笔头区市场交易之一角

　　笔市，是文港地区周期性的中心市场，在集市（当街）的日子，人流量很大，人们从各地纷纷赶往笔市，进行交易。从笔市的功能来看，它不仅仅是经济交易的重要场所，也是拓展关系网络的重要场所。很多制笔人制笔之初都在笔市上卖笔，随着自己的人脉资源增多、经济条件的改善，渐渐地不再去集市卖笔，而改在自己的笔坊或笔庄卖笔，因而，笔市上的交易及人际关系为转入笔庄交易提供了重要的经济基础和人脉条件。

三　笔庄：日常性的交易市场

　　如果说笔市是周期性的毛笔交易场所，那么笔庄就是日常性的毛笔

① W 和 Z 做过多年的生意，彼此很熟悉。W 小孩在北京开毛笔店，W 不定期在文港市场采购笔头、笔杆，组装好再邮寄到北京的毛笔店。

交易场所，即常市。文港毛笔作坊林立，但真正的笔庄不多，有影响的笔庄品牌有周鹏程笔庄、邹农耕笔庄、四宝堂、淳安堂、四和笔庄、晏殊笔庄、周英文笔庄，等等。笔庄，是笔市功能的延伸，不受交易时间的限制，也是毛笔高端化、礼品化的产物，很多笔庄毛笔类型多样，精美雅致。笔庄一般都为经营毛笔生意多年的笔商或经济条件较好的制笔技师开设，大多数笔庄其生产和销售是相互分离的。

　　笔庄替代了笔市的功能，如果外出卖笔相当于行商的话，那么固定的笔庄则相当于坐商。坐商都有"固定的摊位和店铺，并有规定的营业时间和专营商品"①，是市场固定的形式，一般都集中在城镇的商业区。因而，笔庄的开设，是商业发达、社会进步的表现，它使偶然性交换、周期性交换发展到日常性交换。因为笔庄是日常性的交易场所，笔庄的毛笔需求也就不再局限于笔市上的交易，因而笔庄和制笔者的联系更为紧密。笔庄经营者一般不参加笔市，即便参加也只是从笔市购买笔坊所需的制笔原料、毛笔半成品，而不在笔市上销售。笔庄的业务主要是通过与一些固定毛笔作坊建立合作关系，实现消费需求与生产工艺的对接。每个笔庄都通过自己的渠道将消费者的需求特征"转化成工艺的语言，他们知道某种工艺特征能够满足特定的消费需求，然后再将转化后的工艺语言传递给毛笔生产者，毛笔生产者最后做出符合要求的产品"②。笔庄作为毛笔的贸易场所，具有人性化的特点。"笔庄是一种人格化的市场，是一个人性化的销售商。他们与毛笔生产者的关系其实包含一种社会关系在里面，不单纯是销售商和生产者的单纯的'钱货'交易关系。笔庄虽然自己不生产不拥有生产工人，但他们有固定的生产者，形成了一种长期的合作分工关系，在利润分配方面更为人性化，而非完全遵循利润最大化原则。"③当然这种说法不全面，从文港笔庄来看，大多数笔庄只有销售功能，不生产毛笔，也没有工人，只有少数笔庄兼具生产和销售功能，自己制作并销售毛笔。

　　按照一般商品的经营模式，产销的分离无疑是巨大的进步，文港笔

---

① 钟敬文主编：《民俗学概论》，上海文艺出版社1998年版，第66页。

② 刘劲松：《文港传统笔业升级问题研究》，硕士学位论文，江西财经大学，2007年，第9页。

③ 同上。

庄的建立和增加很大程度上适应了市场对毛笔的规模化需求，但是毛笔是一种文化用品，具有半市场化属性，完全适应市场必然导致文化产品的庸俗化、趋利化和伪劣化。毛笔制作是一种个性化的手工艺，产销的脱离无法保证毛笔的性能、稳定性及书画艺术的审美要求，因而毛笔生产制作不能按照一般商品产业结构、社会进步的规范来衡量。产销紧密结合才能提升毛笔质量，这样就要求笔庄和毛笔作坊相互融合，或者笔庄和作坊统一，即前店后坊及其转化形式。

因而，产销分离对毛笔及其制作来说，既是一种巨大进步，但也有其明显的局限。文港青年画家、毛笔原料研究者李秋明在对笔坊（毛笔作坊）和笔庄进行辨析的谈话中揭示了其负面影响。

> 毛笔作坊和毛笔笔庄严格来讲，其实都是一个东西，做笔、卖笔的一个场所，相当于现代的企业。毛笔用笔庄更贴切，用厂、公司都不是很恰当，只有（笔庄）这个才更贴近传统文化这一块，叫法才运用得更准确。现在有些笔庄跟作坊又要分开了，甚至有些笔庄纯粹在经营，不生产笔，有些生产笔，都是简单的一些加工，严格来讲，（这些）都不能完全纳入做笔这一块的。但是现在一些笔庄，纯粹就是一个经营的场地。（毛笔）作坊大小可以是三两个人、十几个人或几十个人，作坊就是真正动手做笔的场地、场所了，既有关联又有区别。但按照以前的说法，笔庄、（毛笔）作坊完全是一个概念。……扩大其内涵了，给外行的人或要买笔的人产生一些误判，以为笔庄也是做毛笔的，严格地讲，（毛笔）作坊就是做毛笔的。[①]

产销的分离，是毛笔业适应社会发展的需要，但毛笔不是一般商品，不能完全遵循市场发展的需求，使产销完全分离，否则只能导致毛笔的去个性化（不是形式上的，而是内在性能上的）。毛笔业的半市场化属性，决定了毛笔业本身的内在矛盾，既要适应市场需求又要与其保

---

① 访谈对象：李秋明，男，1965 年生，硕士毕业。访谈时间：2010 年 8 月 6 日。访谈人：刘爱华。

持距离，产销关系也必须是既分离又统一的，因而，前店后坊的经营方式才是毛笔业发展的内在要求。

第二节 毛笔生产方式及组织的变迁

文港毛笔历经千年的发展，在生产方式及生产组织方面都比较稳定，自 20 世纪以来，政治、经济、文化等方面的巨大变革，毛笔生产制作的文化生态发生空前的变化，毛笔生产方式、毛笔生产组织、社会分工、毛笔制作技术都不断加速变迁。本节主要从物质生产民俗的视角，运用民俗学、社会学相关理论，探讨毛笔生产方式、毛笔生产组织的变迁及其影响物质生产民俗变迁的因素。

一 毛笔生产方式的变革

"物质生产民俗主要反映的是人和自然的关系。"[1] 落实到手工艺民俗，则是反映人与物质材料的关系。手工艺人在生产过程中，通过造物行为、知识和观念对物质材料进行物理形态的改造，从而使造型观念得以实现，因而，手工艺民俗的传承既是工艺知识、观念的传承，也是工艺知识、观念在造物行为中的外化和展示。手工艺民俗存在于手工艺人的习俗生活实践，其传承和变迁也源自其内在生产方式的变革。在传统社会，文港毛笔生产都是"父传子，母传女，这家教那家，这村传那村，以家庭作坊为主。一般是白天种田，晚上制笔，产销结合，农闲外出"[2]。毛笔制作的生产方式源自传统农业自然经济，表现出极大的依赖性，成为农业的辅助形式。束缚于其生产方式，毛笔制作技艺民俗也表现出内在自足性和保守性。

这种生产方式是与自给自足的自然经济紧密联系在一起的，手工艺人紧紧依附于土地，但这种依附性对于手工艺生产来说，又拥有较大的生产自主选择权。正如吉尔伯特·罗兹曼所说："所有传统社会都立足

---

① 钟敬文主编：《民俗学概论》，上海文艺出版社 1998 年版，第 40 页。
② 聂国柱、陈尚根主编：《江南毛笔乡》，《进贤县文史资料》总第 16 辑，1993 年版，第 9 页。

于较低水平的相互依赖性和相应较高的地方自给自足性基础之上。"①
在传统社会，毛笔制作完全是一种业余的工作，都是在农忙之余的劳
动，毛笔生产也很自由，没有任何分工，或夫妻合作，或一个人做，更
没有时间限制，想什么时候做就什么时候做。在技艺传承上，则具有较
强的保密性。

周国富是住在李渡的文港人，他父亲过去是毛笔厂的管作，制笔技
艺很有名。而周国富本人也多才多艺，在书、画、医、道等多个领域有
很高的造诣，在当地享有盛誉。笔者在调查中，听朋友谈起他家还留存
有民国时期的老笔，因而很想去拜访他。

在周鹏程的联系下，2010 年 4 月 30 日上午，笔者从文港转公交车
去了李渡，在周国富家客厅，我们边喝茶边聊天，他给我找来了不少他
所收集到的毛笔文献资料。谈到过去学徒的拜师仪式，周国富说：

> 以前做毛笔是很保密的，都是具有血缘亲戚关系的人才会传
> 授，父亲、母亲传给儿子、女儿，哥哥传给弟弟，亲戚传亲戚，一
> 般不传给外人。如果家里没有合适的传人，手艺也可以传给外人，
> 但很慎重。这时要由中保人出面，择日把学徒带到师傅家去拜师。
> 学徒要带上礼物，请师傅坐在椅子上，面前铺毡毯，徒弟跪在毡毯
> 上，对师傅行叩拜之礼。拜师时还要签署契约，俗称"生死书"，
> 用红纸写成，师傅、学徒、中保人各签姓名。契约中规定学徒时间
> 为三年，学徒时没有工资。学徒期间如发生意外事件，要"各听
> 天命"，师傅概不负责。拜师仪式后，师傅收一半礼品，还有一半
> 礼品送给中保人。学徒再请师傅及中保人喝酒。三年满师，学徒还
> 要办满师酒。师傅当场将"生死书"归还给学徒。②

由于商品经济的进一步发展，这种简单的生产方式和劳作方式已经
难以适应社会的需求，至晚清及民国时期，除了以副补农作用的传统家

---

① ［美］吉尔伯特·罗兹曼：《中国的现代化》，江苏人民出版社 2005 年版，第 483 页。
② 访谈对象：周国富，男，1945 年生，大学本科。访谈时间：2010 年 4 月 30 日。访谈
人：刘爱华。

庭毛笔作坊得以延续外，其中一部分靠制笔起家的人有了一定的资金积累，开始经营起笔业，开笔店，办笔庄，规模由小到大，范围由本地到外地，由国内到国外，建立起规范的资本主义工商业。民国时期，文港重要的毛笔品牌或企业主要有两个，一个是周虎臣在上海开办的周虎臣笔墨庄，在苏州、上海开设笔店，通过激烈的竞争，将文港毛笔打进日本、朝鲜；另一个是"邹紫光阁"笔店，它一直代表着文港毛笔享誉海内外，以前塘邹家为据点，以武汉为中心，在广州、南京、重庆等地都设有分店，形成产、供、销一条龙的庞大体系。产品畅销全国，且远销日本、新加坡、中国香港及南洋各国。此外，文港开在外地的重要笔店还有"生花馆"、"凌云堂"、"邹福记笔店"等。

　　与传统社会生产方式相比，资本主义的生产方式更加追求效率，管理方式更加符合现代企业经营的模式。比如邹紫光阁，为了打开市场，提高毛笔制作的质量、效率，降低成本，在经营管理上更理性化。它有严格的岗位分工、明确的个人职责及按生产绩效付薪酬等管理制度，如以技术高下划分出掌作师傅、技工、工人、内账房、外账房、中班、店员、学徒等岗位，且岗位不同，职责有别，薪酬也划分出不同等级。同时，文港（原属于临川）是毛笔之乡，制笔工人素质较高，制成的毛笔质量较好，邹紫光阁也注意充分发掘家乡的人力资源，把毛笔的生产制作基地设在文港前塘，而把销售中心设在汉口。

　　　　为最大限度地降低成本，"邹紫光阁"甚至将生产作坊分成几个部分，从 1912 年起，把生产作坊的笔头部分迁回老家江西临川，不仅节约了生产成本，而且使产量大增，汉口的作坊专门负责毛笔的整形与销售，这种以成本为原则将生产环节进行空间分离的做法，颇有现代企业整合管理的味道。①

　　手工业的资本主义生产方式一直延续到 1956 年社会主义三大改造完成之前，这种生产方式虽然更加规范，追求现代企业的管理，但那只是相对传统家庭作坊而言，实际上其管理还是很人性化的，笔工的劳动

---

① 周德钧：《名店邹紫光阁》，《武汉文史资料》2007 年第 10 期，第 53 页。

时间还是很自由的。

文港毛笔历史资料非常匮乏，只能通过老人的口述史才能加以弥补。新中国成立后毛笔作坊的变迁，周小山、周有富等老人因为亲身经历过，都有很深的印象。而民国时期的毛笔作坊情况，由于时间久远，老人们都只有一点记忆。

谈到过去（民国时期）毛笔作坊生产管理情况，周英明说：

> 我没有在（私人）作坊做过，我的父亲在（私人）作坊做过，我听说，过去作坊老板一般都不管事，不规定你具体每天做多少，而是每支笔多少钱，给你一个月的原材料，一般就是 500 支，工作也就七八个小时，有的人勤快些，早上可能 6：30 就过去，但时间上你自己可以支配，只要你能够完成工作量。①

1953—1956 年是社会主义过渡时期，亦即三大改造时期。手工业（个人手工艺、家庭手工业）、资本主义工商业（手工业资本主义企业）都是改造的对象。毛泽东主要是从阶级斗争的角度去看待三大改造的重要意义，诸如对于农业改造，他认为"我们对农业实行社会主义改造的目的，是要在农村这个最广阔的土地上杜绝资本主义的来源"②。虽然党中央和毛泽东意识到农村小生产私有制的改造有一个渐进过程，但改造进程的迅猛发展，使得这种清醒认识没有延续太久。在政治意识形态的强烈冲击下，国家政权采取说服诱导、限制利用、赎买，甚至强制接管的方式对手工业、资本主义工商业进行改造。文港毛笔制作具有鲜明的小生产私有制特点，在激进的政治潮流和对中央文件精神图解式贯彻中，1956 年文港家庭毛笔作坊也纷纷加入合作社，那些规模较大的毛笔企业则直接被接收转变为国营毛笔厂。改造后，所有成员都在工厂里进行集体劳作，年终按工分多少领取生活费用。

在国营毛笔厂时期，周英明在武汉的邹紫光阁工作过近 20 年，对

---

① 访谈对象：周英明，男，1938 年生，小学二年级。访谈时间：2010 年 5 月 6 日。访谈人：刘爱华。

② 毛泽东：《农业合作化的一场辩论和当前的阶级斗争》，载《毛泽东选集》第 5 卷，人民出版社 1977 年版，第 196 页。

其内部情况比较熟悉。对于新中国时期改造后的邹紫光阁生产组织情况，周英明向笔者介绍说：

> 　　原来按人数分成小组，每个小组八个人、十个人，每个月下生产任务，每个小组多少人员，应该生产多少毛笔，下达生产任务。每天八小时，季节不同上班时间有变动。那时候我们厂里（建新毛笔厂，邹紫光阁改造而成，70年代后又恢复邹紫光阁的名称）100多个人，分了小组，不允许个人做。（插话：分了小组有的快有的慢也会影响整体速度啊？）那时是国家经济，包销的，不是市场经济哪（笑）。①

　　文港毛笔的集体化、国营化的生产方式一直持续到改革开放前几年，政治氛围开始松动，集体、国营毛笔厂逐步倒闭，毛笔家庭作坊再次兴起。这个时期直到现在，由于市场的放开，技术的进步，毛笔生产方式的进一步发展，生产分工的进一步细化，产销开始分离，在毛笔制作方面也经历了不少重大革新，笔杆制作甚至出现机械化操作。当然，笔头仍以手工为主，但在梳毛环节上出现了半机械化的梳毛机，这种生产方式直接推动了物质生产民俗、技术民俗的变迁。"'技术'应该处于直涉民众生产及生活方式的与'文化内核'直接相关的核心地位……一旦技术发生变革，那么它必将或直接或间接地辐射民众日常生活的各个方面，进而推动整个民俗系统的变迁。可以说，技术是影响民俗系统变迁的最直接要素。"②生产技术的发展对毛笔制作技艺及其习俗的推动也是很直接的，无论是毛笔制作的习俗知识，还是毛笔制作的工艺流程和技术要领，都发生了明显的变迁。

二　毛笔生产组织的变迁

　　在研究文化变迁的特性时，美国社会学家威廉·费尔丁·奥格本

---

　　① 访谈对象：周英明，男，1938年生，小学二年级。访谈时间：2010年7月7日。访谈人：刘爱华。

　　② 詹娜：《农耕技术民俗的传承与变迁研究》，中国社会科学出版社2009年版，第274页。

（William Fielding Ogburn，1886—1959）提出了"文化堕距"（Culture Lag）的理论。该理论认为，由相互依赖的各部分所组成的文化在发生变迁时，各部分变迁的速度是不一致的，有的部分变化快，有的部分变化慢，一般说来，总是"物质文化"先于"非物质文化"（奥格本称之为"适应文化"）发生变迁，物质文化的变迁速度快于非物质文化，两者不同步，于是就产生差距。就非物质文化的变迁看，它的各构成部分的变化速度也不一致，一般说来总是制度首先变迁，或变迁速度较快，其次是风俗、民德变迁，最后才是价值观念变迁。[①] 物质生产民俗的变迁也一样，生产技术的变迁在先，而后是组织民俗、生产仪式、生活习俗的变迁。因而，随着毛笔生产方式的变革，必然引起毛笔生产组织及其民俗的变迁。

在传统社会，文港毛笔生产依附于传统自然经济，家庭作坊是其主要组织形式。到晚清、民国时期，在家庭作坊发展的基础上，一部分私营资本主义毛笔企业诞生，在生产组织方面逐步走向现代化。如邹紫光阁的分工很明细，责任明确，工人等级及薪酬也划分严格。在笔业工人方面，为防止资本家的剥削，有的地方也组织了相应的工人维权组织，如1945年，"李渡一带组织的'毛笔业工会'就是应时而生，对团结笔业工人，为工人代言，从而改善工人生活待遇等方面起了一定的作用"[②]。

新中国成立后，社会制度发生了根本的变化，为顺应政府对国家、民族宏大构想及建设需要，1953—1956年，国家对农业、手工业、资本主义工商业进行了改造，文港私营资本主义毛笔企业、家庭作坊均转入公私合营企业，组成毛笔业集体经济的部分。三大改造、人民公社化后直到中共十一届三中全会之前，毛笔生产属"三级"办厂时期，其生产主要靠"三级"毛笔厂组织进行。

　　这里所说的"三级"，指公社、生产大队和生产队。也就是不

---

① ［美］威廉·费尔丁·奥格本：《社会变迁：关于文化和先天的本质》，王晓毅、陈育国译，浙江人民出版社1989年版，第106—107页。

② 聂国柱、陈尚根主编：《江南毛笔乡》，《进贤县文史资料》总第16辑，1993年版，第9页。

光公社办了毛笔厂,几乎每个生产大队也办起了毛笔厂,生产队办厂的也为数不少。据不完全统计,这期间,文港、李渡、前途、长山晏、温圳、张公等6个乡镇"三级"办厂共有97个,从业人员达3295名。[①]

集体经济的毛笔生产在出口创汇方面做出了一定成绩。据《江南毛笔乡》记载,文港毛笔厂70年代处于全省六个出口毛笔骨干厂家之首,是抚州地区外贸系统为国争光"十面红旗"之一,产品销往日本、朝鲜及东南亚各国和我国香港等地区,由于外销成绩显著,1976年全省出口毛笔座谈会就在文港召开。[②] 但是,这种集体经济是国家机器宏观建构的产物,是国家对人们经济劳动生活的一种强制干预,钳制了人们劳动的积极性,没有考虑民间手艺人的民俗心理,是国家政权对民俗文化的直接干涉,因而,在文港、李渡等地很多毛笔厂一哄而起,一哄而散。"国家把统一的、集体的意志嵌入到经济社会的每一个生产单元上,以及城乡社会的生活中。在一个意识形态统领一切、社会结构相对紧密的社会中,每个个体的角色、权利、责任都被准确定义,通过各项制度的设计,使得每一个手艺人不得不放弃从前的生产、经营、生活以及技艺传承方式,出让家族的利益。"[③] 按照威廉·费尔丁·奥格本的"文化堕距"的理论,物质文化必然先于非物质文化,因而,文化制度的变迁必然需要适应社会经济的发展,在经济发展还很落后的情况下,文化制度的"强制"变迁必然反过来影响经济发展。毛笔生产民俗属于一种半市场化的民俗事象,其发展应遵循毛笔生产内在习俗文化规律,不能以现代化理性、功利的规模、速度、效率来衡量,否则只会导致毛笔制作的质量下降,毛笔生产的止步不前。

实际上在改造手工业的过程中,当时对其认识存在一定的偏差,对

---

① 聂国柱、陈尚根主编:《江南毛笔乡》,《进贤县文史资料》总第16辑,1993年版,第11页。

② 同上书,第12页。

③ 邱春林:《过渡期的政治嵌入与手工艺文化的意识形态化》,《民族艺术》2008年第1期。

传统手工艺采取了理性化的标准，故而抑制了手工艺的正常发展。以手工业的社会主义改造为例。毛泽东以政治家的敏锐，对大工业生产取代传统手工业早有预见，但是他对这种"变迁"采取了国家干预的手段，错误地认为社会主义的手工艺应有高生产率和大规模，"手工业生产的劳动生产率，同半机械化、机械化生产比较，最高最低相差达三十多倍……手工业要向半机械化、机械化方向发展，劳动生产率必须提高"①。虽然他也认识到保护传统工艺的重要性，"提醒你们，手工业中许多好东西，不要搞掉了。王麻子、张小泉的剪刀一万年也不要搞掉。我们民族好的东西，搞掉了的，一定都要来一个恢复，而且要搞得更好一些"。② 因而对待手工业，毛泽东的态度是分裂的，一方面不能容忍其私有、落后性的一面，需要提高其劳动生产率和扩大其规模；另一方面又看见其民族性的一面，认为其是民族文化的重要组成部分，需要保护、恢复，但是前者对其影响更大，因而手工业社会主义改造更为追求规模、生产率。"国家要帮助合作社半机械化、机械化，合作社本身也要努力发展半机械化、机械化。机械化的速度越快，你们手工业合作社的寿命就越短。你们的'国家'越缩小，我们的事业就越好办了。你们努力快一些机械化，多交一些给国家吧。"③ 杭间认为"在手工业通过资本积累的方式服务于整个社会主义事业的逻辑过程中，毛泽东忽视了传统工艺的文化含量"④。其实这种认识也不全面，当时不是没有意识到传统工艺的文化含量，而是对社会主义手工业及其文化的认识存在偏差，认为手工业的发展也是和国家政治制度相关的，社会主义制度是一种全新的社会制度，应该比资本主义优越，而优越的衡量指标是公有制，尤其是国营经济。"待合作社的基础大了，国家就要多收税，原料还要加价。那时，合作社在形式上是集体所有，而实际上成了全民所有。"⑤ 因而，他觉得合作社也是一个过渡，全民所有才能体现社会主

---

① 毛泽东：《加快手工业的社会主义改造》，载《毛泽东选集》第 5 卷，人民出版社 1977 年版，第 265 页。
② 同上。
③ 同上书，266 页。
④ 杭间：《手艺的思想》，山东画报出版社 2003 年版，第 18 页。
⑤ 毛泽东：《加快手工业的社会主义改造》，载《毛泽东选集》第 5 卷，人民出版社 1977 年版，266 页。

义制度的优越性，从中可以看出毛泽东认识的误区。

因而，在当时的文港，私人家庭是不能做笔的，否则会以"割资本主义尾巴"的名义而加以制止或惩罚。直到"文革"后期，国家政治氛围有所松动，文港人才偷偷重新做起笔来。郭传义在其纪实文学作品《华夏笔都》中，对张罗村的张同件为生活所迫不得不偷偷做笔的经历有详细的记叙。

> 村里做不得了，割尾巴喊得震天响，风暴的中心也许是安全的地方，张同件想到"活人不能给尿憋死"，想到在上高看到文港的笔，答案是别说文港，就是张罗村也已经有人做笔了，因为村干部是睁一只眼闭一只眼的。
>
> 家里有一个祖传的旧大衣柜，夫妻俩灵机一动：这可是个好地方，别人是地下工厂，我家就来个大衣柜工厂。
>
> 白天他照样出工，晚上大衣柜里是个广阔的天地，是个神秘的世界……
>
> 妻子在外面悄悄地进原料，丈夫在柜子里加班加点搞生产，老母亲在门前守门把风。时值盛夏酷暑，房间里热浪逼人……大衣柜里闷得喘不过气来，茸茸的狼毫又经不得扇子。张同件每个毛孔里都喷涌着汗水，有时竟会从大衣柜里渗出来。[①]

在调查中，很多毛笔制作技师也向笔者谈起社会主义改造时期、"文革"时期的毛笔制作经历，很有感慨，都认为那个时候人都活得很苦，为了改善家里条件，必须偷偷做笔，有躲在橱子里做笔的，有躲在草堆里做笔的，听起来恍如隔世。不但毛笔头要偷偷做，毛笔杆也同样需要偷偷做。

周同根是笔杆制作技师，从事笔杆制作几十年来，至今仍然坚持手工笔杆制作。他在集体化时期也曾有过偷偷做笔杆的经历。

> 我当时在周坊生产队里的毛笔厂做笔杆，那时候卖毛笔的钱由

---

① 郭传义：《华夏笔都》，新华出版社 1993 年版，第 36 页。

公社统一拨到生产队，留给生产队买化肥、农药、生产工具用，不发给个人。那时候生活好苦啊，为了挣点钱改善生活，就得偷偷摸摸去做。做笔管有响声，我傍晚就睡觉，然后到晚上12：00多，夜深人静的时候再偷着做，做到（凌晨）2：00多。①

改革开放以后，政治气氛缓和，国家对手工业管制政策完全放开了。国家对手工业实行"改革、开放、搞活"的政策，允许户办、联户办，许多集体厂家自然解体，毛笔的产销又以个体为主，毛笔生产出现了空前繁荣。毛笔家庭作坊如雨后春笋般遍地开花，发展迅速。毛笔生产不受时间和空间的限制，只要有一定的空间即可，而且时间支配较灵活，可用零星时间，或做或停，皆由自己。不论男女老幼，年龄大小，只要视力不影响，就可以做毛笔。据记载，文港人复苏最快，行动最迅速，毛笔产销量扶摇直上，跃为笔乡之首，使文港成为进贤县毛笔产销中心，以之为依托，辐射四方；以之为龙头，带动其他乡镇毛笔生产的发展。② 在生产组织方面，毛笔业的分工进一步加剧，产销分离，毛笔家庭作坊更加普遍，毛笔推销员走出文港，走向全国，注重销售的笔庄也逐步建立，笔业社会分层进一步加剧，文港毛笔逐步被"拽入"现代市场的轨道。

毛笔生产的组织民俗是官方与民间互动的产物，是国家力量与民间力量对峙、较量、沟通和妥协的结果，在一定的时期，表现为国家权力对民间习俗的渗透与控制。国家的威权更为强势，但经过反复的斗争、民间习俗的惯性延伸，实际又表现出对国家力量的弹性反控制，因而毛笔生产组织民俗内在地表现为国家、民间力量共同作用参与毛笔生产的组织管理，具有一定的规范性和约束性。

---

① 访谈对象：周同根，男，1947年生，小学毕业。访谈时间：2010年4月19日。访谈人：刘爱华。

② 聂国柱、陈尚根主编：《江南毛笔乡》，《进贤县文史资料》总第16辑，1993年版，第12页。

第三节　虚实相生的现代笔业

随着科学技术的发展，毛笔产销民俗也逐步变迁，传统的生产模式也发生了一些变异，而销售模式的变迁则更为明显，毛笔销售开始利用先进的网络媒介技术，当然，传统的实体市场即现场交易行为依然存在，这样毛笔的交易更加融入现代市场。本节主要运用民俗学、社会学理论，探讨文港毛笔的现代产销民俗、管理民俗及其与现代市场的关联。

一　传统与现代并存的产销民俗

传统（tradition）和现代（modern）是一对时间概念或者说是历史分期的概念，是立足于现在向前看或是向后看的一种观察视角。相对于现代而言，传统意味着那些已经退出了人们视野的各种时过境迁的事物的影像和回忆。而相对于传统而言，现代则意味着那些在过去基础上诞生的已融入人们生活的易于接受的新生事物及其文化。传统与现代是相对的，也是很难把握的一对概念，既包括那个时间点，也包括衡量标准问题，有时这个衡量标准是模糊的或多元的。美国艺术学家安迪·L. 科恩和马尔切拉·索汉蒂以印第安人艺术为例，指出"在某些时候西方模式被看成是现代化的关键点，而在其他一些时候印第安人的需求意味着赋予本土传统以特权，只有文化沙文主义才阻止人们观赏嬗变之美"①。也就是说传统和现代的衡量标准很难把握，有时以西方模式为标准，有时又以土著传统为标准。传统和现代既是对立的，现代必须挣脱传统的藩篱，才能孕育新的因子与可能，同时又是统一的，现代源自传统，传统也蕴含现代的因素。

文港毛笔的产销民俗就是传统与现代并存的一种民俗事象，产销相互结合是一种很传统的经营方式，在今天仍有大量遗存。文港毛笔的制

---

① Cohen, A. L. & Marcella, C. S., "Contemporary Indian art", *Art Journal*, No. 3, 1999, p. 7.

作自古以来都是以家庭作坊为主体，是一种手工技艺，自产自销。在销售中，逢农历尾数为一、四、七的日子（集市一般为上午），各地制笔的农民便把自己做好的毛笔运到镇上的集市销售，再从集市上购买制笔的原材料、制笔工具等等。即便是今天，这种自产自销的产销模式仍是当地毛笔经营的主要方式。不过，随着经济的发展，一些经济条件较好的家庭作坊采取前店后坊的销售方式逐步增多，它们不在集市上销售毛笔，而主要是购买原材料、制笔工具，在笔坊生产、在笔庄销售，或笔坊、笔庄合一。前店后坊是一种传统经营销售模式，这种模式历史上存在时间相当长。据考证，早在东周时期，有很大一部分商品，是由生产者之间直接交换或生产者直接出售给消费者的。如大都会中居于肆中的"工肆之人"，一般都是前店后坊，既在自己的作坊中制造手工业品，也在该处陈列所生产的商品出售。① 据《世说新语·任诞二十三》记载，阮公（籍）"邻家妇，有美色，当垆沽酒"②，就是前店后坊的经营方式。酿酒作坊的前面"垆"由美色妇女销售，以吸引顾客，生产和销售并重。又如《洛阳伽蓝记·城西》载，"市北（有）慈孝、奉终二里，里内之人以卖棺椁为业，赁辒车为事"。③ 这里的以卖棺椁和赁辒车等为业者，也是集生产和销售于一身者，即前店后坊的经营者。前店后坊作为传统产销民俗的重要形式，在文港笔业发展中又有两种变异形式，一种形式是产销在空间上的聚合，作坊既是生产空间也是销售空间，产销在空间上没有分离，文港目前有不少这种笔坊，多为制笔技艺较好的人经营，周鹏程笔庄就是这种典型，集生产和销售功能于一身，周鹏程一般不参加笔市交易，"当街（即集市）我一般不去，偶尔买原材料、制笔工具才去，我的毛笔现在市场上找不到，大多数都是外面订货的，通过邮购的方式寄出去，或者别人来我家或打电话向我定做"④。另一种形式就是产销在空间上的分离，生产的作坊在后面，销

① 陈振中：《青铜生产工具与中国奴隶制社会经济》，中国社会科学出版社2007年版，第536页。

② （南朝宋）刘义庆撰，徐震堮校笺：《世说新语校笺》，中华书局1984年版，第393页。

③ （北魏）杨炫之撰，周祖谟校释：《洛阳伽蓝记校释》，中华书局1963年版，第160页。

④ 访谈对象：周鹏程，男，1954年生，小学文化。访谈时间：2010年4月29日。访谈人：刘爱华。

售的店铺在前面, 即典型的前店后坊, 这种形式文港较少。一般为生产的笔坊在村子里, 而销售的笔庄在镇上, 或生产的笔坊在文港, 销售的笔庄在外地, 如邹紫光阁, 生产基地在文港前塘, 销售中心在武汉汉口。周英发的笔庄也属于这种形式, "我小儿子在杭州开了笔庄, 用我自己的商标'文宝轩', 我平时做的毛笔主要是供应他那边, 自己有时间了, 再做一点到集市上去, 因为集市人多, 可以多认识一些人"①。这种产销在空间上分离但实质上没有分离的形式也是产销民俗的一种变化形式。

当然, 随着社会经济的发展, 文港毛笔产销完全分离的现象也开始出现, 有些作坊只产不销, 而有些笔庄则只销不产, 因而两者往往结合起来, 形成产销的分工。产销的分离是社会分工和商品经济发展的表现, 也是手工业发展进步的标志。产销的分离可以加快行业的现代化, 使产销各有自己的专属区域, 生产制作更为精细, 销售更为畅通, 能够更好把握市场的用笔需求及毛笔发展趋向。从理论上来讲, 产销分离确实具有这样的进步性, 但实际上对于毛笔业来说, 这只是一种理想, 局限性也非常明显, 它容易创造"无责任"主体, 导致生产的"搭便车"现象。即生产者不必担心自己制作的毛笔质量不好给文港毛笔整体形象带来负面影响。"搭便车"理论首先由美国经济学家、社会学家曼瑟尔·奥尔森 (Mancur Olson, 1932—1998) 于 1965 年发表的《集体行动的逻辑: 公共利益和团体理论》一书中提出。经济学中的"搭便车"是公共物品购买时出现的, 由于公共物品②具非排他性, 某人对公共物品的消费不能排斥其他人对其同样的消费, 所以就会出现有人获得利益而逃避付费的行为。该书一发表, 便引起极大的关注, 在社会科学中具有广泛的发展和应用前景, "公共物品一旦存在, 每个社会成员不管是否对这一物品的产生做过贡献, 都能享受这一物品所带来的好处"③。

---

① 访谈对象: 周英发, 男, 1957 年生, 高中毕业。访谈时间: 2010 年 7 月 13 日。访谈人: 刘爱华。

② 这里的公共物品 (public goods) 指的是一经产生全体社会成员便可以无偿共享的物品。国防、不付费公路、社会福利、公共教育、法律、民主等都是常见的公共物品, 但社会上大多数有形物品不是公共物品。

③ 赵鼎新:《集体行动、搭便车理论与形式社会学方法》,《社会学研究》2006 年第 1 期。

在销售中文港毛笔的品牌、声誉便成为一种公共物品，而产销的完全分离便容易导致"搭便车"现象的发生，"因为每一个行动者并不直接担负向一个特定的行动者传递资源"①，当然少数人对质量的重视是可能的，但无法扭转整个趋势。而且毛笔制作不完全可用手工业加以界定，用手工艺更为贴切，它和书画艺术紧密相连，使其具有衍生的艺术性、文化性，且具有半市场属性，它既要按照市场生产又要保持其自身的独立性，它既极度依赖于市场又超然于市场，因而，毛笔业的产销分离可以是形式的分离，但不能遵循现代市场经济一般商品的规律，使产销完全脱离。

二 现代网络交易与管理

自 20 世纪 90 年代网络技术广泛应用和普及以来，便成为信息社会的重要媒介，网络的作用越来越重要，今天已成为人们工作和生活中不可缺少的交流工具、沟通方式和媒介手段。以 Internet 为代表的当代信息网络，已广泛渗透到人们生产、工作与生活的各个方面，成为各种社会活动的基础，几乎与人们的生产、生活融为一体。"网络社会是充分开发与利用网络信息的社会，其核心是信息网络技术，在当今社会中，它与'克隆'技术同样举世瞩目，特别是网络信息的大众化及其迅速普及，使之成为最有代表性的生产力。"②

网络技术已成为人们生活中的主要信息来源，文港毛笔业的发展当然也离不开网络技术的利用。网络是一个信息集聚平台，而"信息不像物质商品，它不因消费而耗竭。一个人从数据库中获取信息并不降低另一个人获得同样信息的能力"③。且信息消费无"门槛"、复制便捷，因而，信息的流通具有无限的广阔性。信息消费的空间即网络空间（cyberspace）不是完全虚幻的影像，它是现实空间的一个延伸和拓展，其功用在于打破现实物理空间的局限，通过虚拟空间的形式把所有的偶然性聚合成必然性，即经历现实—虚拟—现实的转化，从而推动人们生

---

① ［美］乔纳森·H. 特纳：《社会学理论的结构》第 7 版，邱泽奇、张元茂等译，华夏出版社 2006 年版，第 304 页。

② 谢泽明：《网络社会学》，中国时代经济出版社 2002 年版，第 5 页。

③ ［美］马克·波斯特：《信息方式》，范静晔译，商务印书馆 2001 年版，第 39 页。

产和生活出现新的变化和可能。当然，网络经营的虚拟性只是形式，它仍是实体经营模式的镜像或转化形式，它的形成离不开民俗社会的真实交易。"网络社会是虚拟社会，或者说'虚拟性'是网络社会最重要的特征。从网络社会的生存看'特征'，它是现实社会的'延伸'，并'依存'于现实社会。"① "延伸"和"依存"不是对现实社会的"翻版"，而是对现实社会的重塑和再造。因而，毛笔网络交易仍是以现实社会物质实体的交易为基础的，但网络不是被动地"延伸"或"依存"，网络通过网络信息的聚合和交流能够重塑和再造现实的毛笔交易。因而，网络管理和服务的提升，同样可以为现实毛笔交易开拓潜在的交易空间和市场。同时，网络交易具有匿名性、虚拟性、快捷性和超空间性，交易主体不用彼此面对面或深入了解对方，即"身体的不在场"，从而避免在场的规范礼仪，交易因之变得更为简洁、轻松。毛笔网络交易主要通过书法网站论坛、QQ、飞信、微信、MSN 等形式，购买者通过朋友介绍或直接在论坛留言及时聊天的方式对毛笔有个初步的印象，再汇款购买毛笔试用，从而完成交易。

　　网络交易在今天是一种重要的经济交易方式，它具有传统交易方式所没有的便捷性和广泛性。在调查的第二阶段，笔者向周鹏程的儿子周晨旭询问起其毛笔网络交易的情况及其管理。他向笔者谈了一些基本情况，并提供了一段其与网友关于毛笔交易的 QQ 聊天记录，以下是这段 QQ 交易记录②的一部分。

　　　　伯乐　18：40：45

　　　　我要你上回寄的笔

　　　　周鹏程笔庄 18：41：11

　　　　数量

　　　　伯乐　18：43：24

　　　　1 支 70——5 支 60——6 支 54——10 支 44

　　　　周鹏程笔庄 18：43：55

---

　　①　谢泽明：《网络社会学》，中国时代经济出版社 2002 年版，第 82 页。
　　②　感谢周晨旭提供的 QQ 聊天记录，除涉及商业机密的地方外，基本保持聊天记录的原有状态。

嗯　好的

伯乐　18：44：25

我要你在上海搞展览的笔

伯乐　18：44：36

好吗

周鹏程笔庄 18：44：52

（可爱表情）

周鹏程笔庄 18：45：12

上海搞展览的笔早就没有了

伯乐　18：45：24

你能给我挑一挑吗

伯乐　18：46：09

你还有小楷笔吗

周鹏程笔庄 18：46：38

有小楷笔

伯乐　18：47：11

和大提斗吗

伯乐　18：48：10

我要那些你能给我打折吗

周鹏程笔庄 18：48：34

大提斗多大的

伯乐　18：48：43

我那些多少钱

伯乐　18：50：28

要净（径）40 厘米的提斗

周鹏程笔庄 18：51：07

笔头长 40 厘米吗

伯乐　18：51：24

不是

伯乐　18：51：41

是直净（径）

周鹏程笔庄 18：52：35

口径 40 厘米那不是好大

伯乐　18：52：25

哦

周鹏程笔庄 18：53：06

口径 4 厘米吧

伯乐　18：53：12

噢

伯乐　18：53：52

那多少钱

伯乐　18：56：13

人那（呢）

伯乐　18：56：30

不理我了是吗

周鹏程笔庄 18：56：38

你是问大笔吗

伯乐　18：56：47

是的

周鹏程笔庄 18：57：01

没有这么大的

伯乐　18：57：08

噢

伯乐　18：57：32

你家大的多大

周鹏程笔庄 18：58：27

有最长的、锋长 13 厘米、口径 3 厘米，

伯乐　18：59：07

你这回要送我什么笔

伯乐　18：59：20

噢

伯乐　18：59：49

（疑问表情）多少钱
周鹏程笔庄 19：00：08
×××元
伯乐　19：00：14
噢
伯乐　19：01：46
我明天寄×××元

　　从以上 QQ 聊天记录可以看出，网络技术的发达为交易提供了极大的便利，打破了地理空间上的局限，交易中也省去了面对面交易的尴尬，因为都不是很了解对方，价格上的商讨变得轻松。而且，交易实现了数字化，要什么型号的毛笔，只要在网络上剪切网店上所张贴的该型号毛笔的图片进行交流即可，汇款也可通过电子银行或支付宝，因而不出家门便可以购买毛笔，这是网络技术对毛笔交易活动的极大促进。此外，对于网络信息的了解还可以通过其他的方式，网络论坛及百度、谷歌等搜索引擎都是便利的网络信息获取途径。当然，这种交易是建立在诚信基础上的，购买者和销售者在书法论坛网站都注册了账号，并都受网站信用规则制约，购买者虽然不认识销售者，但可以通过书法论坛查询相关信息和咨询资深网友了解对方的基本情况。对于毛笔交易来说，网络空间已经成为不可忽略的一个重要组成部分。

　　网络空间的生活，实际就是网络空间信息的交流，而网络空间是虚拟的、非空间化的，故而网络的管理便表现为网络信息接收、反馈、发布及交流。在网络技术已经渗透到人们生产与生活的每一个领域的信息社会，最大限度地获取和传布信息成为社会发展的一个重要条件。文港毛笔和其他商品一样，市场始终是其生产的导向，了解市场、获取市场信息成为产销民俗的重要内容，而虚拟市场也是一个潜在的巨大市场，因而，网络经营管理成为毛笔业发展的重要媒介。和现实一样，毛笔是书画家创作的物质载体和媒介工具，文港毛笔网络经营也注重在书画网站开辟自己的天地，如书法江湖商城（见图 3—3）、中国书法家在线等网站都是文港毛笔网络经营的重要信息平台。网络经营管理主要是发布最新的毛笔图片、毛笔信息，解答书法爱好者或购笔者的疑问及网络销售活动等。网络交易仍是现实交易的一个镜像或投影，诚信仍是其交易的基础。

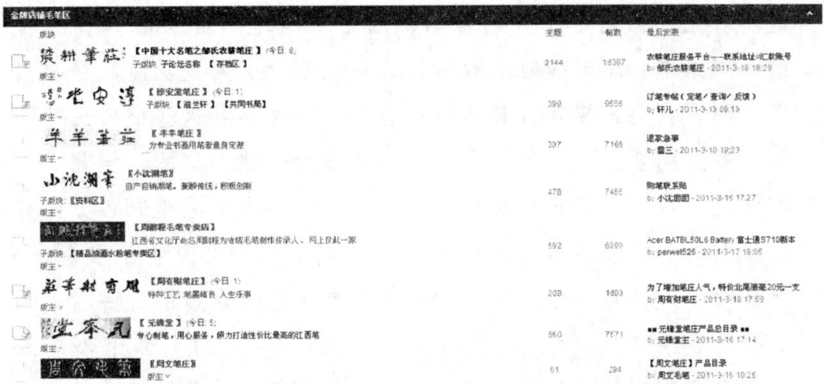

图3—3　书法江湖文化商城网站部分毛笔网店截图

在文港，制笔技师李小平是一个很活跃的人，不但制笔技艺好，还喜欢钻研毛笔文化，同时，他也可以说是文港最早进行毛笔网络销售和管理的人。在八年前他就和邹农耕合作，在书法江湖商城开设了一家网店，营销自己和邹农耕的毛笔。谈起过去从事毛笔网络销售、管理的经历，李小平侃侃而谈。

> 我网络做得比较早，在2003年开始的，和农耕合作经营，（在文港）毛笔店是第一家，网购还没有什么信任感的时候，当时网络才刚起步，在书法江湖注册了一个"过眼云烟"的网名。网络上开店起因是源自邹农耕，他实际上上网上得很少，但朋友很多，朋友建议他到网络上开个店，以前没有听说在网络上可以开毛笔店这种说法，怎么弄呢？他比较忙，对电脑不是太懂，我们以前经常在一起，他就跟我聊天，我当时会打字，我打打字回答问题还可以，在网络这一块我们就合作了。然后就借助书法江湖这个平台，当时书法江湖刚刚创立起来，也没有开店的这个说法，我们就在上

面开了一个网店，网络这一块就由我来负责，店是他的，我来经营，以他的邹氏农耕笔庄为店名，但卖两个品牌，我的品牌和他的品牌放在一起卖，（插话：你的品牌是?）淳安堂啊。发货就归他发，我就给多少提成给他，他统一收盘，统一发货，卖完了什么时候结个账，就这么回事。店是他出钱搞的，我就专门做管理。网络这一块呢，初期是比较困难的，因为毛笔这一块以前传统的有邮购，网络这一块时效性比较快，你一出现什么问题及时就反映出来了，所以我们需要花大量的时间在网络上去解答这些搞书法的朋友的一些疑问啊、一些问题啊，还要去普及这些毛笔的知识啊。当然网络这一块啊我们也接触了不少的人，这些人对毛笔啊各方面有独特见解的啊或者有各方面资料的啊，我们也相互吸收了很多东西，然后慢慢地，在网络上这一块算是权威性比较靠前的这种啦，因为做得比较早。再一个早期网络这一块啊，上网的人都比较热心一点。不像现在的人这么多这么杂，以前爱好的人单纯就爱好，不会有什么那么多的私心啊、利益啊。①

网络是虚拟的、非实体性的，但网络交易仍是现实交易的反映，因而提升自己的产品质量，如何让网友认识、了解和信任你，如何在网络交易中赢得良好的信誉，都是扩大潜在交易市场的努力方向和途径。在身体"不在场"的情况下，网络的管理主要靠提升"人气"和"声望"，不断地更新自己的网页，让网友对你的产品增加了解。同时，网络社会主体具有交互性，因而，在网络管理中，需要不断和网友互动，解答相关问题。一句话，在网络虚拟空间中，如何让网友更快捷、更真实地了解你的产品及产品的制造者是关键。

周智勇，周四和的侄子，江西财经大学本科毕业生，大学期间所学专业为经济管理，他曾有一段时间帮助他叔叔打理过网店。谈到如何进行网络交易及管理网店，周智勇说：

---

① 访谈对象：李小平，男，1973 年生，初中文化。访谈时间：2010 年 8 月 3 日。访谈人：刘爱华。

网店的管理主要是多更新网页。在网页论坛上我们会留下电话、基本介绍等信息，其作用相当于名片。（书法在线）那些网友基本都是和我叔叔熟悉的，用过我叔叔的笔。对于新朋友，则需要网站站长做担保，一般来说网站站长在书法界是有一定地位、声誉的老书法家，他会在论坛上介绍你，担保毛笔质量没问题。毛笔有质量问题，我们这边担保置换。网站的信誉度很重要，信誉度是建立在长期合作的基础上的，其信誉度有太阳、星星等标识，一般按在线时间来升级。操作分几块，一个是信誉担保，通过书法界的朋友，然后是下单，你可以通过电话，通过论坛直接发帖，你订了什么笔，你去汇款，汇款之后，我们从后台看见你的要求再发货，要得急的话就用 EMS（邮政特快专递服务），慢点的话就用快递。如果你（收到毛笔使用后）说有质量问题，这边一定会换的，如果你是新的客户，可以先买一支试试。不断更新产品，你的排名才会高，经常发帖，比如说有些人试过以后，觉得很不错，很好，就会留言，你就要回复他，要跟客户互动啊，在网站上互相留言。①

可以看出，网络交易仍是以现实的真实性为基础的。毛笔交易虽然借助网络，但因网络的匿名性、快捷性、交互性等特征，毛笔的质量及服务的态度通过网友的"发言"会迅速传递，因而，从交易的长远着想，要求网店店主诚实守信，注重毛笔制作的质量，满足各层次用户的需求。就网络的管理来说，及时更新产品信息、和网友互动只是网络交易浅层次的服务，真正的深层次服务仍是毛笔的质量，只有提升毛笔的质量，在网络上赢得了良好的口碑、人气或声望，毛笔的潜在网络市场才会更广阔，毛笔才会更加畅销。从这个意义上来说，毛笔的网络交易与管理仍是以现实的社会道德、伦理规范、生活习俗为基础的，后者是前者的深厚土壤和广阔天地。

三 虚与实："游刃有余"的现代笔业

文港毛笔制作是当地民众的一种生产方式和劳作方式，而毛笔销售

---

① 访谈对象：周智勇，男，1985 年生，大学本科毕业。访谈时间：2010 年 7 月 21 日。访谈人：刘爱华。

也是其民俗生活的重要一部分，生活在毛笔文化的环境中，当地民众的民俗生活已经与毛笔无法分离了。毛笔成为当地的一种标志性文化，人们制毛笔，卖毛笔，谈毛笔，毛笔文化已经渗透进每个文港人的生活中。过去，家家户户，不论男女老幼，都会制作毛笔，人们白天种田，晚上制毛笔，逢农历尾数为一、四、七的日子便把自己制的毛笔肩挑手提运到集市上，卖完笔了就在集市上买一些制笔原料、制笔工具回家，在空闲的日子再制笔。还有很多人为了卖个好价钱，则在农闲的时候用篾筐挑着一担毛笔，沿路步行，边走边卖，同时沿路收集皮毛，笔卖完了回家挑回一担皮毛，亦即"出门一担笔，回家一担皮"。传统社会，"收皮—拔毛—制笔—卖笔、卖皮—收皮"的生产经营模式，循环往复，成为文港人生活的主要旋律。不少人通过这种销售方式积累了一定的资金和人脉，就开始开设自己的笔庄，毛笔产销进一步发展。笔庄是一种日常性的销售市场，不受时间的限制，是毛笔业适应社会发展的重要表现。

随着社会经济的发展，科学技术的广泛应用，毛笔的销售也发生相应的变化，网络交易成为文港毛笔销售的重要市场。相对于传统社会的行商方式、集市贸易和笔庄销售，现代毛笔销售市场进一步发展，既继承了传统的实体市场方式，又进一步发展了传统的销售方式，如传统的人脉市场。人脉市场，是熟人社会的交易方式。而随着网络技术的广泛应用，毛笔的销售需要进一步挖掘潜在的销售市场，即"生人社会"的素不相识的网民群体，因而，物理的空间，甚至时间都不再成为交往的限制。

总之，在现代社会，文港毛笔的发展推动了产销民俗的形式进一步变化，毛笔生产制作进一步技术化、装饰化，销售市场不再局限于实体市场，虚拟市场得到进一步发展。

文港现代毛笔以市场为导向，生产和销售紧密相连，销售中实现了实体市场和虚拟市场相结合，形成了一个比较完备的现代化产销结构体系。

从图3—4可以看出，文港现代毛笔已经形成了一个比较完备的产销体系。虽然生产决定销售，但销售并不是被动的，对生产具有反作用。销售直接和消费者联系，消费者反馈的信息反过来也影响毛笔生产，因而在市场经济条件下，毛笔销售市场对毛笔生产具有不可忽视的重要作用。从文港笔业来看，现代技术极大地影响和改变着毛笔销售结构，销售中实体市场和虚拟市场很好地实现了结合，虚实相生，现代销售网络很好地建立了起来。按常理来说，文港毛笔和现代市场联系紧密，应该能够适应社会需求并不断发展壮大，在市场变化中"游刃有余"了，但是，事实并非如此，文港毛笔和其他地区毛笔一样，传承中已开始出现断裂，隐忧重重。对现代市场的顺应并不能完全改变文港毛笔的衰败，因而，笔者认为，文港毛笔或者说中国毛笔其衰败从外部来说是其文化生态的变迁，从其内部说则源自笔业的半市场化属性，半市场化属性才是限制其发展的"桎梏"或"枷锁"。

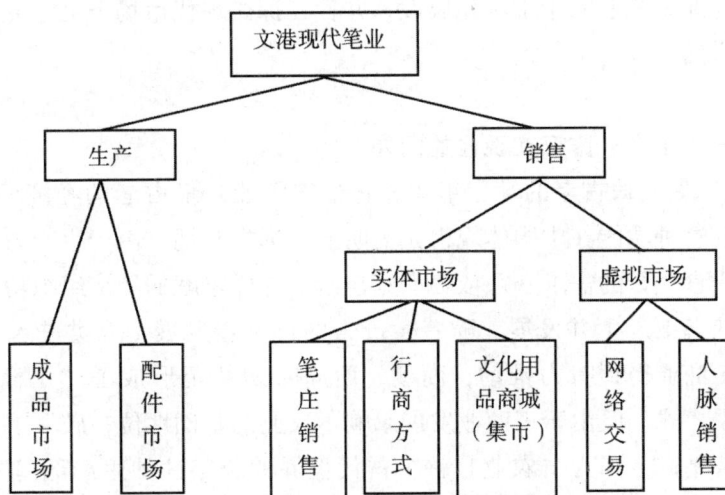

图3—4 文港现代笔业产销结构体系

资料来源：参考《文港传统笔业升级问题研究》图2修改。

第四节 半市场化：笔坊生产的隐形"镣铐"

半市场化，在这里指称介于传统与现代之间的一种经济形态或市场结构，或者说传统生产制约下的市场化现象，这里的"半"不是具化概念，而是一种泛指。毛笔制作技艺是和小农经济相伴生的，具有鲜明的传统性，但同时，它和商品经济又有扯不断的纠葛，它的产品要以市场为导向，具有突出的现代性。因而，毛笔生产与现代市场之间存在一种矛盾的张力，一方面毛笔生产以现代市场为导向，按照市场来组织生产；另一方面，现代市场的导向性又是趋利的、盲目的、大众化的，这样又对毛笔生产造成一定的钳制。因而，在现代市场导向下，要消释其矛盾张力，只有正视笔业半市场化的"镣铐"，在适与不适之间，在现代市场容许的范围内不断调适，增强其生活属性，才能促进毛笔生产的理性发展。

本节主要运用民俗学、社会学、历史学、人类学的理论，对文港毛笔生产与现代市场的矛盾进行分析，尝试阐释产生笔业现代困境的深层原因，即毛笔业的半市场化属性，并旨在探讨现代市场下毛笔业的可能发展方向。

一　生产：徘徊在现代的门外

"家庭是最古老的社会组织，它也很可能是最古老的经济组织。"[①]家庭的这种功能在中国体现得尤为明显。远古时期，由于生产力十分落后，衣食住行的需求必须依赖家庭自给，这样家庭的经济组织功能便在自为状态下产生并发展。随着生产力的进一步发展，人类进入文明时代，工商业得到有力推动，商朝、西周时期甚至形成了"工商食官"的发展模式。但由于工商业发展影响了农业的基础地位，破坏了古代社会经济基础，因为"农业是整个古代世界的决定性的生产部门"[②]，从稳定国家统治的需要出发，战国后期秦国的商鞅实行变法，推行重农抑商政策[③]，这一政策在后世历代封建王朝中都得到有力推广。这样，工商业就成为农业的"附庸"，成为农民农闲时的一种经济活动，一家一户的小农经济持续得到发展，并成为国家的主要经济形态。为了满足日

---

① ［美］罗森堡、小伯泽尔：《西方致富之路——工业化国家的经济演变》，刘赛力等译，生活·读书·新知三联书店1989年版，第139页。

② ［德］恩格斯：《家庭、私有制和国家的起源》，人民出版社1999年版，第155页。

③ 重农抑商政策在封建时代具有永恒性，但并非绝对的，而是相对的，不同时期表现有所不同，时紧时松，政策针对的对象有时也会有所变化。

常生活需要，在小农业发展的基础上，家庭手工艺作坊也遍地开花，在中国广大城乡地区逐步建立起来。家庭作坊主要目的是满足一家一户的经济生活需要，当然除了自给，也供应市场。

文港笔坊，也是在小农经济基础上形成的家庭手工业，其产品与一般生活用品不同，它既是一种技术产品，也是一种艺术品，兼具实用和欣赏的功能，文化因素突出。因为毛笔不是一般的生活用品，而是一种文化用品，其需求对象须具备一定的文化素养，这种文化素养不仅仅是指识字水平，而是指对传统书法、文化的爱好。在传统社会，笔坊生产属于农村副业，与小农经济相联系，是传统文化的典型代表，半市场化属性鲜明，主要体现在以下几个方面。

第一，笔坊管理较为松散。笔坊，作为农村家庭手工业的一种形式，是农业的附属物。过去，文港当地农民一般白天种地，晚上制笔，或者在农闲时制笔。虽然今天不少技艺水平较高的农民已经成为专业的制笔技师或笔工，但在数量上只是少数，大多数制笔技师或笔工仍没有完全脱离农业生产，因而小农经济的分散性特点仍然制约着其进一步发展。马克思说："这种生产方式是以土地及其他生产资料的分散为前提的。它既排斥生产资料的积聚，也排斥协作，排斥同一生产过程内部的分工，排斥社会对自然的统治和支配，排斥社会生产力的自由发展。"[①]当然，今天的小农经济并非等同于马克思论述的小农经济，历史是发展的，因而对小农经济的认识不能停留于过去。就文港笔坊来说，其缺陷最明显的表现是管理的松散。在文港，笔坊主要有四种类型：一是雇佣型笔坊，成员完全由雇佣工人组成；二是集体型笔坊，成员由全体群众组成，统一生产，统一分配，个人没有自己的私人财产；三是家庭型笔坊，成员完全由家庭成员组成；四是混合型笔坊，成员由家庭成员和雇佣工人组成。总的来说，家庭型笔坊是主体，其次是混合型笔坊。对于混合型笔坊的管理，很多笔坊主的理念都停留在初始的阶段。家庭笔坊管理比较松散，制笔技师雷礼华甚至认为笔坊不需要管理："笔坊不需要管理，每个人都知道自己做什么事情，每个人做哪几道工序基本都是

---

① ［德］马克思：《资本论》，载《马克思恩格斯全集》第 23 卷，中共中央马克思恩格斯列宁斯大林著作编译局译，人民出版社 1975 年版，第 830 页。

固定的，实在没有事情的时候再临时安排。"① 对于迟到、旷工或者请假的情况，更是随意和普遍。这一方面反映了笔坊文化空间的亲和力，比较人性化；另一方面也反映了管理的松散性，生产的断续性。在一些笔坊，只要你稍微留心，就可以发现经常有某位工人旷工。一些笔坊主表示现在的笔工难请，原因是制笔很单调、辛苦，无奈之情溢于言表。

　　第二，毛笔制作以手工为主。从生产力的角度来说，相对于机械，手工劳动具有效率低下的缺陷。但从另一个角度来看，手工艺又是一种具有丰富文化意义的生产活动，洋溢着厚重的民俗气息。手工艺以手为媒介，手直接作用于劳动对象，感受自然生命细微的脉动，启迪与凝聚劳动者的智慧与情感，因而，劳动过程不仅是物质生产过程，更是情感宣泄、文化创造和精神享受的过程。"手是最直接、最人性的力量，是人将自己同外界联结统一的'枢纽'。手创造物品的能力体现了人的本质力量，具有积极的文化意义。手工艺的一个重要特点就是以'手'为媒介进行创作。"② 手创造物品的这种能力有时具有高度的精密性和细致性，即便是机械也难以替代。制笔技师李小平也认为机械无法代替手工劳动："在毛笔制作方面，原来日本人也打算用机械来代替手工劳动，他们请了很多专家进行精密的演算，希望设计出可以量化的制笔工序，他们投入很多，结果证明是徒劳的，因为毛笔制作的复杂性，现阶段还无法完全用机械进行量化操作。"③ 因而，笔坊生产的半市场化属性，突出表现为生产劳动的手工化、精细化、个性化，劳动过程渗透了劳动主体更多的情感因素、自我观照、价值认同及文化创造，与机械化生产相比在文化内涵方面存在较大差异。

　　第三，劳动工具较为简单。毛笔制作工序繁多，大大小小的工序加起来有 128 道，但是制笔工具却很简单。以笔头制作来说，所需要的工具无非是毫刀、厚刀、薄刀、剪刀、刺刀、棱刀、水盆、蜡烛、牛骨梳、盖板、齐板、细线等等。这些简单的劳动工具又可以称为"手工

① 访谈对象：雷礼华，男，1963 年生，初中文化。访谈时间：2010 年 7 月 30 日。访谈人：刘爱华。

② 鲍懿喜：《手工艺：一种具有文化意义的生产力量》，《美术观察》2010 年第 4 期。

③ 访谈对象：李小平，男，1973 年生，初中文化。访谈时间：2010 年 4 月 28 日。访谈人：刘爱华。

具"，因为它是制造工具（毛笔）的工具。手工具是手的功能的延伸，是人的本质力量的展现，马克思对此有精辟的论述，"劳动的对象是人的类生活的对象化：人不仅像在意识中那样在精神上使自己二重化，而且能动地、现实地使自己二重化，从而在他所创造的世界中直观自身"①。手工具是人手所使用的物质媒介，与人体长久接触，蕴含了人类的情感与价值认同。"'手工具'与人体最为接近，而考察手的形态又不如考察'手工具'来得直观，因为'手工具'是'手艺'之手，其上有历史积淀下来的痕迹，其中有人类内心活动的印记。"② 当然，近年来毛笔制作部分工序已经开始采用机械或半机械，如梳毛机的出现，但整体而言，机械化的影响还很小，而这并非说笔坊生产完全排斥现代技术，而是说现代技术很难渗入精细的毛笔制作过程。

第四，笔坊规模一般较小。与一家一户的小农经济相联系，笔坊规模都比较小，文港目前的笔坊，一般规模的就是四五个人，小的就是夫妻两人，最大的也不过二十几人。规模小，既反映了笔坊主经济力量薄弱，都来自农民或刚由农民转变而来，资本较少，也体现出其半市场化属性，即对市场的依赖与超然并存。笔坊生产，不同于一般的商品生产，它兼有物质生产与艺术创造的双重功能，因而不能以现代市场的标准化、规模化、模式化来衡量其发展及产品价值，而应审视其传统性、身体性，坚持其生产制作的手工化、精细化、个性化。

第五，毛笔制作具有个性化要求。毛笔制作虽然也生产那种普及性的日常学生用笔，但随着社会发展、人民物质生活水平的提高、书画爱好者队伍的壮大，社会各界对个性化的专业性用笔的需求越来越大。因为毛笔书写已不再承载日常书写的功能，而是从大众生活中抽离出来，形成了具有观赏性、审美性、个体性的书画艺术。毛笔制作技艺对书画艺术的表现力具有很大的影响，宋四家之一的米芾对买笔的艺术表现和功用打了一个很恰当的比喻，他说，"笔不可意者，如朽竹篙舟，曲箸捕物"③。翁志飞也认为古人对书法技巧的锤炼，也是以毛笔制作技艺

---

① ［德］马克思：《1844年经济学哲学手稿》，刘丕坤译，人民出版社2000年版，第58页。

② 王文杰：《论手工艺操作中的手、工具与材料》，《艺术百家》2008年第6期。

③ （宋）周密：《癸辛杂识》，王根林校点，上海古籍出版社2012年版，第24页。

的提高作为支撑的。虽然书法的表现力是多种因素综合的结果，就工具而言，笔墨纸砚的材质对书家都有不同程度的影响。"但就其对书法影响的程度来说，毛笔显得更为突出。"①因而，当代书画家对毛笔表现出了多元化的个性化需求，有的书画家甚至对某个制笔师所制的毛笔有较强的依赖。周鹏程对之也有自己的认识："书画家对笔的要求很高，不同的人对笔的要求不同，同样是一支笔，有的人认为太软，有的人认为太硬，要制好书法家所用的笔，先要了解他写什么字体、画什么画，才能大致制作出他适用的笔，有时甚至在试笔后还需与书画家深入沟通，按其需要进行一两次修改。"② 当然，笔坊生产半市场化，除上述特点以外，还包括制笔工序的稳定性、制笔技艺的保密性等等。

笔坊生产半市场化所具有的这些特点，铸就了笔坊这个生产空间在传承和发展制笔技艺方面独有的民俗文化氛围。笔坊生产一直保持着父传子、母传女及师徒相承的传统，采取口耳相授的形式，使空间生产和关系生产交相互动，营造出一种亲密、温馨、自由的生活生产氛围。笔坊生产的半市场化属性，突出地表现为生产的传统性，"慢工出细活"的技艺习俗，制笔工序、技艺传承、制作过程及制笔工具都与小农经济属性紧密相连，人们可以在自己的家庭笔坊中慢慢触摸、咀嚼、体悟毛笔，在制笔过程中体验自然的律动、物化的自我及物我的互融，现代的喧嚣与浮躁、功利与诡谲仿佛被摒弃于笔坊之外，人们年复一年在揣摩、体味着毛笔文化深邃的内蕴。当然，笔坊生产的半市场化，并不完全等同于封闭、落后，在笔坊高高的"围墙"上，只要能够渗透进一丝阳光，民俗文化就处在嬗变中，生产技术民俗就不断变迁。更何况笔坊生产就是以市场为导向的，具有敏锐的市场捕捉、应变能力，离开市场就不可能有其发展和进步。

二　市场：笔坊经营的锁钥

笔坊生产半市场化，外在表现为生产的传统性，但毕竟毛笔不是一般的日常生活用品，对消费者文化素养有一定的要求，销售中则表现为

---

① 翁志飞：《书笔论》，《书法研究》2006 年第 3 期。
② 访谈对象：周鹏程，男，1954 年生，小学文化。访谈时间：2010 年 7 月 12 日。访谈人：刘爱华。

鲜明的现代性。毛笔是一种外销型文化商品，生产主要不是为了满足自身的生活文化需要，而是为了满足他人的生活文化需要，因而，毛笔制作的市场化程度很高，市场对其具有特别的意味，仅从交易的角度来看，比一般商品更依赖市场。

文港自古以来就有"跑市场"的传统，或者说行商习俗发达，至今"出门一担笔，进门一担皮"的俗谚在当地仍广泛流传。对于毛笔制作来说，"跑市场"一方面可以销售毛笔，实现生产的目的；另一方面还有一个潜在功能就是能够接触各类用笔者，包括书画家，了解他们对毛笔的使用要求，从而进一步改进毛笔制作工艺。过去，老一辈的制笔技师靠肩挑手提，有时步行，长途跋涉沿路推销自己制的毛笔，同时收购回一些皮毛，作为制笔的原料，这样循环的生产方式经历了好几个世纪。当然，由于交通方式、市场变迁的影响，"跑市场"的时代境遇也不同，所取得的成效亦有差别。周鹏程的成功与"跑市场"的经历也分不开，正是出外卖笔"碰壁"的经历促使他不断去钻研制笔技艺，不断熟悉市场，最终成为国内制笔行业的佼佼者。

"跑市场"是一种积极的市场交易方式，因为市场信息瞬息万变，制笔技艺也需要应时而变，笔坊生产虽然根植于传统，但它与现代社会并不是相互抵牾的，它具有较强的包容性、灵活性、应变性，始终以市场为导向，通过市场的信息反馈来调节生产。可以说，没有市场也就没有笔坊生产的半市场化。

在文港，"跑市场"还有一种替代形式，就是专门的销售队伍。当地有"万人制笔万人销"的说法，"文港有 10000 人的流动大军走南闯北，在全国各地市场销售文港文化用品。据不完全统计，文港人在全国县级以上城市开设以笔类为主的文化用品销售窗口 5000 多个"①。这些销售人员散布全国各地，如同一扇扇敞开的天窗，吸纳、融会着各地漫溢进来的清新空气。他们在销售中了解各地不同的用笔习性，接触不同的用笔者，从而把大量不同的用笔要求反馈给制笔者。此外，还有一些笔坊主经过多年的经营，在外地都有自己的固定人脉关系网络和业务，

① 李江敏：《进贤文港镇：一支毛笔写出一篇大文章》，《南昌日报》2008 年 11 月 21 日第 1 版。

他们主要通过这些渠道了解外地对自己毛笔的信息反馈，从而提高毛笔制作技艺。

外面市场的信息对笔坊生产半市场化起着决定性的制约作用，但亚市场的信息（制笔材料市场、制笔工具市场、材料加工市场等）变化的影响也不能忽视。因为，笔坊生产的半市场化也是按照市场经济规律进行运作的，它必须要考虑制笔成本与销售市场的关系，制笔成本的提高就意味着销售市场的缩小。而影响制笔成本的，最重要的是毛料的价格。在文港，有一个全国第二、江南最大的皮毛笔料交易市场，每月有九个集市，逢农历尾数为一、四、七的日子周边的人们都赶到镇上交易。当地笔业有很细致的行业分工，有很大一批人从事专门的皮毛贩运及加工，从全国各地贩卖皮毛到文港市场上来，因而集市毛料的价格变化很灵敏。

20 世纪末以来，整个世界自然生态发生急剧变化，很多动物趋于消亡，皮毛质量亦不断退化，这对毛笔制作产生了很大的影响。人们不断研究新材料以适应书法对毛笔制作的要求，日本、韩国、我国台湾都先后研制出了人造尼龙毛，文港也在借鉴的基础上，在 90 年代中期研制出了人造尼龙毛（见图 3—5）。尼龙毛的出现与使用，褒贬不一，但不可否认的是，它已经成为当前毛笔制作不可缺少的重要辅助材料。人造尼龙毛的广泛使用，适应了毛笔市场发展的需要，也是笔坊生产半市场化现代适应性的一个重要表现。要明白，笔坊生产半市场化与现代技术并不是相互排斥的，现代技术具有双重属性，除了其自然属性外，还具有社会属性，也就是满足人类需要的目的。因而人造尼龙毛的发明与使用，是人的本质力量的外化，不是纯粹客观的存在，而是服从于人的主观目的的。具体来讲，就是为了适应生态变化，改善毛笔性能，降低毛笔生产成本。正如亚里士多德在《尼各马可伦理学》开篇中所说："每种技艺与研究，同样地，人的每种实践与选择，都以某种善为目标。"[①] 在整个自然生态迅速变迁的今天，人造尼龙毛应运而生，对笔坊生产半市场化来说其积极意义是主要的。谈起现在羊毛性能的变化，

----

① ［古希腊］亚里士多德:《尼各马可伦理学》，廖申白译，商务印书馆 1996 年版，第 3 页。

制笔技师朱细胜认为："以前的纯山羊，基本是放养的，毛质很好，现在山羊都是圈养的，加上饲料的催长，毛质很软，像棉花一样，行话说这种毛'无身骨'（无弹性、无柔韧性）。"[1] 而人造尼龙毛正是对此的一个修正，它的弹性好且耐磨，增强了毛笔的使用寿命。当然，人造尼龙毛亦有吸水性不好的缺点。

图 3—5　笔市上销售的包装好的人造尼龙毛

笔坊生产半市场化对市场的依赖不仅体现在直接参与实体性的面对面的市场交易，而且还体现在尽可能地利用现代高科技手段，建立虚拟性的数字化网络交易平台。互联网是现代社会一种重要的技术手段，并且日益渗透进人们的日常生活，影响和改变着现代人的生活方式。就交易手段来说，互联网虽然具有虚拟性，但其虚拟性不是"空中楼阁"，它是以实体性为支撑的虚拟，虚拟只是一种形式。由于互联网的虚拟性，在信息交流、传播中可以实现平等的"网"格，或创造"无责任"主体，故而能够打破现实生活的语言禁忌，展示网民心灵深处的话语。同时，互联网的资源共享，能够消除信息孤岛，掺入现实生活，衍化和丰富社会生活色彩。"互联网以其特有的方式重塑了我们的心灵世界，

---

① 访谈对象：朱细胜，男，1970 年生，初中文化。访谈时间：2010 年 7 月 24 日。访谈人：刘爱华。

延异了我们的身体，并且为我们创造了一种'合和共生'的理想化的、多样化的生活方式。"① 这样一些优点，使毛笔生产、交易受益不少。文港不少笔坊主都在一些文化网站建立自己的销售网店。他们通过与网友的交流，解答网友的提问，介绍自己的毛笔，为自己的品牌赢得了不少潜在的消费群。而交流的同时，也是信息反馈的过程，有利于笔坊主改进自己的毛笔制作技艺，以适应市场的需要。笔坊主邹农耕是文港较早利用网络技术的人，他和李小平合作，早在八年前就在书法江湖网建立了"邹氏农耕笔庄"，销售自己和李小平的毛笔。早期为了拓宽自己品牌的影响，调查全国性的毛笔市场状况，他们在网站连续五年开展免费赠笔活动。"1998 年，因为没有时间去全国各地做市场调查，我便通过网络或报纸发布消息，各地朋友只要写一封信或打一个电话，我就赠送两支毛笔……第二年的整个零售翻一番……主要是让我明白了，这是一次全国性的市场大调查，哪个区域对我的笔的反映如何，因为我都是根据地区风格赠笔的，我根据这些信息可以知道哪个区域流行什么书法，流行什么国画。"② 对毛笔交易来说，互联网虽然是一个媒介，但其信息交流的便捷性、去空间化及巨大的潜在消费群，都为笔坊生产创造了空前的商机。"数字技术不仅在改写当代科技、生产与生活的面貌，而且也在改变着手工艺的技术、手段与工作程序，并进而影响手工艺的风格、手法与个性追求。"③ 通过互联网，了解各地的市场信息，掌握各地毛笔的流行风格，从而根据多元化的需求制作各地适宜的毛笔，可以说，互联网数字技术本身并不能影响毛笔制作，但数字技术的传播、信息交流的互动，可以转化为现实的生产力。因而，笔坊生产虽然源于远古时期，与小农经济紧密相连，生产具有厚重的传统性，但其本身又是一个矛盾的集合体，具有半市场化属性，从其一诞生就具有鲜明的商品性，生产、交易都始终以市场为导向。可以说，市场是半市场

① 唐魁玉：《心、身体与互联网———一种虚拟世界心灵哲学的解释》，《自然辩证法研究》2007 年第 10 期。

② 访谈对象：邹农耕，男，1968 年生，初中文化。访谈时间：2010 年 5 月 4 日。访谈人：刘爱华。

③ 袁熙旸：《冲出"围城"———后工业化社会中手工艺的处境与出路》，《南京艺术学院学报（美术与设计版）》2007 年第 1 期。

化笔坊经营的锁钥，直接影响其发展，甚至决定其消亡。

从图3—6中可以看出，文港的现代笔业已经具有一个比较现代的产业结构，一方面生产制作过程、生产环节通过对原材料的物理变形与配件的应用（手工具）从而制作出毛笔成品，同时生产环节通过销售市场的交易把毛笔成品转移到消费者手中（实心箭头方向）；另一方面生产者通过毛笔成品的制作对毛笔原料及配件提出要求，反馈给原料销售者或人造尼龙毛制作者及配件生产者，而毛笔消费者也通过对毛笔成品的使用，把对笔的性能要求反馈到销售市场，再通过销售人员或笔庄（产销脱离型笔庄）反馈给制笔者，对毛笔制作提出要求，从而提高毛笔的制作水平（空心箭头方向）。这样文港毛笔生产形成了一个环形的产业结构系统，对毛笔生产各环节都形成了一定的制约。

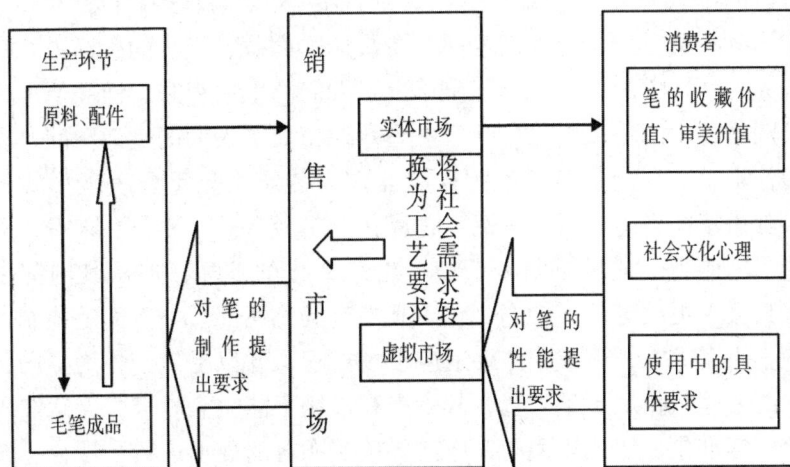

图3—6　文港现代毛笔产业结构示意图

资料来源：参考《文港传统笔业升级问题研究》图4修改。

文港毛笔几乎完全融入了现代市场，但这并不意味着其与现代市场亲密交融。毛笔是一种传统手工艺品，在手工容许的范围内，传统与现代、效率和质量等关系表现为毛笔与市场的互融，而超出这个界限，毛笔与市场则相互排斥，呈胶着状态。半市场化手工艺就存在市场胶着的现象，产品和市场具有一定的排斥性。而市场胶着的产生则源自笔坊生产的半市场化，它一方面需要按照市场要求进行生产，维持劳动力的再生产；另一方面又要与市场保持距离，体现其文化、艺术内涵。过于追求市场，则会被市场误导，会被"拽入"现代市场的汪洋大海而迷失方向。

因而，毛笔的市场胶着状态，决定了毛笔制作是一种相对传统或相对现代的民间手工艺，传统中蕴含着现代，现代中熔铸着传统。确切地说，毛笔制作技艺是传统与现代相互交融的一种半市场化民间工艺。

三　半市场化：挣不脱的"镣铐"

文港毛笔作为省级非物质文化遗产项目，近年来隐忧重重。"随着社会大环境的急剧变化，即文化生态整体发生着急剧异化，这一传统手工技艺的传承产生了危机。"① 工具理性的膨胀，科学技术的发展，机械工具的大量采用，使人们更加崇尚快捷、高效、经济的生活方式，毛笔作为一种实用的书写工具逐步退出了人们的生活视野，而硬笔工具尤其是网络技术的应用，更广泛、更高效地拓展了人们的生活空间、交往空间，推动了社会的迅速发展，因而作为传统文化重要表现形式的毛笔，其市场需求急剧锐减，逐步边缘化。笔者认为，从外在来看，无疑文港毛笔的当下危机可归咎于整个生态文化的破坏，但从其内部去分析，其衰微更关键的因素还是在于其半市场化属性。一方面毛笔制作要依赖于市场需求，毛笔生产要适应市场需求，并以毛笔销售为导向；另一方面毛笔制作属于手工艺，其生产和市场不能完全吻合，无法实现规模化、标准化、模式化生产，而需要按照顾客的需求进行个性化、精细化、手工化的制作。此外，毛笔作为手工艺品，在制作方面比机械产品要求更高，付出的劳动更大，更辛苦。比如梳羊毛，手要长期浸泡在水中，天冷也一样，容易冻手，"女人本是最爱美的，尤其是手，她们的手是要展示给人看的，而且还要涂指甲的，而女笔工的手上由于长期浸泡在冷水里，白白的，甚至破的，老茧很厚很厚，饱经沧桑"②。即便

---

① 刘爱华：《现代毛笔老大的隐忧》，《中国文化报》2010 年 6 月 22 日第 5 版。

② 彭治国、杜鹏硕：《砚中岁月，笔下春秋——湖笔端砚原产地调查》（http：//www. dooland. com/magazine/article_ 79812. html）。

是齐羊毛这一道工序，也容易烂手，因为现在很多羊毛被双氧水（H_2O_2）漂白过，对手的腐蚀性很大。这样，由于毛笔制作的单调、辛苦，学徒时间较长，且报酬比相对不高，而外面"精彩"世界的发展机遇与社会诱惑不断增多，因而，年轻人都不愿固守在家乡从事与社会发展"脱轨"的毛笔手工艺。因而，半市场化属性内在地决定了毛笔及其制作既极度依赖于市场又超然于市场，成为笔业发展的"镣铐"。笔者认为，毛笔及其制作的半市场化这条"镣铐"，并非真正可以解开或卸下，而在于合理地调适笔业与市场的关系，亦即使笔业从容地游走于传统与现代之间，具体来说，需要从以下三方面深入认识和调适。

一是注意引领正确的文化价值，妥善处理毛笔制作的大众化与个性化的关系。笔坊生产半市场化以市场为导向，而市场生产具有趋利化、趋同化、嬗变性、模仿性等特点，是与现代技术社会相适应的。因而，在现代技术社会，市场生产必然导致标准化、规模化、同质化的生产模式，而这种生产模式主宰下的商品文化，凸显的是人的消费欲望、攀比心理，也就是说，在这种文化中消费占据主导地位。人类在消费文化的裹挟下，虽然共享着高科技创造的统一标准的物质生活，但同时，人们也在承受着同一化标签下的精神单调、匮乏与迷惘，人在消费中容易迷失自我。笔坊生产半市场化从其源头上来说，是与传统生产方式相适应的，手工劳作的人与物、人与自然的相互协调性始终燃起人们心头的温暖情怀。正如杭间所说："传统工艺也好，工艺美术也好，它们在人类自身发展的过程中，在满足使用（广义的）这个前提下，其价值主要体现为精神的价值——艺术性。"[①] 传统手工艺精神价值，浓缩了自然、和谐、温馨的民俗文化因子，"手工劳作过程中的物我合一的亲历境况，是以积极主动的创造行为深化了手工的人性满足"[②]。书法是具有个人色彩的创造艺术，作为书写工具的利"器"——毛笔也应适应书画艺术独创性、个性化的要求，因此毛笔制作需要注重毛笔的精神价值，凝聚和升华其内在的民俗文化内涵，在坚持推广大众化普及性毛笔的同时适应书法多元化的艺术要求，也要融入创意元素，设计和制作出

---

① 杭间：《手艺的思想》，山东画报出版社 2001 年版，第 19 页。
② 周乙陶：《经济转型时期的民族传统手工艺》，《中南民族大学学报（人文社会科学版）》2007 年第 3 期。

精品化的个性化专业性毛笔。大众化与个性化毛笔的出现，既是笔坊生产半市场化存在的基础，也是适应市场变化的选择。

　　二是注意把握生产制作，妥善处理手工与机械的关系。笔坊生产半市场化从生产的角度来说，是传统性的，但毛笔制作的传统性本身并不是和现代技术相对立的，它在现代社会仍具有较强的适应能力，书法爱好者群体的存在及人们对即将消逝民俗文化的痛惜、警惕是其在当今社会仍能存在并继续传承下去的文化心理基础，因而，需要精心把握毛笔制作过程，不断提高毛笔制作的技艺水平。毛笔制作是一种以手工劳作为主的创造活动，劳作过程赋予了很多情感，"工匠从设想到制作能够全面地参入整个过程，手、眼、脑得到了全面协调的发展。特别是创造性地应对制作过程中的诸多问题，手工制作使工匠能够身心合一地投入物的创造上，确证了人自由发展的本质特征，手工的人文精神也体现在这一层面上"[①]。包括毛笔制作在内的手工劳作是人的本质力量的体现，人是劳动的主体，工具从属于劳动者，人、物与自然相互协调。而机械这种技术造成劳动过程的去情感化，道德与情感人为地分离，人异化为生产的一个环节，成为机器的奴仆，人、物与自然的和谐关系被严重消解。"现代技术作为一种展现方式……而是征服、利用和控制自然、挑战自然，它迫使自然和人都进入非自然、非本真的状态。"[②] 虽然如此，我们仍要清醒地认识到"技术化是一条我们不得不沿着它前进的道路。任何倒退的企图都只会使生活变得愈来愈困难乃至不可能继续下去。抨击技术化并无益处。我们需要的是超越它"[③]。更何况传统手工艺也是发展变化的，只不过变化较缓慢而已，就毛笔制作来说，在笔头制作中已经出现了梳毛机这种半机械化的机器，在笔杆及其他笔料加工行业中，机械化的程度更高。因此，半市场化笔坊生产传统性的保护，不是漠视或故意回避现代技术，而是在保证毛笔制作技艺水平提高的前提下，有步骤地逐步采用机械，提高劳动效率，减轻人的体力劳动量，使

　　① 周乙陶：《经济转型时期的民族传统手工艺》，《中南民族大学学报（人文社会科学版）》2007 年第 3 期。

　　② 许良：《技术哲学》，复旦大学出版社 2004 年版，第 62 页。

　　③ ［德］卡尔·雅斯贝斯：《时代的精神状况》，王德锋译，上海译文出版社 2005 年版，第 146 页。

手工和机械相互补充。

三是注意文化与技艺传承，关心和尊重传承人，切实提高手工艺传承主体的地位。一项民间手工艺的传承，不仅要注意其技艺本身的传承，更要注意文化的传承，只有保护好其存在的文化生态，才能真正保护一种民间手工艺。对于毛笔制作技艺来说，"应该切实提高手工艺传承主体的地位，营造尊重手工艺、欣赏手工艺和爱好手工艺的良好社会文化风气"①。社会各界应以"文化持有者的内部眼界"（from the native's point of view）来看待传承主体，要知道他们是技艺传承过程中最为关键的一环，他们的言行、心理感受、生存状况起着典型示范的作用，会极大地影响后继者们对传统手工艺的态度。一句话，毛笔制作需要营造尊重传承人的文化氛围、民俗环境，真正提高那些毛笔制作技艺传承主体的地位，增强其文化传承的认同感、责任感、自豪感和神圣感，激励他们从民族文化存亡的高度，审视毛笔制作技艺的意义，使其得以传承和不断发展。

笔坊生产在现代社会的遭遇，从外在来说是文化生态的变迁的结果，具体来讲，则应从其内部寻找原因，而最关键的影响因素则是其自身的半市场化属性。笔坊是传统制笔手工艺的生产空间，毛笔制作是一种手工艺，更多依靠制笔技师或笔工的个人制笔经验、技艺水平。它不同于一般的商品，其生产更多按照顾客个性化的需求进行，与现代市场的标准化、规模化、模式化存在一定的距离，但毛笔制作又离不开市场，它必须以在市场上销售为目的。而且今天的毛笔制作也应用了不少现代生产技术（尤其是笔杆制作），在销售上甚至应用了现代网络技术，其特点可以概括为一句话，既极度依赖于市场又超然于市场。同时，毛笔制作不但与现代市场存在一定距离，从日常书写中开始退避为书画艺术，即便是在传统社会，毛笔处在人们生活的中心地位，毛笔制作也与毛笔使用者尤其是书画家存在一定距离，或者说相脱节，元代学者王恽即有诗句云，"书艺与笔工，两者趣各异。工多不解书，书不究笔制。一事互相能，藻颖率如志"②。当然，笔坊生产与现代技术并不

---

① 刘爱华：《现代毛笔老大的隐忧》，《中国文化报》2010年6月22日第5版。

② （元）王恽：《秋涧集》，选自《景印摛藻堂四库全书荟要（第五三册）》（影印本），台北世界书局1986年版，第54页。

是相互抵牾的，相反如果两者关系处理得好，彼此还可以相互补充，因而，解决毛笔制作技艺传承问题关键就在于妥善处理传统与现代的关系，增强毛笔及其制作的生活属性，也就是如何认识和对待笔坊生产的半市场化问题。笔坊生产半市场化，既带有小农经济的遗存，又充斥商品经济的气息，是传统与现代共生的产物。因此，只有深入认识并妥善处理笔坊生产半市场化问题，解开一直捆缚其发展的隐形"镣铐"，毛笔制作技艺才不会在标准化、规模化、模式化的市场大潮中迷失，才能在瞬息万变的时代变迁中找到自己应有的位置。

小　结

"生产民俗与其他民俗事象不同，它旨在解决民众的食、衣、住、行等物质需求和生存问题，这是技术民俗的终极价值及根本意义所在。"[①] 文港毛笔制作首先是人们的一种谋生手段，其次才是一种精神层面的艺术媒介，文港毛笔生产制作虽然具有浓厚的传统性，但同时又具有鲜明的现代市场性，始终以市场为导向。文港毛笔产销民俗经历了三种形式的变迁，即"跑市场"（行商）、集市和笔庄（坐商），当然这三种形式并不是完全前后相继的，而是呈现一种杂糅并进的状态。新中国成立以后，由于国家政治体制及政策的影响，毛笔生产文化生态发生空前的变化，文港毛笔生产方式、生产组织不断变迁和加速。"尽管技术应用看起来是一个市场过程，但事实上技术在国家之间的转移会受到国家技术政策和贸易政策与法律的约束，即使是一个国家内的技术应用，也会受到政策与法律约束。"[②] 当然，在集体化体制中，文港毛笔生产制作技艺的发展主要是受到国家政治体制和经济政策的约束和钳制。

改革开放以后，国家政治氛围变化，经济发展迅速，文港毛笔也进

---

①　詹娜：《农耕技术民俗的传承与变迁研究》，中国社会科学出版社 2009 年版，第257 页。

②　李培林、李强、马戎主编：《社会学与中国社会》，社会科学文献出版社 2008 年版，第 599 页。

一步发展，尤其是现代网络技术的利用，极大地扩大了毛笔交易的潜在市场，使得毛笔交易的传统实体市场和现代虚拟市场结构体系进一步完善。毛笔制作，这种传统手工艺逐步被"拽入"现代市场的轨道。但是，笔坊生产具有半市场化属性，毛笔这种手工艺术品本身兼具技术与艺术、实用与欣赏的双重性，它不同于一般的商品，因而，既要以市场为中心进行生产，同时又要与市场保持一定的距离，这样就使毛笔生产不断陷入市场化的"陷阱"，传统与现代的矛盾逐步激化，毛笔及制笔技艺这种传统文化符号不得不面临衰微的命运。

毛笔生产的衰微，从外在来说，是文化生态的变迁，从内部来说，则是其具有的半市场化属性。一方面毛笔制作传统性鲜明，毛笔制作是一种手工艺活，为了提供兼具实用性与艺术性的书画艺术的物质载体，客观上要求制笔者与用笔者相互联合，制笔者按照用笔者的要求进行精细化、手工化、个性化的制作；另一方面毛笔销售的现代性突出，毛笔制作以毛笔销售出去为目标，因而毛笔制作必须紧紧围绕市场，这样客观上要求其产品具有较强的适应性，制作高效，按照标准化、规模化、模式化进行生产，这样毛笔制作的半市场化属性，就进一步凸显传统与现代的矛盾。当然，要解开毛笔制作这条无形的"锁链"，不是去市场化，更不是盲目的市场化，而是"复活"其生活属性基础上有限制的市场化，因而，在当下，需要深入认识毛笔生产半市场化的内在特征，使笔坊生产在传统与现代的空隙中保持一定的张力，在适与不适的矛盾中合理发展。

第四章

笔业社会结构的"动力学"

尽管社会交换的重心落在某种外在价值的利益上，
或者至少落在对好处含蓄地讨价还价上
——这使它区别于深厚爱情之中的相互吸引和支持，
但是社会交换对于参与者总是带有内在意义的成分，
这一点使它有别于严格的经济交易。①

——［美］彼得·M. 布劳

随着社会经济的发展，科技的进步，文港笔业分工进一步细化，在分工基础上不同职业群体经济状况、社会地位亦因之发生分化，推动笔业社会不同群体的流动。同时，由于笔坊生产半市场化的影响，即便同一职业群体，在劳动投入、市场适应、个人性格等方面都存在差异，也会产生经济状况、社会地位的分化，社会群体内部也会不断流动。市场化程度的提高，社会分工逐步发展，也必然推动毛笔成品、半成品及其配件交易的频率，但这种交易不仅仅是资源、经济利益的交换，同时也是信息、友情、荣誉、地位、权力的交换，亦即社会交换。"社会交换是甲方自愿地将资源转移给乙方，以换取另一资源。这一交换受自我利益——从他人身上谋取回报的倾向——的指导，其结果或者是希望为自己最大限度地获取扣去代价的回报，或者是将自己的回报与代价和他人的回报与代价联系在一起考虑。"② 因为交换主体所拥有的资源不同，

---

① ［美］彼得·M. 布劳：《社会生活中的交换与权力》，李国武译，商务印书馆 2008 年版，第 172 页。

② ［美］迈克尔·E. 罗洛夫：《人际传播——社会交换论》，王江龙译，上海译文出版社 1997 年版，第 21 页。

资源的多少或优劣可以转化为支配他人的权力或享受服务的权利，这样随着市场化的发展及社会分工的加剧，必然因为所拥有资源的不同而导致交换主体权力的失衡，使竞争失序加剧。文港笔业竞争的失序也正是权力失衡的一种反映，在权力运作过程中，国家（政府）一直处于缺席状态，因而，要使毛笔制作技艺这种传统手工技艺能够顺利传承，国家（政府）应发挥调适市场秩序、规范市场行为等宏观主导作用，推动权力在合理的秩序中重构，使文港毛笔制作技艺及笔业得以传承和发展。

文港毛笔是一种地区标志性文化，与生活在文港的每个人都休戚相关，文港毛笔近年来的社会群体流动较大，毛笔制作技师的地位也开始沦落。造成这种变迁的内在原因是什么？如何促进社会群体的合理流动？笔业竞争失序的原因是什么？怎样才能推动笔业竞争合理秩序的形成？本章采用田野调查资料，主要运用社会学、人类学、民俗学的理论，分析文港笔业社会群体流动的基本状况，从社会交换的角度，探讨笔业社会流动的表现形式、笔业社会结构的呈现形式、文港笔业竞争失序的内在原因及国家（政府）在笔业竞争秩序调适中所应承担的角色，尝试为文港笔业社会结构调适提供一个参考视角。

第一节　制笔产值估算与交换理论阐释

本节依靠田野资料，主要从经济社会学、经济民俗学的视角来分析制笔业的经济利润，制笔技师或笔工的社会地位及自我价值追求，阐释文港制笔业隐忧所在的某些重要经济、社会因素，旨在为深入探讨文港笔业社会结构"静力学"状态的形成提供一个有力支点。

一　制笔产值的一个粗略统计

在传统社会，民间手工艺具有精品化、手工化、个性化的特点，传统的价值判断、行为方式和文化认同塑造了其独有的生活习俗。如对服饰价值的追求，过去是"新三年，旧三年，缝缝补补又三年"，布料很贵，一般人家平时很少做新衣服，且衣服多半是用手工一针一线缝制成的，因而这种生活习俗强调爱惜衣物，追求服饰的耐穿，而现在服饰观念是"旧的不去，新的不来"，大机器生产使得衣服的制作越来越便宜，廉价的服饰使得农民也可以很容易买得起新衣服，因而这种生活习俗强调弃置衣物，追求服饰的时髦、新鲜。在新的时代，大量同质化、标准化的廉价工业品涌入我们的生活，也就参与了重新建构我们的生活习俗。"新的工业产品在消费时代里以极大的可能性满足了人们的生存需要，同时也培育了人们对新生活的认可，从而形成新的生活习俗。"①而这一点是最为可怕的，手工艺品受到排斥和冲击，我们的生活也开始被同质化、标准化的工业文化或西方文化所重构，民族文化逐步被抹杀，甚至我们的审美能力、价值追求也开始俗世化、平庸化、粗糙化。在这样的时代，"所有的人都是消费者和雇员，事实上，工业已经把整个人类，以至于每个人都变成了无所不包的公式"②。英国著名艺术家威廉·莫里斯对资本主义社会廉价工业品对公众多元需求愿望的"扼杀"及其所欠缺的人性上的创意与审美进行了独到的阐析，"市场假定了某类商品是有需求的，于是它便生产该商品，但是其种类和质量仅仅是以一种非常粗俗的流行样式来适应公众的需求，这是因为公众的需求被从属于作为市场操纵者的资本家的趣味，他们使得公众在日常购物只能选择不称心的物品，其结果是在这一趋势下，个性独特的商品沦为虚伪的赝品，循规蹈矩的人们只能事与愿违地、倦怠无聊地虚度年华，或者采取息事宁人的态度让自己的愿望自生自灭"③。当然，今天的工业品并非是资本家个人趣味所致，而是按照市场需求所生产，但工业品具有同质化、标准化、规模化等属性，其市场需求也只能是个性需求的大集合，而无法像手工艺品那样完全实现个性化的制作与审美创造。

毛笔制作也一样，它是一种传统民间手工艺，随着工业化、信息化的到来，其市场需求急剧锐减。虽然毛笔生产中已开始出现机械化、半

---

① 周乙陶：《经济转型时期的民族传统手工艺》，《中南民族大学学报（人文社会科学版）》2007 年第 2 期。

② ［德］霍克海默、阿道尔诺：《启蒙辩证法》，渠敬东、曹卫东译，上海人民出版社 2006 年版，第 132 页。

③ ［英］威廉·莫里斯：《手工艺的复兴》，张琛译，《南京艺术学院学报（美术及设计版）》2002 年第 1 期。

机械化的工具，但毛笔制作具有半市场化属性，在生产中极度依赖传统手工制作技艺，在目前还不可能为机械化所取代。当然，随着现代市场经济的发展、科学技术的进步，毛笔作为日常书写的文化生态已遭到摧毁性的打击，而更重要的是，工业技术品（钢笔、圆珠笔、铅笔等，尤其是电脑）也开始逐步取代手工艺品（毛笔），人们的生活习俗也因之被重构。毛笔书写逐渐远离人们的生活，很多人不会也没必要使用毛笔了，相反却适应了钢笔、圆珠笔、铅笔、电脑等工业用品，人们关于毛笔及其制作的审美观念、价值判断、自我认同也逐步迷失或被颠覆。

毛笔是一种微利行业，西方工业产品如钢笔、圆珠笔、铅笔等及电脑的广泛应用已经排斥了毛笔的日常书写功能，毛笔从人们生活的中心逐渐趋向边缘化。在廉价的圆珠笔、铅笔等工业产品面前，毛笔的实用功能被大大削减，而其艺术媒介功能脱离了广大人民的日常生活，如同"海市蜃楼"，遥远而不可捉摸，因而毛笔在现代似乎没有用了，被人们摆上了艺术的祭坛，很多制笔技师都不愿从事毛笔制作，尤其是"80后"、"90后"的年轻人从事毛笔制作的在文港属凤毛麟角。当然，毛笔制作技艺的衰弱有很多原因，后文还会论述，但其脱离民众的日常生活、制作成本上升而经济效益微薄无疑是重要的原因。

毛笔制作的利润到底多大？这牵涉很多因素，如制笔技师（笔工）是否独立制笔，是在自己笔坊制笔或还是被聘请去别人笔坊制笔？个人的制笔技艺如何？采购的原材料是否物美价廉？原材料的利用或节俭程度如何？因而，对毛笔制作利润的分析统计只能是一个粗略估算，以下笔者就尝试以毛笔制作技艺水平中等[①]的家庭作坊（夫妻两人）为研究基点，从一种理想的角度来进行考察，对四种不同规格的毛笔头制作所获经济利润进行一个初步的统计分析，[②] 以期从经济方面为毛笔制作技艺衰微提供可能的参考数据。

如型号Ⅰ：小型兼毫笔，规格为笔头 2 寸，直径 10 毫米，假设每

---

① 技艺水平中等，无法量化，这里依据的是他人的评价及笔者的调查感受，因而它是一个相对概念。

② 感谢周鹏程先生、周英发先生对笔者进行统计分析提供数据支持。这是一种理想的分析数据，实际上毛料的价格是经常变化的，有时价格变化差别非常大，而且从实际来看，一般家庭笔坊都是兼毫笔、纯羊毫笔甚至狼毫笔兼制的，因而其利润统计难度很大。

人每天工作 8 小时，每人每天可以制作 25 支，夫妻两人每天可制作 50 支，每月以 30 天工作日计算，除去参加农历尾数为一、四、七的每旬三个集日（墟日），每月就有九个集日（每个集日集市半天），九个集日折合是 4.5 天，按 5 天计算，因而每月可生产这种兼毫笔 50 支/天×（30-5）天 = 1250 支。假设每支毛笔的销售价格为 2.5 元，则每个月毛笔生产总值为 1250 支×2.5 元/支 = 3125 元。毛笔生产成本分芯毛、护毛、杂毛（包括叠毛、衬毛等，下同）三部分，兼毫笔芯毛多为人造尼龙毛，成本相比羊毛较为低廉，假设芯毛、护毛混合毛料为每斤 150 元，每斤可制作毛笔 150 支，则每天芯毛、护毛生产成本为 150 元/斤×1/150 斤/支×50 支 = 50 元，每天杂毛生产成本为 0.3 元/支×50 支 = 15 元，每天毛笔生产成本为 50 元+15 元 = 65 元，每月的毛笔生产成本为 65 元×25 = 1625 元，因此夫妻两人每个月生产这种小型兼毫笔的纯利润为 3125 元-1625 元 = 1500 元，每人月平均工资为 750 元。

如型号Ⅱ：小型兼毫笔，规格为笔头 2.2 寸，直径 13 毫米，假设每人每天工作 8 小时，每人每天可以制作 22—23 支，夫妻两人每天可制作 45 支。根据型号Ⅰ集日计算可知，除去集日后每月工作日为 25 天，每月可生产这种兼毫笔 45 支/天×25 天 = 1125 支。假设每支毛笔的销售价格为 3 元，则每个月毛笔生产总值为 1125 支×3 元/支 = 3375 元。毛笔生产成本分芯毛、护毛、杂毛三部分，假设芯毛、护毛混合毛料为每斤 170 元，每斤可制作毛笔 140 支，则每天芯毛、护毛生产成本为 170 元/斤×1/140 斤/支×45 支≈54 元，每天杂毛生产成本为 0.4 元/支×45 支 = 18 元，每天毛笔生产成本为 54 元+18 元 = 72 元，每月的毛笔生产成本为 72 元×25 = 1800 元，因此夫妻两人每个月生产这种小型兼毫笔的纯利润为 3375 元 - 1800 元 = 1575 元，每人月平均工资为 787.5 元。

如型号Ⅲ：小型纯羊毫笔，规格为笔头 2 寸，直径 10 毫米，假设每人每天工作 8 小时，每人每天可以制作 15 支，夫妻两人每天可制作 30 支。根据型号Ⅰ集日计算可知，除去集日后每月工作日为 25 天，每月可生产这种笔 30 支/天×25 天 = 750 支。假设每支毛笔的销售价格为 10 元，则每个月毛笔生产总值为 750 支×10 元/支 = 7500 元。毛笔生产成本分芯毛、护毛、杂毛三部分，纯羊毫笔芯毛成本较高，假设芯毛、护毛混合毛料为每斤 450 元，每斤可制作毛笔 140 支，则每天芯毛、护毛生产成本为 450 元/斤×1/140 斤/支×30 支 ≈ 96 元，每天杂毛生产成本为 0.5 元/支×30 支 = 15 元，每天毛笔生产成本为 96 元 + 15 元 = 111元，每月的毛笔生产成本为 111 元×25 = 2775 元，因此夫妻两人每个月生产这种小型纯羊毫笔的纯利润为 7500 元 − 2775 元 = 4725 元，每人月平均工资为 2362.5 元。

如型号Ⅳ：小型纯羊毫笔，规格为笔头 2.6 寸，直径 14 毫米，假设每人每天工作 8 小时，每人每天可以制作 10 支，夫妻两人每天可制作 20 支。根据型号Ⅰ集日计算可知，除去集日后每月工作日为 25 天，假设每支毛笔的销售价格为 18 元，则每月可生产这种小型兼毫笔 20支/天×25 天 = 500 支。每个月毛笔生产总值为 500 支×18 元/支 = 9000元。毛笔生产成本分芯毛、护毛、杂毛三部分，这种纯羊毫笔芯毛比型号Ⅲ成本稍高，假设芯毛、护毛混合毛料为每斤 560 元，每斤可制作毛笔 80 支，则每天芯毛、护毛生产成本为 560 元/斤×1/80 斤/支×20 支 =140 元，每天杂毛生产成本为 1 元/支×20 支 = 20 元，每天毛笔生产成本为 140 元 + 20 元 = 160 元，每月的毛笔生产成本为 160 元×25 = 4000元，因此夫妻两人每个月生产这种小型纯羊毫笔的纯利润为 9000 元 −4000 元 = 5000 元，每人月平均工资为 2500 元。

夫妻两人从事上述四种类型毛笔制作所产生的经济利润及人均月工资详见表 4—1：

表 4—1　　　夫妻笔坊毛笔头制作经济利润及人均月工资统计

型号	长度（寸）	直径（毫米）	每日生产量（支）	每月工作时间（天）	单支售价（元）	月生产总值（元）	月生产总成本（元）			生产总利润（元）	人均月工资（元）
							芯毛	护毛	杂毛		
Ⅰ	2	10	50	25	2.5	3125	1250		375	1500	750
Ⅱ	2.2	13	45	25	3	3375	1350		450	1575	787.5
Ⅲ	2	10	30	25	10	7500	2400		375	4725	2362.5
Ⅳ	2.6	14	20	25	18	9000	3500		500	5000	2500

　　表4—1反映出兼毫笔和纯羊毫笔的收入差距（利润）悬殊，兼毫笔的利润微薄，而纯羊毫笔的利润较高。笔者从调查中发现，大多数笔坊都是制作兼毫笔，纯羊毫笔在市场上销售量不大，一般都是销售商定制后才会去制作，周鹏程指出，"市场上比较好销售的是兼毫笔，纯羊毫、大型兼毫笔市场销得很少，一天卖不出去多少支"①。当然，也不是完全制作兼毫笔，一般笔坊也制作一些纯羊毫笔，但量很少，制作太多就会压货，这样建立在所制作的纯羊毫笔都能够销售出去的假设基础上，那些兼做纯羊毫笔和兼毫笔的笔坊，其经济利润会比单纯制作型号Ⅰ、Ⅱ两种毛笔的笔坊利润稍高。在文港，技艺较好或毛笔已打出品牌的制笔技师收入还可以，他们制出的毛笔不愁销售，而一般的制笔技师每月收入都在1500元以下，即便有收入高一点，大多都是加班加点埋头苦干的结果，其劳动时间一般都在10个小时以上，且没有节假日的概念，因为笔坊的家庭性，很多毛笔制作技师几乎所有的空闲时间都在赶制毛笔。而毛笔市场的逐渐萎缩，毛笔制作成本价格的上升，决定了笔坊雇用笔工的工价也不是很高，根据性别及技术熟练程度所开出的工价大概每天为30—50元。至于笔杆（管）制作利润就更低，因为传统毛笔制作的核心技术就在于毛笔头，笔杆（管）制作技术性要求较低。传统笔杆（管）制作的窘境，从事笔杆（管）加工大半辈子的文港奇门村徐先水老人的话语中就可以领略到："我们一天大概（可以挖笔杆）千把支，一般（挖）两头，只有六分钱，两个老人家，一千支，一个挖笔头，一个装进去，两个工60块钱，一个工30块钱，我们是老人家，年轻人划不来。"②

　　机械化、半机械化媒介工具的逐步渗入，使得传统手工艺在现代技术面前"失语"，现代技术的廉价工业产品，直接冲击传统手工艺存在的文化生态，毛笔制作也一样，传统制作技艺在廉价机械产品的冲击下，利润低微，因而毛笔制作尤其是笔杆（管）制作面临消亡的困境，机械制作的笔杆高效、标准，而传统手工挖孔技术显得笨拙、低效，甚

---

　　①　访谈对象：周鹏程，男，1954年生，小学文化。访谈时间：2011年1月16日。访谈人：刘爱华。

　　②　访谈对象：徐先水，男，1933年生，两年私塾。访谈时间：2010年7月28日。访谈人：刘爱华。

至镶管镶套技术绝活也几近失传，"艺在人身，艺随人走"、"艺在人在，人亡艺亡"的现象突出，毛笔制作技艺的传承难以为继。与经济效益联系在一起的是社会地位，毛笔制作的利润低微，毛笔制作技师或笔工的地位也因之沦落，由传统社会群落中见过世面的有身份地位的手艺人开始沦为现代社会边缘化的手工匠人、笔工。谈到制笔的辛苦及制笔人的地位，制笔技师雷礼华说："做手艺的（人）现在地位很低下，因为这个工作很辛苦，很枯燥，一天到晚都泡在水盆里（毛笔头制作大多数工序都是在水盆中进行的），年轻人做毛笔甚至找对象都受很大影响，所以现在文港很多年轻人都不愿做毛笔，宁愿去外地进工厂给别人打工。"[1]

二　笔业的交换理论观照

笔业社会的流动，社会结构的静态化，笔业竞争的失序，毛笔制作技师或笔工地位的沦落，毛笔制作技艺的衰微等等，都不仅仅是经济交换问题，还涉及社会交换。

社会交换理论是 20 世纪 60 年代在西方社会学界兴起并在全球范围内广泛传播的一种社会学理论。交换理论的产生源自古典经济学中的交换论。第一位明确提出"供求法则"的人是亚当·斯密（Adam Smith，1723—1790），其后他和其他古典经济学家开始运用理性人这个概念，为社会学交换论奠定了理论基础。

交换理论不是一种独立的理论体系，而是功利主义经济学、功能人类学和行为心理学的混合物。人类学中的交换理论，由弗雷泽（James Frazer，1854—1941）、马凌诺斯基（Malinowski，1884—1942）、马塞尔·莫斯（Marcel Mauss，1872—1950）和列维—斯特劳斯（Claude Lévi-Strauss，1908—2009）所创造与丰富。1919 年，弗雷泽爵士的《圣经旧约中的民俗》（*Folk-lore in the Old Testament*）的第二卷导出了有关社会制度的第一次明晰的交换理论分析。[2] 他分析初民社会的亲属

---

[1]　访谈对象：雷礼华，男，1963 年生，初中文化。访谈时间：2010 年 7 月 30 日。访谈人：刘爱华。

[2]　［美］乔纳森·H. 特纳：《社会学理论的结构》第 7 版，邱泽奇、张元茂等译，华夏出版社 2006 年版，第 255 页。

模式和婚姻关系得出个体的经济动机促成社会交换从而形成一种特定文化的社会模式，权力和地位产生于交换过程中。马凌诺斯基是第一位明确区分经济交换与社会交换的学者。在人种志著作《特罗布里安德岛民》（the Trobriand Islanders）中他论述了一种叫"库拉圈"的封闭性交换圈，即顺时针流动的红贝壳项圈（soulava）和逆时针流动的白贝壳臂镯（mwali）的一种礼仪性交换。在《西太平洋的航海者》（Argoanut of the Western Pacific）中则进行了更为深入的探讨。库拉交换具有隆重的象征意义，它主要不是为了追求经济利益，而是为了加强人际关系，"在这种交换中，没有人会长期保持有一件物品。库拉关系不会因完成一次交易而完结，其原则是'一旦库拉，总是库拉'，伙伴关系是终身的"[①]。与弗雷泽和马凌诺斯基不同，莫斯则贬低个人在交换中的作用，而从宏观的层次即社会的角度来研究这种交换行为及其维系机制。"首先，不是个体、而是集体之间互设义务、互相交换和互订契约……其次，它们所交换的，并不仅限于物资和财富、动产和不动产等在经济上有用的东西。它们首先要交流的是礼节、宴会、仪式……第三，尽管这些呈献和回献（contre prestation）根本就是一种严格的义务，甚至极易引发私下或公开的冲突，但是，它们却往往通过馈赠礼物这样自愿的形式完成。我们建议把这一切称为总体呈献体系（système des prestation totales）。"[②] 法国结构主义主要代表人物列维—斯特劳斯也从社会结构的角度对交换行为进行深入研究。他对弗雷泽、马凌诺斯基及心理行为主义者的交换理论表示了不同意见，提出了最明确最详尽的、类似莫斯的结构交换理论，主张对交换本身的研究应该重于交换之物的研究。"交换的主要功能是实现更大的社会结构上的整合。他还强调，交换模式随着不同的社会组织类型而不同，它们受社会规范和价值观的调节。"[③]

---

① ［英］马凌诺斯基：《西太平洋的航海者》，梁永佳、李绍明译，华夏出版社 2001 年版，第 77 页。

② ［法］马塞尔·莫斯：《礼物：古式社会中交换的形式与理由》，汲喆译，上海人民出版社 2005 年版，第 8 页。

③ ［美］亚伯拉罕：《交换理论》，陆国星、史宇航译，《国外社会科学文摘》1985 年第 7 期。

社会学领域交换理论的研究，早期代表人物有马克思（Karl Marx，1818—1883）、韦伯（Max Weber，1864—1920）、齐美尔（Simmel Georg，1858—1918）等，他们在相关著作中对交换都有论述。现代社会交换理论的代表人物则有霍曼斯（George Casper Homans，1910—1989）、布劳（Peter Michael Blau，1918—2002）以及后来的埃默森（Richard M. Emerson，1925—1982）。这里简单介绍马克思、齐美尔、霍曼斯和布劳的社会交换理论。

马克思的交换理论暗含在其冲突论中。马克思在分析资本家与工人之间的交换关系时，从阶级分层的角度描述了潜伏在资本家与工人之间的交换关系。马克思在辩证冲突理论中强调了内在资源分配不平等的一些交换内因，是其对交换理论的主要贡献。齐美尔的《货币哲学》集中体现了其交换理论思想。他不仅分析了货币出现对交换的重要影响，还提出了部分社会交换的要素、社会交换原则及其他相关命题。如社会交换的要素，他认为包括以下几个："冀望得到自己不具有的贵重物品；某一可辨识的人拥有这一物品；提供有价值的物品以及从他人那里得到自己想要的贵重物品；拥有贵重物品的人接受其物品。"[①] 他认为金钱的出现推动了交换，改变了社会关系的结构。

霍曼斯的社会交换理论受到了斯金纳（Burrhus Frederic Skinner，1904—1990）行为心理学的明显影响，他认为人类行为和社会组织只有按照从动物行为的研究中得出的心理学原则才能做有效的解释。"交换理论应当从一开始就区分出个人的、直接的相互关系，应该首先注重研究个体间范围有限和直接交换的场合，并且承认心理动机（与社会结构动机相对立）对交换关系的重要作用。"[②] 他认为，个人的社会行为主要不是受社会（结构）约束作用的结果，而是个人追求功利和收益、满足心理需求的结果。因此，支配着个人社会（交换）行为过程的

---

①　［美］乔纳森·H. 特纳：《社会学理论的结构》第 7 版，邱泽奇、张元茂等译，华夏出版社 2006 年版，第 266 页。

②　［英］特纳：《霍曼斯的交换理论》，潘大谓、王洁译，《国外社会科学文摘》1987 年第 9 期。

原则，是功利原则。布劳交换理论的基本原则与霍曼斯有很多相似之处，而且也是从应用与霍曼斯相同的初级行为心理学观点开始其交换论研究的。布劳虽然承认心理学的重要性，但在分析中更偏向社会结构，注重社会结构产生的过程和机制。例如，就一个社会所包含的众多不同的职业群体或宗教派别来看，一个社会或多或少是"异质的"，而对一个人就不能这样来描述。布劳认为，社会结构的这种属性与心理性不同，本质上是社会性的，并且它们只是在社会（而不是小群体）所特有的复杂的相互作用的脉络中才会"应变"而生。① 布劳在阐述社会交换理论时虽然偏重经济学，但他也认识到了社会交换和经济交换的重要差别，即非正式性和非特定性，"社会交换在重要的方面不同于严格的经济交换。基本的和最关键的区别是，社会交换引起了未加规定的义务……相反，社会交换涉及的是这样的原则，一个人帮了另一个人的忙，尽管存在对某种未来回报的一般期望，但其确切性质并没有在事前做出明确的规定"②。

文港毛笔交易在表面上看是一种经济交换，在交易中通过钱物的交换，得到彼此所需要的资源。社会心理学家 E. 福阿（E. Foa）与 U. 福阿（U. Foa）共同对资源下的一个定义是：可以通过人际行为传递的任何物质的或者符号的东西。他们将社会交换中所涉及的资源归为六大类：爱、地位、服务、货物、信息以及金钱。③ 当然，在布劳看来，社会交换所涉及的资源不仅仅是这六大类，还包括尊重、友情、信任、权力等等，因而，在毛笔交易中进行外在的经济交换的同时也在进行内在的社会交换，亦即进行地位、信息、服务、信任、尊重、友情等的交换。

笔业经济交换和社会交换是独立的，又是相互结合的，在交换时空中，经济交换是明显的，双方通过钱物交换，甲方提供货物（毛笔产

---

① ［美］华莱士：《现代社会学交换理论的基本命题》，费涓洪译，《国外社会科学文摘》1985 年第 7 期。

② ［美］彼得·M. 布劳：《社会生活中的交换与权力》，李国武译，商务印书馆 2008 年版，第 148 页。

③ ［美］迈克尔·E. 罗洛夫：《人际传播——社会交换论》，王江龙译，上海译文出版社 1997 年版，第 15 页。

品资源)而得到货币,乙方就必须支付货币而得到货物(毛笔产品资源),或者相反,甲方得到货物(毛笔产品资源),乙方就得到货币。当然,交换的时空,既包括面对面的现实经济交换时空,如在集市、在笔坊中,也包括通过网络媒介的虚拟经济交换时空,如网络空间、音频空间等等。对此,周智勇简洁描述了网络交易的情况:"对方先在网页上了解我的毛笔,然后再把钱打到我的账号上,我收到钱后在(网店)管理后台看看他所需要的产品的型号、规格,再按其要求通过快递或EMS 的方式邮寄出去,陌生人主要是通过网络工具进行的。当然,如果他收到毛笔后发现与网页要求不同或有质量问题,我们保证会更换,做好售后服务的。"[①] 同时笔业经济交换又离不开社会交换,交换的双方在进行交易时都需要对彼此有一定的了解,需要建立在信任的基础上,多次经济交换的成功是社会交换长期积累的结果,社会交换累积的友谊、对彼此的尊重、信任、情感、地位等为经济交换的顺利进行创造了良好的社会心理基础。笔业经济交换与社会交换的区别如表4—2所示。

表4—2　　　　　　　　　　**笔业经济交换与社会交换的区别**

比较项	经济交换	社会交换
交换物	货币、毛料、毛笔成品、毛笔半成品及制笔工具等经济价值物	情感、服从、友情、信任、尊重、权力等社会价值物
交换规则	对等的契约规则	默认的社会规则、民俗惯例
交换时效	即时性	延时性
交换程序	正式、特定	非正式、非特定
计量单位	货币	交换双方的心理满足

笔业社会交换可以是不同群体之间进行,如毛料生产者和毛笔生产制作者、毛笔工具制作者和毛笔生产制作者、毛笔销售者和毛笔生产制

---

① 访谈对象:周智勇,男,1985 年生,大学本科毕业。访谈时间:2010 年 7 月 21 日。访谈人:刘爱华。

作者，也可以在同一群体内部进行，如在同一笔坊，笔坊主人对笔工的尊重程度、和笔工的友情如何、笔工所感受到的自己的地位状况，也直接影响其整体的团结程度、责任感及生产制作效果，"因此，如果员工感知到为集体业绩而所需承担的共同责任，一个工作组将生成更大情感凝聚力、群体责任和群体团结"[①]。对于毛笔的生产制作来说，社会交换的情感交换非常重要，它影响到员工的自我认同、责任感及工作态度。尽管毛笔生产制作具有半市场化属性，在市场社会中趋于边缘化，但笔者在调查中仍发现不同的情况，不少笔坊请不到笔工（这是毛笔生产制作生态环境变迁的结果，并不代表请不到笔工的笔坊主对笔工很苛刻），而有的笔坊越做越大，工人的责任心很强，因而，即便是毛笔生产处于困境，有些笔坊主在与员工情感交流方面付出更多心思，也能够转化为毛笔生产制作的积极因素。

　　因而，毛笔的经济交换不完全是独立的，它仍离不开社会交换，社会交换在经济交换中所起的作用有时甚至比经济交换本身还重要。社会交换的内涵不仅仅在于交换对象本身，而主要是由社会结构和社会生活所决定的。笔业社会交换不仅仅是个体之间的社会交换，更是群体内部及群体之间的社会交换。在市场经济条件下，毛笔业也不例外，被"拽入"了现代市场经济的轨道，金钱在交换中扮演了重要角色，甚至直接改变了整个社会交换的社会关系结构，"金钱的出现推动了交换，几乎完全满足了人们的基本需求。但是，金钱的价值一旦确立，就拥有权力来改变社会关系的结构"[②]。这样由于金钱的作用、技术进步及社会分工的影响，在文港笔业群体开始了不同层次的流动。同时社会交换主体所拥有的资源不同，从而形成了支配经济交换的权力，这种权力的发展推动了笔业竞争失序和经济交换的不公平格局，因而，社会交换和经济交换相互影响，直接建构了文港笔业社会现有社会结构与秩序。

---

　　① Edward J. Lawler and Shane R. Thye，"Social Exchange Theory of Emotions"，*Handbooks of Sociology and Social Research*，2006，*Handbook of the Sociology of Emotions*，Section II，p. 312.

　　② ［美］乔纳森·H. 特纳：《社会学理论的结构》第7版，邱泽奇、张元茂等译，华夏出版社2006年版，第267页。

第二节　笔业社会结构的动与静

随着社会经济的发展、科技的进步、笔业分工的细化及笔业社会结构的影响，笔业群体的经济收益、社会地位、价值认同、生活追求都发生了变化，社会群体的相对稳定开始打破，群体之间不断发生平行流动，同时，由于个性、智力、机遇及付出等差异，群体内部也发生了分化，垂直流动也在不断进行。尽管社会结构处在不断变动中，但由于群体社会交换中资源迅速集聚，权力的膨胀，笔业竞争的失序进一步加剧，文港笔业社会结构又呈现相对静止的状态，权力、财富进一步集聚到少数人手中，笔业社会结构进一步固化。

本节主要运用社会学、民俗学的理论，采用田野资料和文献资料相结合的方法，分析文港笔业群体的内外流动，尝试对文港笔业社会结构的动与静进行一番阐释，为进一步探讨文港笔业竞争失序和权力失衡提供深层社会背景。

一　技术进步与社会分工

民俗文化具有较强的稳定性，但随着社会的发展、内在环境的变迁，其文化因素也在不断变异。文港毛笔制作及其产业具有千年的文化传统，整体上比较稳定，直到近代西学东渐思潮的兴起，西方工业技术、管理制度不断涌入中国，毛笔制作这种传统手工艺受到极大冲击。从世界技术发展史来看，传统手工艺走向衰弱，工业革命是一个标志，大机器工业的广泛采用直接冲击其存在的文化生态，"自工业革命以来，所有领域的手工技能都被工业程序所取代或者由于技艺高超工匠的消失而丢失了。手工技能学习要求的一个重要投资就是从学生到教师的时间都要致力于动手学习和练习，但保存这种知识的技术手段很少"①。机器工业和手工艺之间虽然并没有直接的对立和冲突，不能以"一方

---

① M. Carrozzino, et al., "Virtually Preserving the Intangible Heritage of Artistic Handicraft", *Journal of Cultural Heritage*, No. 10, 2010, p. 2.

面强调的是数量和标准化，另一方面强调的则是质量和个性"① 这种过于简单的看法来对比，但它们之间此消彼长的关系却是必然的，对立和冲突也是主要的。机器工业不仅改变了传统生产方式、组织方式，也改变了原有的社会关系结构。正如马克思在《资本论》中写道："机器时而挤进工场手工业的这个局部过程，时而又挤进那个局部过程。这样一来，从旧的分工中产生的工场手工业组织的坚固结晶就逐渐溶解，并不断发生变化。此外，总体工人即结合工人的构成也发生了根本的变革。"② 这种变革打破了原有的生活秩序，变革着原有社会关系结构并重新建构着人们的生活。因此，毛笔由传统社会人们生活的中心地位一下跌落至边缘地带，西方硬笔书写工具、电脑技术渐渐进入人们生活的视野中心，毛笔制作因之黯然沉寂。谈起过去制笔人的地位，现在很多人仍很羡慕，"文港田地少，过去除了制笔，很少做生意的，因而，制笔的人地位很高，收入比种田高多了，很多人都很羡慕，都学制笔，家人亲戚没有制毛笔的，就通过熟人介绍拜师"。③ 改革开放以后，经济政策的放开，交通、信息的发达，文港人开始融入现代市场经济，也逐步适应和习惯机器工业、信息工业构建下的现代生活习俗。

技术的发展一方面带来了社会关系结构和人们生活方式的变迁，同时也推动了社会分工的发展。文港传统笔业分工协作较少，一般自产自销，毛笔制作一般都是一个人或者两个人完成，很多制笔工具甚至也是由自己制作的，但随着社会主义市场经济的发展，经济、效率原则逐步渗入，毛笔制作分工开始细化。笔业内有从事毛笔制作的，有从事制笔模具加工的，有从事毛笔销售的，有从事毛料采购的等等。就毛笔制作而言，又有不同的分工，有拔兔子毛的，有制笔头的，有制笔杆的，有从事毛笔雕刻的，有做毛笔盒的，甚至毛笔头制作、毛笔杆制作里面又有进一步的分工，如毛笔头制作分梳毛的、配料的、齐毛的、圆笔的、

---

① ［英］爱德华·卢西—斯密斯：《世界工艺史——手工艺人在世界中的作用》，朱淳译，中国美术学院出版社 2006 年版，第 151 页。

② ［德］马克思：《资本论》，载《马克思恩格斯全集》第 23 卷，中共中央马克思恩格斯列宁斯大林著作编译局译，人民出版社 1975 年版，第 505 页。

③ 访谈对象：ZYL，男，1965 年生，大学本科毕业。访谈时间：2010 年 7 月 12 日。访谈人：刘爱华。

修笔的等等；而毛笔杆制作也分挖笔斗的、烫花的、烤红杆的、漂白的、喷漆的等等。社会的分工无疑是一种进步，正如法国著名社会学家涂尔干（Emile Durkheim，1858—1917）所说："任何事情都在循规蹈矩地进行着。一旦整个社会的平衡状态被打破了，各种冲突因素就会爆发出来，只有依靠更加先进的分工形式才能解决这些问题：分工就是进步的动力所在。"① 但是，社会分工需要遵循行业发展规律，如果社会结构没有得到很好的调适，分工反而会使其陷入失范状态，"在任何情况下，如果分工不能产生团结，那是因为各个结构间的关系还没有得到规定，它们已经陷入了失范状态"②。因而，社会结构关系不和谐，群体之间没有很好的统一，就容易造成社会发展的混乱和无序。

文港笔业逐步细化的社会分工是社会进步的表现，但由于毛笔业的半市场化属性，有些分工的市场化程度高，有些分工的市场化程度低，笔业内部的各种关系结构不协调，合理的统一的规范没有建立起来，因而，导致社会群体经济地位、社会地位、自我认同的不同层次的差别，社会关系结构失范，社会交换呈现不和谐的倾向，因而笔业社会难以形成"有机团结"的社会。

二　社会群体的垂直、水平流动

随着社会的发展，由于现存社会结构的影响及个体的差异，社会成员的社会地位结构会发生一定的变化，社会学上称之为社会流动。"所谓社会流动指的是人们在社会关系空间中从一个地位向另一地位的移动。由于社会关系空间与地理空间具有密切的联系，因此，一般把人们在地理空间的流动也归于社会流动。"③ 社会流动的类型根据其特点可分为水平流动和垂直流动、代内流动（同代流动）和代际流动（异代流动）、结构性流动和非结构性流动（自由流动）、自然流动和人为流动，等等。社会流动不仅仅是个人行为，也是一种群体行为，英国著名历史学家彼得·伯克（Peter Burke，1937—　）还把社会流动区分为个

---

① ［法］埃米尔·涂尔干：《社会分工论》，渠东译，生活·读书·新知三联书店2000年版，第227页。

② 同上书，第328页。

③ 郑杭生主编：《社会学概论新修》，中国人民大学出版社2003年版，第243页。

体流动和群体流动。"社会流动既可能发生在社会成员个人身上，也可能发生在阶级、阶层等社会群体上。从社会学角度看，后者的意义更大。"① 本书所要论述的社会流动，也就是社会群体意义上的流动。

影响社会群体流动的主要因素包括社会生产力的发展、社会制度和社会政策、文化价值观念等。社会生产力是引起社会（群体）流动的根本原因。"生产力的发展会引起产业结构的分化重组，直接影响劳动力在不同产业间的流动。生产力的发展会引起新的社会分工，产生新的社会行业，提供新的社会职业，并使原有行业和原有职业的地位、作用和面貌发生变化，带来全面的社会流动。"② 以文港笔业社会群体流动来说，文港笔业的发展及其社会结构的变化也主要是由社会生产力引起的，是生产力发展推动社会分工的结果。在社会分工的基础上，因为社会结构的原因，社会个体所占有的资源稀缺程度不同，在社会交换中支配他人的权力有差异，从而进一步推动社会群体的分化，导致社会群体经济、社会地位分层，而这种社会分层又反过来阻止或固化社会结构。

从流动方向的角度来看，文港笔业社会群体的流动主要有垂直流动和水平流动两种。垂直流动有"沿社会阶梯向上的运动与向下的运动之间的区分"③，那些坚持和坚守制笔技艺的技师，通过自己的不断努力，制笔技艺不断提高，成为同行业中的佼佼者，在社会交换中，自己的制笔技艺成为稀缺性资源，售笔者对其毛笔产生依赖，因而在社会交换中处于强者地位，经济收入、社会地位不断提升，就是向上的社会群体流动。除此以外，容易为人所忽略的是，在文港还有向下的社会群体流动。那些制笔技艺进步不大，或者没有真正把制笔当作自己爱好的笔工，毛笔质量一般，所制作的毛笔市场上随处可见，在社会交换中处于弱者地位，对买笔者形成依赖，因而，随着社会发展与物价的上涨，其经济收入相较过去反而有所下降，社会地位亦下降，不少参加早市的笔头制作者，其收入非常低微，相对于过去，制笔者的经济收入和社会地位都有所下降，这个群体也就自然边缘化。

---

① 周运清等：《新编社会学大纲》，武汉大学出版社 2004 年版，第 205 页。
② 同上书，第 208 页。
③ ［英］彼得·伯克：《历史学与社会理论》，姚朋等译，上海人民出版社 2010 年版，第 67 页。

对这个群体的社会地位，笔者有亲身感触。笔者第三阶段的调查住在朋友桂根水家，在几次聊天中，桂大哥都向笔者提起早市农民的辛酸。为了了解早市的情况及底层制笔者的生活状况，我们相约起个早去早市看看（见图4—1）。于是2011年1月17日（农历2010年腊月二十四日）凌晨5：00多我们就都起床了。这段时间南方的天气很潮湿寒冷，因为距离农历新年也就八九天，空气中都似乎飘着即将来临的浓浓年味。好在，桂大哥家就在皮毛市场边上，所以起床不用太早。我们一出门，就听见外面喧嚷的讨价还价声音，在皮毛市场外的菜市场早就有20多人在地摊上摆好了齐好的兔子毛和制好的毛笔头。进到皮毛市场二楼，那里更是灯火通明，人声鼎沸，大概上百个提着毛笔头的农民沿着过道排开了两条人流甬道，等着顾客前来购买毛笔头。笔者看见自己身边一位男子W闲站着，就和他聊了几句。

刘：您是哪里人？

W：周坊那边老屋雷家。

刘：这么早卖笔头，您要好早起来（床）吧？

W：一般在4：00左右。

刘：这么早啊，天好冷啊。

W：嗯，年边这段时间最冷的。

刘：您怎么不拿笔头出来卖呢？（他站在卖笔头的甬道边，没有笔头）

W：我老婆在那边卖（他指指他老婆），我送她过来的。

刘：您是两夫妻做笔吗？

W：嗯，平时很忙。

刘：那除掉开支，您两夫妻制笔头一年能挣多少钱呢？

W：（笑）这个很难说，有时候好销，有时候难销，一般一天就二三十元一个人，挣不到多少，很辛苦。

这样的农民或笔工在文港占了大部分，他们的经济收入、社会地位随着经济的发展、生活水平的提升反而不断下降，他们把制笔作为一种家庭收入的补助，抱着"反正闲着也是闲着"的想法，或者除了制笔以外他们没有能力去从事其他的更挣钱的职业。他们的制笔技艺很一般，在交易中，他们的毛笔往往被廉价购买，或者换句话说，在社会交换中，他们不拥有稀缺性或优质性资源，往往是权力所支配的对象。

图4—1　凌晨5点多的早市

当然，笔业社会群体的流动更多体现为水平流动，由一种职业流向另一种职业。随着社会经济的发展，毛笔逐渐退出日常书写的领域，硬性笔、电脑的广泛应用，使毛笔成为依附书画艺术的一种存在，其地位和价值逐渐下降，毛笔的市场需求逐步减少，毛笔制作成为一种微利行业，对年轻人的吸引力也日渐减少。正如布劳所假设的："如果对一个既定职业的服务需求下降，对于这些服务获得的报酬也将随之下降，那么该职业对年轻人的吸引将更少和更不足，也许进入该职业所需要的训练也将更少。"① 因而，毛笔制作技艺尤其是毛笔头制作的传承不再像过去那么严格，过去学徒需要学三年并帮师傅做两年，而现在想学这门技艺的年轻人都很少，更别提严格的条件。很多笔工都是不得已而做一点大众化的毛笔，少数人甚至从来没学过制笔也可以制笔，制笔的训练

---

① ［美］彼得·M. 布劳：《社会生活中的交换与权力》，李国武译，商务印书馆2008年版，第232页。

相较过去更少了。在无利可图的情况下，一些有想法的笔工便开始转向其他职业，如贩羊毛、做油画笔、做笔杆，甚至少数人完全转了行，不再从事毛笔头制作。

周英亮原来也是制作毛笔头的，他是周英明的弟弟，现住在文港镇上。因为家庭经济原因，在 20 世纪 80 年代初，他放下做了几十年的毛笔制作技艺，改行从事毛料贩卖生意。谈起其过去的艰苦生活及改行从事毛料贩卖生意的往事，周英亮激动地说：

> 我十五六岁开始跟父亲学做毛笔，他那时在邹紫光阁（前塘）那边做，给人家打工。我就在自家做，再拿到市场上去卖。我五几年做，做到六几年就不能做了，做到 1980 年。我转行主要是家庭生活维持不了，身体也做出毛病来了，人家要货，我一天到晚都做，休息不了。我老婆要照看四个孩子，我就一个人做，饭都吃不上，身体做垮了。国家政策改了吗，我也改了，呵呵，不改我维持不了嘛，身体也承受不了嘛，做出毛病来了。那个时候（毛泽东时代）做毛笔不可以请人家做的，不可以把货拿到人家家里加工的，所以拼命做嘛，身体做垮了，不行了，我实话实说，我没有办法，只有改嘛。那个时候不允许个人做，所以白天到集体生产队干农活，晚上有点空就偷偷赶做笔，很辛苦的。毛笔厂一般都是老一点的人或者妇女进去，我那时候年轻力壮，不能到毛笔厂去，要到生产队种田。我家里三四个小孩，我一个人做，维持不了生活，就拼命做，晚上有时都睡不着觉，卖羊毛轻松点。①

当然，这不是偶然事件，调查时朋友告诉笔者，改行的人很多，甚至不少人完全脱离了这个行业。作为毛笔制作专业村的周坊村，很多人开始都是从事毛笔头制作的，但由于毛笔制作业的利润甚微，先后都改了行。如周建荣，住在周英发家对过，两家相隔一个小池塘。他以前是从事笔杆制作的，后来改行做油画笔。当然他改行不是因为生活压力所

---

① 访谈对象：周英亮，男，1941 年生，小学未毕业。访谈时间：2011 年 1 月 13 日。访谈人：刘爱华。

迫，而只是想提高自己的生活条件。2011 年 1 月 16 日，笔者在周英发家吃过午饭，周建荣凑巧来串门，笔者就同他闲聊起这个话题。谈起自己以前改行的经历，周建荣边抽烟边说：

> 我父母是做笔杆的，但我没有学做笔杆，因为笔杆要别人拿给你做，做笔头比较自由点，可以自己拿到市场上去卖。我 16 岁左右开始学的，跟师傅学了两年徒，在 1997 年开始单干做笔头。但毛笔头市场需求量小，后来发现油画笔头更挣钱，跑的量更大，利润大些，制作比毛笔头稍微容易点，所以在 2004 年左右我就转行做油画笔头……现在做毛笔的工序还是比较古老、比较传统的，年轻人都不愿做，而在外面做生意比做这个手艺更挣钱，更有奔头。原来做毛笔头我一年了不起顶多也就六七千元，现在做油画笔收入可以翻十番。做油画笔因为销售量大，可以请人做，毛笔销售量小，一般不请人，就自己做。以前做毛笔头我们夫妻两个人要拼命做，现在自己可以不做，请人做就行了……关键是要有销路、销量，油画笔的销量大。①

从交换理论的视角来说，推动笔业社会群体流动的主要动力是社会生产力的发展，具体来说是由于制笔业开始边缘化，不再是人们日常生活的中心。毛笔的销量很小，毛笔制作成为一般性资源，不是稀缺性资源，因而在社会交换中，制笔者的地位下降，必须付出自己的廉价劳动或服务，对购笔者产生了依赖。购笔者或者供料者拥有自己的稀缺性资源，如销路、资金、地位等，他们在交易中往往占据主动，所提供的服务或资源是制笔者所稀缺的，因而在经济交换中，他们就拥有支配制笔者的权力，在社会交换中占据主导地位，从而在交易中能够榨取高额利润。

这样，在经济杠杆的调节下，一些暂时处在劣势地位的制笔者往往通过自己的努力，或提升自己毛笔的质量，或转向利润更高的职业，从

---

① 访谈对象：周建荣，男，1968 年生，小学文化。访谈时间：2011 年 1 月 16 日。访谈人：刘爱华。

而推动了社会群体的垂直流动和水平流动。当然，还有少数制笔者由于各种原因，或不够勤奋，或智力欠缺，或社会结构内在原因，依然留在毛笔制作的职业队伍中，他们制作的毛笔水平一般，在毛笔市场需求渐减的今天，相较而言，他们的收入水平实际上处于递减的状态，社会地位也不断下降，这就是向下运动的社会群体流动。当然，笔业社会群体的流动不仅仅限于制笔者，其他制笔工具加工、笔料贩卖等行业从事者都存在这种社会群体的垂直流动和水平流动。

三　动态社会结构的静力学

笔业社会群体是不断流动的，会呈现垂直流动和水平流动的趋势，甚至也有代内流动和代际流动的现象。很明显的，在文港，祖辈、父辈都在做毛笔，但在儿孙一辈开始，就很少年轻人做毛笔了，他们多半从事与毛笔相关的毛笔销售，或者完全改行，这就是代内流动和代际流动的现象。从这个意义上来说，文港笔业社会是一个流动的社会，笔业的社会结构呈现动力学的趋势，但是从另一个角度来说，文港笔业社会又是静态的，呈现鲜明的静力学趋势。

从交换理论的视角来看，社会交换是建立在公平、公正基础上的，笔业的交易应该也是公平、公正的。但实际上，由于在交换中所占有的资源或服务不同，因而社会交换中所拥有的支配他人的权力也存在差异，少数人由于经济、社会、文化、资源等优势，在社会交换中占据主动，在交换中往往可以支配他人，拥有更多权力，而一般的笔业从事者无法提供稀缺性资源，往往成为被支配对象，交换双方就在似乎"平等"的规则中进行交易，实际上这是以服从权力为条件的。对于一般的笔业从事者，他们无法拥有跻身"上等"社会的机会，除自身因素外，也有社会结构的因素，因为少数权力所有者通过长期的社会资源、关系网络、经济资本的积累，无论经济收入、社会地位，前者都无法企及，因而形成了一个固化的职业阶层，其他的小资本很难进入，社会结构也趋于固化。从现实来看，文港笔业社会从事毛笔制作的还是"芸芸众生"，而从事毛笔销售的大资本只是少数，大量的小资本想要从事毛笔销售，现实来看是不可能的。很多人根本没有足够的资本，他们的生活仍只停留于满足基本的生活需求，他们的垂直流动多于水平流动，社会结构的调整不能给他们带来真正地位的改变，"他们得为调整过程付出代价。他们对该职业的义务——这阻碍着他们中的大多数人向其他职业的流动——意味着他们接受的是对他们的投入的不公平回报"①。

笔业社会群体的流动是一种相对的流动，由于社会阶层的分化及社会结构内在原因，社会群体流动很有限，处于下层的普通民众不得不承受社会结构固化的代价，他们必须服从少数大资本的权力，"平等"地被剥削，劳动成果大部分被其占有。当少数人通过自己努力开始向上流动或流向其他职业时，大多数普通民众仍停留在原地，或者又有新的群体陷入底层社会，社会结构的固化使得笔业社会群体的流动不断受到阻碍，使得笔业社会结构呈现动态的静力学。造成这种现象的根本原因在于社会交换中权力的失衡、笔业社会竞争的失序。

第三节　笔业竞争与权力秩序重构

笔业社会结构的动态是相对的，笔业竞争的失序、权力交换的失衡，使得社会结构不断固化，社会流动亦趋向静态。具体来说，在交易中，制笔者处于"平等"的弱者地位，对供料者和售笔者提供的资源或服务都产生了很大的依赖，权力交换趋向非均衡化。而权力的均衡化对半市场化笔业来说，其运作机制不免标本化，实效性不强。因而，权力的均衡化运作需要引入第三方——国家（政府）的力量，以重建市场秩序和权力运作机制，推动半市场化笔业竞争在动态的平衡中发展。

本节主要从交换理论的视角，运用社会学、民俗学的理论尝试探讨笔业市场竞争中的权力交换问题，从而阐释现阶段文港笔业社会秩序、社会结构的深层问题，以期从社会结构方面来阐析半市场化笔业发展存在的困境。

一　权力失衡：笔业竞争失序的根源

竞争是社会发展的动力，但也可能成为阻力，这就要看竞争的秩序

---

① ［美］彼得·M. 布劳：《社会生活中的交换与权力》，李国武译，商务印书馆 2008 年版，第 233 页。

如何，秩序由谁掌控。以文港笔业来说，近年来发展呈现欣欣向荣的景象，2004 年，文港镇被中国轻工业联合会、中国制笔协会、中国文房四宝协会联合授予"华夏笔都"的荣誉称号。2006 年，进贤文港毛笔制作技艺也荣登江西省首批非物质文化遗产名录。2012 年 5 月 19 日，文港镇再次被中国轻工业联合会、中国制笔协会、中国文房四宝协会联合授予"中国毛笔之乡"的荣誉称号。据统计，目前该镇现有制笔企业 3000 多家，在全国县级以上城市开设营销网点 7000 多个，年产销各类笔 75 亿支，其中毛笔的年产量为 1.5 亿支。① 到 2011 年，文港镇全镇大小毛笔生产作坊和经营企业共有 2100 多家，从业人员达 1.5 万人，占劳动力总数的 60%，年产销毛笔 6 亿支，年产值达 12.85 亿元，出口创汇 3000 万美元。② 而湖笔，据统计，到 2011 年底，湖州从事湖笔生产和经营的企业 182 家，家庭作坊 187 家，主要集中在善琏、双林、练市等乡镇。2011 年全市生产湖笔 1500 万支，完成工业总产值 1.2 亿元，占全市工艺品及其他制造业工业总产值的 10.63%。从业人员 1500人，其中一线做笔职工 1200 人。③ 但是，文港笔业繁荣的表象后面也隐忧重重，光鲜之后掩盖着观念的短视、秩序的紊乱、竞争的无序，主要表现为：一是利润至上。半市场化笔业的分工，使得很多制笔技艺高超的农民能够成为专业制笔技师或笔工，这是一个进步，但同时也是以其政治、经济、文化地位受损为代价的。现代技术社会重视技术而忽略其他，容易诱导社会唯"利"是从，"导致人只从技术的标准、特定的视角去看待万物，市场价值、利润大小成了衡量一切事物的标准"④，因而利润至上的理念推动人们特别是商人去苦心营造社会关系网络，拓宽销售渠道，而忽略技艺本身及其文化价值，使产业链条的最重要一环边缘化。二是产权置换。按常理，商品的产权属于生产制作者，因为生产制作者生产产品的成品，或者生产产品的最核心部分。但半市场化笔业不尽然，在生产制作中与市场保持了一定的距离，制笔者没有能力也没

---

① 刘爱华：《现代毛笔老大的隐忧》，《中国文化报》2010 年 6 月 22 日第 5 版。

② 周苏雁：《进贤文港获"中国毛笔之乡"称号》（http：//news.163.com/12/0520/05/81U4CK4N00014AED.html）。

③ 刘慧：《善琏湖笔　水墨江南》（http：//nx.hz66.com/content.asp？Id=10143）。

④ 许良：《技术哲学》，复旦大学出版社 2004 年版，第 64 页。

有精力去全面把握市场信息，个体笔坊的毛笔生产量也极其有限，且随着毛笔市场需求的萎缩，毛笔制作技艺及其产品不再是稀缺性资源，制笔者处于"平等"的弱者地位，对毛笔销售价格的决定权为少数大资本所掠取。而更重要的是，毛笔制作是制笔者谋生的手段，为生存考虑计，制笔者必须把自己的劳动产品销售出去。而毛笔制作又极度依赖于市场，顾客的需求决定毛笔的性能、形式及个性。① 相对于制笔者，少数大资本则主要精力在销售，他们掌握了很多社会资源、关系网络，经济实力较强，对市场需求信息掌握得更多，拥有制笔者希望得到的稀缺性资源或服务，也就拥有了支配制笔者的权力。他们从制笔者那里购买一些制作较好的半成品的笔头和笔杆，聘请笔工对其进行技术含量较低的组装或加工，再贴上自己的商标，因而毛笔制作的产权在"公平"交换中被置换。三是广告虚华。广告是一种重要的宣传手段，但广告的宗旨是建立在诚信、真实的基础上的。笔者在调查中，发现很多广告虚而不实，无中生有，对陌生顾客具有很大的欺骗性，诸如很多完全不制笔的笔庄在广告中也标贴"制笔世家"、"世代制笔"等称谓，更有甚者直接打上"国家级非物质文化遗产"的大标签，内中的虚假不得而知。四是价格控制。在文港笔业社会，由于社会分工与分层的多元化，行业内部又形成了不同的大资本，他们可以利用自己的资源优势调控毛笔及其附属产品的价格，从中榨取高额利润。

文港笔业竞争的无序，根源于权力交换的失衡，我们可以运用埃默森（Richard Emerson）的交换网络理论进行阐析。

埃默森认为，社会结构是由求求提升其资源价值的行动者之间的交换构成的。其交换理论的核心概念包括：权力（power）；权力运用（the use of power）；平衡（balance）。行动者所具有的权力严格依赖于其他行动者对其资源的依赖。也就是说，权力大小取决于行动者对稀缺性资源的控制程度，如果其他行动者找到了相应的替代性资源，那么行

---

① 虽然一般商品也按照顾客需求生产，但其作为生活必需品，市场需求量大或有潜在的巨大市场需求，生产厂家无须适应顾客的需求或者说只能按集体概念的顾客需求去生产，而不是个体的顾客需求，其产品是模式化的。半市场化手工艺品不同，如毛笔、瓷板画、泥人等，它不是生活必需品，而是精神文化用品，市场需求很小，不是顾客所必需的稀缺性资源或服务，因而它必须按照个体的顾客需求去生产，其产品是个性化的。

动者的权力优势也就渐趋消失。因此，行动者 A 对行动者 B 的权力，取决于 B 对 A 所拥有资源的依赖，反之亦然。

在埃默森的理论体系中，依赖（dependence）被看作权力的终极源泉，依赖程度的大小取决于他人手中资源价值的大小和其他替代资源数量与获得成本大小。在 B 认为 A 的资源很有价值且没有替代资源的条件下，B 高度依赖于 A，因此，A 对 B 的权力就大，反之亦然。这样，行动者之间就有可能形成高度的相互依赖。

当某一行动者比其他行动者拥有更多的权力，则他就会进行权力运用，借此从其交换对象中掠夺额外的资源或者降低其从交换对象中获取资源的成本。假如 B 依赖于 A，则 A 对 B 就拥有权力，那么，A 就有权力优势（power advantage）并将运用它。这样的关系是权力不平衡（power imbalance）。[①]

从以上理论阐述中，我们不难得出这样的结论：交换关系的失衡是拥有不均衡权力的行动者进行权力运用的结果，权力的形成源自不同行动者对稀缺性资源的控制。具体到文港毛笔，笔业竞争的失序除了半市场化本身局限外，即既极度依赖于市场又超然于市场的矛盾关系，另一个重要原因就是笔业主体权力的不平衡。

在文港，由于社会分工的发展，形成了门类齐全的毛笔制作加工体系，包括原料供应、原料加工、工具制作、毛笔制作、毛笔销售等环节。这些环节牵涉不同行动者复杂的权力关系，为了简化分析，这里只选取三个主要环节的行动者：供料者（材料供应者）、制笔者和售笔者。

文港毛笔制作历史悠久，从业队伍壮大，如文港的周坊村周氏，祖籍河南汝州，东汉末年从河南汝阳迁徙而来，靠制造毛笔起家，世代繁衍，其制笔技艺渊源于秦代都城咸阳（西周称镐京），家家是作坊，人人会制笔。[②]另据族谱记载，文港镇的邹姓是山东迁来的，文港毛笔的

① ［美］乔纳森·H. 特纳：《社会学理论的结构》第 7 版，邱泽奇、张元茂等译，华夏出版社 2006 年版，第 291—292 页。

② 陈良学：《明清川陕大移民》，中国文联出版社 2009 年版，第 343 页。

制作技艺是在西晋时由山东省邹县传授而来，至今有 1600 多年的历史。① 也就是说，文港制笔传统深厚，制笔者人数众多，虽然制好笔的人数有限，但总而言之，制笔技艺作为一种资源是丰富的。制笔者需要原材料，需要寻求质优价廉的山羊毛、黄鼠狼尾毛、野兔子毛等毛料，而这些毛料文港本地并不具备，需要供料者从各地贩运或专门制作（如人造尼龙毛）。对于制笔者来说，由于分工的原因，他们缺乏各地毛料的价格信息或没有精力从事毛料自我贩卖，因而对于他们来说，质优价廉的毛料是其必需的资源。这样，制笔者就必然依赖供料者的毛料，后者对前者就拥有了权力。同样，由于制笔技艺对于售笔者来说不是稀缺性资源，售笔者可以随便买到各种类型的笔头和笔杆，他们不必依赖于制笔者的制笔技艺，因此，他们就拥有了对制笔者的权力。"足够的权力使某些人能够垄断资源，并使其他人越来越依赖于他们。"②制笔者需要把制好的毛笔卖出去，就需要依赖售笔者所掌握的全国各地的广大市场信息，通过他们销售，收回成本，挣取盈余。对于制笔技艺一般的制笔者来说，这种依赖性就更强烈。因而，售笔者的权力优势使得其不必顾及交换对象，即制笔者的利益，他们可以尽可能降低购买毛笔构件或成品的成本，并贴上自己的商标，提高自己的市场销售价格，从中榨取更多额外利润。

埃默森"权力—依赖"关系的研究，对半市场化笔业竞争失序的市场状况具有很强的实用性和阐释力度。相对来说，制笔者对供料者和售笔者形成了相纠结的单方面依赖与义务，因为对原料和销售市场的依赖，使得后两者对其具有很大的权力，他们可以利用其权力优势，迫使制笔者提供服务或履行义务，而不必担心侵害其利益而遭遇报复。因而，在文港毛笔市场上，权力的失衡与偏向，制笔者对供料者和售笔者的依赖性逐步加强，导致笔业市场竞争中销售、产权、广告、价格等呈现出"怪异"的失序状态，而这也进一步反映了半市场化笔业产与销之间的内在固有矛盾。

---

① 聂国柱、陈尚根主编：《江南毛笔乡》，《进贤县文史资料》总第 16 辑，1993 年版，第 8 页。

② ［美］彼得·M. 布劳：《社会生活中的交换与权力》，李国武译，商务印书馆 2008 年版，第 275 页。

二 权力均衡运作机制的标本化

对于群体类间交换的研究，埃默森引入了单边垄断[①]和劳动分工两种基本社会形式。在不平衡交换关系中，随着新的资源或新的行动者的嵌入，依赖、权力与均衡会发生变化。根据埃默森对单边垄断均衡化的分析，这里把他论述的单边垄断趋于平衡的附加推论与命题概述如下：其一，A 与多个 B 之间的交换关系越是趋于单边垄断，每一个 B 带入的额外资源就越多，而 A 的资源效用保持不变或减少；其二，A 与诸 B 之间的关系越是趋于单边垄断，对于诸 B 来讲，A 通过持续交换提供的资源就越没有价值；其三，如果诸 B 之间可以有效沟通，就可能形成一个联合体并要求 A 与这个联合体进行交换；其四，如果某个 B 可以提供其他 B 所没有的资源，就会出现诸 B 之间的劳动分工。或者，如果有其他替代资源，A 的权力优势就会减弱。[②] 所有这些均衡运作机制被设计用于降低诸 B 对 A 的依赖，或者提高 A 对诸 B 的依赖。

在文港笔业中，制笔者和售笔者不是上下级的关系，他们的交往更多体现为资源交换，在交换中因为对资源或服务的依赖程度不同，彼此之间容易形成权力不均衡。埃默森认为不均衡的权力运作会激发权力的平衡化，但是，依靠交换圈内部自身的权力均衡化有时难以奏效，我们通过仔细分析发现，在文港的半市场化笔业中权力均衡运作机制并不能产生实效，制笔者对售笔者的依赖在目前阶段仍无法减弱，权力的非均衡格局仍在加剧。主要原因有：

第一，在笔业半市场化条件下，制笔者很难寻找到适合的替代性资源。半市场化笔业虽然以市场为导向进行生产，且交易也按照市场规则进行，但在生产方式上仍是一种传统手工艺，生产很难适应现代市场经济的节奏，在制作方式、生产规模及产品标准化、稳定性等方面仍与现代化生产保持着距离，因而，它只能是一种"半"市场化的经营模式。

---

① 单边垄断是一种理论模式，实际交换关系中可能存在多个单边垄断或网络中心，从分析效果考虑，这里把制笔者看成诸 B，售笔者看成 A，暂时忽略供料者的单边垄断交换关系。

② ［美］乔纳森·H. 特纳：《社会学理论的结构》第 7 版，邱泽奇、张元茂等译，华夏出版社 2006 年版，第 293—294 页。

这种半市场化的经营模式，依托传统作坊，主要采用手工劳作，凝结在产品中的不仅有技艺本身，还有劳动者的人化情感、生活感悟和价值认同。毛笔制作，对制笔者来说，是一种谋生的手艺，始终贯穿着手艺人难以割舍的情感。文港当地现在仍流传"家有千金，手艺防身"、"家有良田万顷，不如薄技在身"等谚语，说明手艺人对自己的手艺怀有深厚的情感，不想轻易放弃自己吃饭的本领。对制笔人来说，他们很看重自己的手艺，几乎每天都在进行毛笔制作，且制笔很精细繁杂，他们没有精力、时间或者没有能力去从事制笔业其他相关工作，技艺就是他们的谋生手段，也是他们唯一可以依赖的资源，换句话说，他们无法找到适合的替代性资源。按照埃默森的理论，如果行动者能够寻找到替代性资源，那么就会促进社会分工的发展，降低对交换对象的资源依赖性，或者说减少交换对象的权力优势。从文港制笔业实践来看，制笔者虽然也有交往圈子，但也多半局限于文港这个所谓熟人社会的小范围内，他们很难把握全国各地的销售网络、市场信息，而这些东西正是他们主要的依赖资源。由于客观条件的限制，制笔者没有多少时间或精力拓展销售渠道，制笔技师周茂水的话道出了其苦衷，"卖笔的人钱比我们挣得多，但这也没办法，我们是手艺人，只会制笔，平时制笔都忙不过来，哪有时间去搞销售，外面的关系网络、销售途径我们都很有限"。[①] 更何况社会分工早已经形成，而且分工很细密，很难有进一步拓展的空间。因而，民俗传统的惯性影响，制笔者不可能带入额外资源或替代性资源，他们只能永远处于"平等"的弱势地位。

第二，在无法寻求替代性资源的条件下，制笔者很难提高自己提供给售笔者资源或服务的价值。民间手工艺价值的提升主要有两条途径：一是提高手工艺品的内在价值；二是增加手工艺品的外在价值。以毛笔制作来说，内在价值的提升表现在制笔工艺的精细化，在毛笔制作质量上下功夫。毛笔制作是很精细、繁杂的工作，技艺水平的提升需要长期的摸索、探究，也需要制笔者的悟性。周鹏程对制笔的难处感受极深。他说："制笔不容易，需要悟进去，需要懂这支笔，什么笔要制成什么

① 访谈对象：周茂水，男，1975年生，初中文化。访谈时间：2010年7月20日。访谈人：刘爱华。

性能，这是千难万难的，毛笔有几千上万根毛，要配成七八层以上，每一层只要相隔一根线的位置，制出的笔都不相同。"① 毛笔是一种特种工艺，学会容易学好难，因而提高毛笔的制作水平很不容易。即便技艺水平提高明显，仍无法改变半市场化笔业的现状，无法摆脱售笔者对毛笔交易价格的控制。因为社会结构的固化及社会分工的细化使得社会阶层分化严重，售笔者长期积攒了人脉、销售网络，积累了相对较多的经济资本、文化资本和社会资本，在交易市场上占据主导地位，几乎可以左右文港毛笔的销售。以外在价值的提升来说，这种增值的空间也不大，因为外在价值的增加，主要体现在毛笔装饰上，通过加工、包装增加毛笔的附加值，而文港毛笔行业经过长期的发展，已经形成了门类齐全的专业分工部门，从事相应工作的社会阶层也基本固化了，市场也基本饱和。比如有专门的毛笔微雕业、笔盒加工业、毛笔包装业，从业人员不少。一句话，在现阶段，由于文港毛笔配套工序高度发达，在提高毛笔价值方面做文章，可能性不大。

第三，在交换处于劣势的情况下，制笔者很难保持社会独立性。交换理论另一位重要理论家布劳认为，"通过向别人提供所需要的服务，一个人建立了对于他们的权力"②。他分析了权力产生的两种来源，一种是直接来源，即能够被扣留的经常性的基本报酬；一种是间接来源，即惩罚的威胁。在现实中，权力的这两种来源都可能存在，不过呈现出的是相互交织、渗透的状态。权力具有辩证性，是相互的，但在现实中，由于资源或服务的不对称性，权力优势的发展往往导致权力的非均衡化。如果某个行动者为他们提供了他们不能从别处轻易获取的必需的服务，"除非他们能向他提供其他的利益，通过使他同等地依赖于他们，这些利益就产生了相互依赖，否则他们的单方面依赖使他们服从他的要求，以免他不再继续满足他们的要求"③。从现实来看，使交换对象同等地依赖行动者的交换关系只能是理想的，彼此依赖必然有程度的

---

① 访谈对象：周鹏程，男，1954 年生，小学文化。访谈时间：2010 年 4 月 29 日。访谈人：刘爱华。

② ［美］彼得·M. 布劳：《社会生活中的交换与权力》，李国武译，商务印书馆 2008 年版，第 179 页。

③ 同上。

区分，而这种区分的进一步加大必然导致权力的非均衡化或者产生单方面的依赖与义务。权力非均衡化的发展，必然使提供的资源或服务产生强烈的束缚，使物服务于人颠倒成为人服务于物，人失去了自身的社会独立性。布劳认为，要保持社会独立性，需具备四个条件。其一，战略性资源增进了独立性；其二，存在可以获得所必需服务的替代性来源；其三，运用强制力量迫使别人给予必要的利益或服务的能力；其四，缺乏对各种服务的需要。① 前面已经论述制笔者没有替代性的资源，亦即不存在获得所必需服务的替代性来源的可能性，战略性资源也是一样，因为制笔者资本较小，无法提供给交换对象所需要的服务或利益。而运用强制力量迫使交换对象服从自己更是不可能，制笔者是小生产所有者，不是强势力量，不具备强大经济、政治实力，更不可能使用现代法律规范所禁止的暴力，因而，不可能迫使交换对象为自己的利益服务。至于对售笔者提供服务的需求，从生存考虑计，制笔者只会增强而不会减少，随着文化生态的变迁，包括毛笔制作在内的传统民间手工艺都正在经历前所未有的"被转型"，毛笔市场需求也在不断萎缩，因而，售笔者所掌控的市场信息、销售渠道对制笔者来说仍是稀缺性资源或所依赖的不易得的服务。

第四，在保持自身社会独立性存在困难的情况下，谋求制笔者之间的联合仍是一个疑问。交换具有相互性，"交换被定义为通过相互刺激的社会交互特性——如果违反了这种相互性，从长远来说交换也就不可能持续"。② 权力交换也一样，只有相互的持续交换才能维持，但这种相互性按其依赖性的程度区别，又易于形成单向化的权力依赖偏向，形成单方面的依赖与义务。售笔者虽然也依赖制笔者提供的资源或服务，但相对来说，由于制笔技艺资源的广泛存在，个别制笔者很难提供特别的对售笔者很有吸引力的资源或服务，反过来，售笔者所能提供的服务或资源就不同，很多售笔者通过多年销售的积累，形成了较为雄厚的资本，在全国各地都开设很多销售窗口或分店。从理想的角度来说，制笔

---

① ［美］彼得·M. 布劳：《社会生活中的交换与权力》，李国武译，商务印书馆 2008 年版，第 181—183 页。

② Milan Zafirovski, "Social Exchange Theory under Scrutiny: A Positive Critique of it Economic-Behaviorist Formulations", *Electronic Journal of Sociology*, 2005, p. 5.

者如果联合起来，成立相应的交易与维权组织机构，那么制笔者对售笔者的权力服从就会得到有力改善，甚至权力优势会朝相反方向发展。但这只是一种理想，毛笔制作是一种半市场化的民间手工艺，在生产制作上具有很强的传统性，每家每户都设有小规模的毛笔作坊，管理上存在鲜明的家族性和血缘性，这种"现代"小生产者，仍与小农经济的私有性、分散性的本质特点紧密相连。从理性选择理论角度来说，小生产者联合起来进行集体行动，"理论上，人们应该联合起来生产公共产品。不生产公共产品却消费公共产品也是理性的"[1]，因此集体行动容易产生所谓的"搭便车"困境。"公共物品一旦存在，每个社会成员不管是否对这一物品的产生做过贡献，都能享受这一物品所带来的好处。公共物品的这一特性决定了，当一群理性的人聚在一起想为获取某一公共物品而奋斗时，其中的每一个人都可能想让别人去为达到该目标而努力，而自己则坐享其成。"[2] 这样，往往导致"群体中的人越多，每个人参加集体行动的可能性就越小"[3]。以半市场化的毛笔业来说，这个公共物品就是维护制笔者在交换中的平等权利和文港毛笔的整体品牌形象。当然，文港实际上存在相应的组织机构，如文房四宝协会，这个组织虽然名义上为文港毛笔行业的集体机构，但对文港笔业从业者利益的维护与协调所起作用并不大。即便存在这样一个组织，小生产者能够联合起来，但没有积极的措施和严格的管理，也很难避免"搭便车"现象的发生。因为集体行动容易创造无责任主体，制笔者虽是作为一个集体而存在，但每一个制笔者又有自己的私利，他们都寄希望于集体的行动而坐享其成。因此，制笔者作为小生产者，其能否联合起来仍是一个疑问，即便名义上联合起来，对制笔者来说，也只能是一种私欲重重的形式联合，无法避免"搭便车"现象，无法形成制笔者的集体权力优势，使售笔者反过来对制笔者的资源或服务产生依赖。

---

① ［美］乔纳森·H. 特纳：《社会学理论的结构》第 7 版，邱泽奇、张元茂等译，华夏出版社 2006 年版，第 309 页。

② 赵鼎新：《集体行动、搭便车理论与形式社会学方法》，《社会学研究》2006 年第 1 期。

③ 同上。

综上所述，半市场化笔业本身所具有的生产传统性与交易市场性导致的生产对销售的依赖，使得制笔者对售笔者提供的市场资源、信息产生了强烈依赖，而这种依赖就成为单边垄断的基础。这样售笔者的权力优势在竞争中就更为明显，按照埃默森的交换理论，权力的不平衡会刺激均衡化运作。但从实践来看，对文港毛笔产业来说，这种理论仍显标本化，制笔者与售笔者之间不具备权力均衡化运作机制的条件，制笔者处于"平等"的弱势地位，他们无法寻找到替代性资源或服务，也无法提高所提供资源或服务的价值，在交换中，也无法保持自身社会独立性，而寻求联合起来进行集体行动的努力也存在疑问。因而，在权力均衡化运作机制内部缺失的情况下，只能期待外部的权力调适因子，即第三方——国家（政府）的介入。

三　秩序重构：国家（政府）主导的角色期望

在笔业交换中，由于制笔者对售笔者的资源或服务的依赖，导致权力的非均衡化发展。这样权力的均衡化运作就成为一种期待，站在动力学的基点上，我们知道权力总是在不均衡与均衡之间流动，在动静之间变化，最终推动半市场化笔业在动态平衡中发展。在内部运作失效的情况下，国家（政府）作为第三方的介入就成为一种外在推动力量，从而实现权力的均衡化运作。

理性选择理论认为，一个行动发生的可能性是行动者所期望从多种可能的行动结果中获得的功利的函数。行动者的这种行动所追求的是价值或利益的最大化。不同的行动（在某些情况下是不同的商品）有不同的"效益"，而行动者的行动原则可以表述为最大限度地获取效益。[①]从效益最大化的角度来说，推动半市场化笔业的动态平衡与快速发展才是国家（政府）所应扮演的角色，但在具体行动中国家和个人的利益既重合又分裂，在工作中，一些地方官员所追求的并不是公共利益的效益最大化，而是个人私利的效益最大化，这种个人私利的最大化，不仅包括个人的短期经济利益，还包括诸如权力、地位的长期利益。这种利

---

① 侯钧生：《西方社会学理论教程》，南开大学出版社2001年版，第376—377页。

益取向和我国当前的科层制与晋升制不无关系，当政府官员们热衷于追逐个人私利的效益最大化，必然影响各级政府的决策方式。以非物质文化遗产保护为例，在经济全球化的席卷下，在功利主义的诱惑下，不少地方政府的保护措施莫不显示出短视、功利的征象，或者说是自缚于个人的效益最大化。一些地方官员把非物质文化遗产保护视为地方政绩工程，倡导"文化搭台、经济唱戏"，在考察非物质文化保护的成绩时，以 GDP、规模、经济效益为主要衡量指标。这无疑是一种"杀鸡取卵"的短视策略，最终导致的结果就是非物质文化遗产在保护中消亡。从长远的效益最大化角度来看，国家（政府）应发挥在非物质文化遗产保护中的主导角色，出台保护措施、引导保护方向、协调不同群体利益、规范市场行为等等。

具体到文港毛笔，地方政府应充分发挥毛笔文化保护的主导角色，主导不等于去主体，主导需要充分调动毛笔文化保护者，尤其是制笔者的积极性，保护其合法利益。主导也不等于主宰，充当全能角色，更不是不作为。在文港，毛笔作为非物质文化遗产，其现实处境令人担忧。"现在的年轻人都不愿学毛笔制作了，因为这个行业很苦很单调，又挣不了多少钱……随着发展机遇与社会诱惑的增多，许多年轻人不再固守家乡，从事与社会发展'脱轨'的传统制笔手艺。"① 半市场化毛笔制作，深深地浸润在传统生产的节奏中，与现代生活保持一定的距离，对年轻人的吸引力渐趋消失。由于文化生态的迁变，制笔者政治、经济、文化地位的日益低下，在社会"公平"交换中逐步沦为弱势群体。

发挥国家（政府）在非物质文化遗产保护中的主导作用，从效益最大化的角度来说，不仅需要抑私扬公，还需要重建市场秩序，依托地方政权的调适作用，推动交换中权力运作的均衡化，或者简单地说，有必要向劣势的制笔者实现政策倾移，保护其合法利益，激发其技艺传承的积极性。当然，社会生活中的交换存在多个网络中心，而不是单边垄断，权力分布相互交织，交换关系也更趋复杂，正如科尔曼所说："社会生活中的交换之所以比较复杂，是因为在社会生活的许多领域，有关

---

① 刘爱华：《现代毛笔老大的隐忧》，《中国文化报》2010 年 6 月 22 日第 5 版。

人们交换控制（指对于资源的控制）的各种制度（特别是有关多方交换控制的制度）还很不完善。"① 因而权力运作的均衡化需要国家（政府）更细致的工作，建立规范化的可操作的市场交易制度，而不是简单的干涉。因为市场交易并不仅仅意味着对立，也不仅仅是经济关系，同时也意味着伦理范围内的友谊、礼仪的交流。"每笔交易都是成员们之间贸易友谊或合作系列中的一次。在这种情况下（更完整地为萨林斯所描述），每笔交易都必须保持由以前交易所建立的团结，并以之为基础为将来交易作准备。"②

半市场笔业具有其内在的复杂性，其权力的均衡化运作，最切实的考虑就是要发挥国家（政府）的主导角色，调适制笔者与售笔者之间权力交换的不平衡，建立相应的规则、制度。具体说来，就需要"切实提高手工艺传承主体的地位，营造尊重手工艺、欣赏手工艺和爱好手工艺的良好社会文化风气……推行固定的各层次毛笔制作擂台赛活动，建立合理的技艺认证和奖励体制；整顿毛笔行业市场，打击滥用'制笔世家'的广告陷阱和假冒伪劣现象；建立书画家和制笔艺人相互交流的平台机制，提高毛笔制作的技艺水平；注重毛笔文化内涵的发掘，培育毛笔产业发展深厚根基等等"③。当然，这些规则、制度只是一个探索的方向，要真正推动制笔者与售笔者之间的权力均衡化不仅需要国家（政府）的力量，还需要全社会的共同努力。

半市场化笔业由于自身的特点，在交换中，使得制笔者对供料者与售笔者的资源或服务产生极大依赖，权力优势集中于后者，在封闭性的权力交换体系中，有必要借助第三方——国家（政府）的外在力量，发挥其在非物质文化遗产保护中的主导作用，建立公平、公正、平等的市场秩序和权力交换机制，以促进权力的均衡化运作，使制笔者和供料者、售笔者在弹性的交换关系中产生相互依赖，推动半市场化笔业的动态平衡与长远发展。

---

① ［美］詹姆斯·S. 科尔曼：《社会理论的基础》上，邓方译，社会科学文献出版社1999年版，第45页。

② Richard M. Emerson, "Social Exchange Theory", *Annual Review of Sciology*, 1976, p. 354.

③ 刘爱华：《现代毛笔老大的隐忧》，《中国文化报》2010年6月22日第5版。

小　结

毛笔作为一种文化产品，具有半市场化属性，既极度依赖于市场又超然于市场。同时，毛笔逐渐远离了日常书写的领域，市场需求量小，它不同于一般商品，其制作需要按照个体的顾客需求来生产，具有个性化的特点，无法进行大规模的量化生产，但本身又不完全是艺术品，而是处在技术与艺术之间，兼具实用与欣赏的功能，因此，这些特征决定了毛笔制作只能是一个微利行业。它更多是作为农业的补充，补贴人们生活用度，即便是今天，就大多数笔工来说虽然制笔收入已经占据了家庭收入的主体，但在思想观念上人们仍然没有跳出传统俗制的窠臼。

随着经济的逐步发展，社会分工的进一步细化，文港笔业社会分层日益凸显。制笔业也开始分层，少数人通过自己的努力，或抓住发展机遇，使得自己的制笔技艺逐步得到提升，因而经济收入、社会地位不断提升，而大多数人由于观念、付出及智力等因素，仍然停留于原地或发展缓慢，开始逐步沦为社会底层，这就是笔业社会群体的垂直流动。还有一部分人在制笔业收益下降的趋势下，通过自己的关系网络、资源优势、社会地位等，逐步转向另外的经济效益较好的职业，是为笔业社会群体的水平流动。文港笔业社会群体一直处在流动之中，但这种流动是相对的，在似乎平等的市场交易准则中蕴含不平等的因素，由于在长期的资源、地位、文化、声望等积累中，少数人已经成为笔业社会的主宰者，相对依附于农业的小生产者，他们具有雄厚的资本、广阔的关系网络、优越的社会地位，拥有底层民众所期待的稀缺性资源或服务，从而具有了支配他人的更多权力。这样，笔业社会的发展所呈现的外在表象是公平的，社会结构是动态的，但实际上，一般民众不具有稀缺性资源或服务，他们无从选择，他们不断生产、再生产着底层劳动者，社会结构趋于固化，笔业社会结构仍是静态的。

这种社会结构的弊端，集中体现在笔业竞争的失序、权力交换的失衡，少数大资本控制了稀缺性资源或服务，使得小资本（制笔者）对其所提供的资源或服务过于依赖，从而转化为在经济交换中对其社会权力的服从，而同时，国家（政府）在笔业秩序协调方面往往处于缺失状态，因而，在交易中它往往能够依靠权力赢得更多超额利润，使得竞争失序进一步加剧。因而，推动权力交换的均衡化，充分发挥国家（政府）在非物质文化遗产保护中的主导作用或者竞争秩序协调中的制约作用，促进笔业竞争秩序的合理化，才能进一步推动半市场化笔业在动态中的稳步发展。

第五章

失落与"拯救"：笔业困境及未来走向

如果工艺是贫弱的，

生活也将随之空虚。

正常的生活必须由正确的工艺来陪衬。

生活中采用什么样的器物，

并不能说是怎样生活的道白。

美不能只局限于欣赏，

必须深深地扎根于生活之中。①

——［日］柳宗悦

随着科技的进步，社会经济的发展，笔业存在的文化生态变迁迅速，毛笔脱离了人们的日常生活，成为一种"艺术品"，同时笔业社会结构的不合理、笔业竞争的失序、权力交换的失衡，使得笔业的变迁进一步加速。且笔业具有半市场化属性，既极度依赖于市场又超然于市场，传统与现代、手工与机械的矛盾始终存在，因而，在当代笔业的发展隐忧重重。就文港来说，毛笔制作原来是作为农户人家"安身立命"的祖传技艺，几近变"末"为本的地步，但随着经济的发展，笔业市场的促狭、利润的微薄及制作的单调、辛苦等，年轻人渐渐少有问津，毛笔制作技艺的传承难以为继。

① ［日］柳宗悦：《工艺文化》，徐艺乙译，广西师范大学出版社2006年版，第6页。

因而，在非物质文化遗产保护思潮的大背景下，做好毛笔文化的保护与传承工作，不仅具有保护底层民众生存利益的意义，更具有延续文化传统、传承文化根脉、承载民族希望的意义。文港毛笔，作为一种传统手工艺品，既具有欣赏的功能，也具有实用的功用，具有工艺文化的生活属性，因此，在社会、文化变迁迅速的今天，文化创意产业的兴起，传统文化的复兴，毛笔及其制作的危机与希望并存，任重而道远。

本章采用文献资料和田野调查资料，运用民俗学、人类学、社会学的理论，对文港笔业的现状进行一个简单的勾勒，尝试从文化生态变迁的角度对文港笔业发展困境进行深入分析，并就笔业发展的可能路径进行一番探讨。

第一节　　赣笔：繁盛里的隐忧

本节主要采用民俗学、文化人类学的理论，对文港毛笔历史进行一个简单的勾勒与归纳，旨在透过目前文港毛笔繁盛的假象，进一步分析、探究其衰微的迹象，从而为后文深入探讨文港毛笔未来发展走向做一个铺垫。

"药不到樟树不名，笔不到文港不齐"，文港，作为一个小市镇，制笔历史悠久，以笔而名，新中国成立以来尤其是改革开放后，发展迅速，形成了全国第二、江南最大的毛笔皮毛市场，甚至令湖笔也相形见"绌"，成为名副其实的笔都。

文港，是宋代著名词人晏殊、晏几道的故里，文化底蕴深厚，毛笔制作技艺源自陕西咸阳、山东邹县等北方地区，毛笔制作专业村——周坊，其族人就是河南汝南后裔，从东汉末年即已迁徙至进贤文港，但人们仍不忘自己的祖宗与血脉，至今该村尚留存"汝南世家"、"泽承丰镐"等匾额。与很多毛笔产区一样，文港也尊蒙恬为笔祖，过去也有拜祭祖师仪式，甚至在坊间隐约中仍可找出蒙恬造笔①的"蛛丝马迹"。当然，相对于湖笔文化的厚重与名气，文港毛笔则显得黯淡和寒碜，恍如一夜暴富的乡巴佬，阔绰的穿戴无法"装裱"其内在气度，更无法掩盖其举止和行为的"土"气。

但这并不意味着文港毛笔没有辉煌和灿烂，赣笔在历史上虽然没有湖笔那么煊赫和炫目，但具有出外闯荡传统的文港制笔人却具有更加开放的思想，更加关注市场的变化，因而自清中叶以来，文港（包括李渡）毛笔在中国毛笔史上举足轻重，写下了光辉璀璨的一页。周虎臣

① 蒙恬造笔说最早可追溯至晋代，张华《博物志》云："蒙恬造笔。"［参见（晋）张华《博物志》，中华书局 1985 年版，第 72 页。］这可能是蒙恬造笔说的滥觞。至南朝梁时，周兴嗣《千字文》载："恬笔伦纸。"［参见（梁）周兴嗣：《千字文》，岳麓书社 1987 年版，第 42 页。］把蒙恬和蔡伦列在一起，认为他们是笔纸的发明者；其后唐代欧阳询所编的《艺文类聚》卷 58 对之进行了转引。当然，影响最大的可能要算唐代韩愈所著《毛颖传》，作者游戏成文，以笔拟人，提及蒙恬伐中山，俘捉毛颖，秦始皇宠之，封毛颖为"管城子"等情节。"秦始皇时，蒙将军恬南伐楚……遂猎，围毛氏之族，拔其豪，载颖而归，献俘於章台宫，聚其族而加束缚焉。秦皇帝使恬赐之汤沐，而封诸管城，号曰管城子，日见亲宠任事。"［参见（唐）韩愈《韩愈集》，岳麓书社 2000 年版，第 383—384 页。］五代十国时期冯鉴《事始》延续此说。但事实上，蒙恬造笔说并没有事实的根据，历代学者一直以来就不断对其进行质疑与批驳。《文房四谱》载："《尚书中候》云，'元龟负图出，周公援笔以时文写之。'《曲礼》云，'史载笔'。诗云'静女其娈，贻我彤管'。有夫子绝笔于获麟。"［参见（宋）苏易简《文房四谱》，台北商务印书馆（影印本）1986 年版，第 2 页。］《尚书》、《诗经》成书时间都在秦代以前，而那时就已经出现了毛笔或彤管了；《古今注》载："牛亨问曰'自古有书契以来，便应有笔，世称蒙恬造笔何也？'曰'蒙恬始造，即秦笔耳'。"［参见（晋）崔豹《古今注·卷下》，中华书局 1985 年版，第 22 页。］指出蒙恬始造的是秦笔；《初学记》亦载："秦之前已有笔矣……恬更为之损益耳。"［参见（唐）徐坚等《初学记》，中华书局 1962 年版，第 514 页。］认为蒙恬功绩在于改进毛笔。宋代学者史绳祖在《学斋占毕》中，详细论证了纸笔不始于蔡蒙的理由，指出"但蒙蔡所造，精工于前世则有之，谓纸笔始此二人，则不可也"。［参见（宋）史绳祖《学斋占毕》，中华书局 1985 年版，第 29 页。］清代著名学者赵翼《造笔不始于蒙恬》一文，对之进行了更为详细的考订："冯鉴《事始》载：蒙恬造笔，蔡伦造纸。《学斋占毕》谓：恬乃秦人，而《诗》中已有彤管，乃女史所载之笔，又《传》谓史载笔，孔子作《春秋》，笔则笔，削则削，绝笔于获麟。……庄子在恬之先，则非造于恬明矣。《韩非子·饰令篇》亦有三寸之管之语，韩非亦先于恬。崔豹《古今注》：蒙恬之为笔也，以柘木为管，鹿毛为柱，羊毛为被。亦非谓兔毫竹管也，则笔不始于蒙恬明矣。或恬所造精于前人，遂独擅其名耳。"［参见（清）赵翼《陔余丛考》卷 19，商务印书馆 1957 年版，第 369—370 页。］清代学者唐秉钧《文房肆考图说》等亦持此说；从考古发掘的新石器时代中期仰韶文化和新石器时代晚期马家窑文化出土的彩陶来看，上面的纹饰已被考证为我国早期的毛笔所画。因而，可以推测在新石器时代中晚期已经发明了毛笔。（参见李晶寰《从考古学资料看毛笔的起源》，《泾渭稽古》1995 年第 1 期。）

笔墨庄和邹紫光阁就是文港（李渡）人所创立的著名毛笔品牌，与浙江王一品、北京李福寿并称为"天下四大名笔"。

　　周虎臣笔墨庄由江西省临川人（今进贤县文港镇周坊村）周虎臣（1672—1739）所创立。历史上临川向来以制笔业名扬于世，素有"临川之笔"的美称。周虎臣自小随父母在家制笔，深得毛笔制作之要领。早年制笔为自产自销，康熙三十三年（1694 年）集资设肆于苏州，名"周虎臣笔墨庄"。至乾隆年间被地方官员指派为清宫廷制作贡笔，特别是于乾隆六十大寿时进贡 60 支寿笔，深得乾隆赞赏，特赐周虎臣笔庄牌匾，因而，坊间曾流传"没有周虎臣的毛笔就不能进考场"的佳话。为躲避战乱，同治元年（1862 年），其后人于上海市兴圣街开设分号。由于所产的笔做工精细，用料讲究，故分号的业务发展很快，作坊亦相应扩大，笔工增至 100 多人。故将苏州总店收歇，迁至上海。传至第七代时，因无子嗣，店业传给其甥傅锦云，此后赣笔便与湖笔联姻，对两种制笔技艺兼收并蓄，以至于清末民初著名书画家李瑞清赞道："海上造笔者，无逾周虎臣，圆劲而不失古法。"

　　"周虎臣笔墨庄"品牌一直延续至 1956 年公私合营，此后成立了"上海老周虎臣笔厂"，老周虎臣的虎牌毛笔在国内外负有盛名，产品远销日本、东南亚各国和中国香港地区（见图 5—1）。1935 年，荣获中华总商会全国展览会的优等奖章，1988 年荣获商业部优质产品奖，"虎"牌商标自 2002 年以来连续被认定为"上海市著名商标"。

　　邹紫光阁笔店，由江西临川人（今进贤县文港镇前塘村）邹发荣、邹发惊两兄弟所创办，距今约有 160 多年的时间。邹氏两兄弟为临川县文港镇人（原归属李渡），平时以农耕为业，闲暇时做些毛笔，贩运到河南周口等地去销售，售完再顺道苏浙一带贩卖回羊皮和其他制笔材料，作为来年制笔的原料。

　　清道光二十年（1840 年），邹氏兄弟在汉口花布街涂家厂租下一间小店屋，一面经营笔料生意，一面自产自销毛笔。经营数年后，他们的毛笔和笔料杂皮生意都做得很是红火，于是便把毛笔和笔料杂皮生意分开经营，专门开设了一家毛笔店，定名为"邹紫寅阁笔店"，后改名为"邹紫光阁"，杂皮笔料的门市部则取名为"邹隆兴杂皮笔料行"。

图 5—1　老周虎臣仿帖

　　为了在激烈的竞争中立足，邹紫光阁注重管理，责任到人，同时还充分发挥家乡的毛笔制作技艺优势，以家乡前塘为毛笔生产基地，以汉口为销售中心，从 1930 年到 1946 年，邹紫光阁又先后在成都、南京、重庆、福州等地开设了分店，形成了产、供、销一条龙的庞大体系，辐射全国，面向世界。其产品畅销全国，远销日本、新加坡、马来西亚、我国台湾、香港地区等十多个国家和地区。"抗战期间，毛笔尤为走俏日本，特别是 1955—1959 年，日本人因为买不到邹紫光阁毛笔而多次来到汉口索取，并强烈要求恢复生产邹紫光阁毛笔。"[1]

　　据统计，2008 年，文港镇年产各类笔 80 亿支，其中毛笔的年产量为 1.5 亿支，制笔行业生产总值 18.8 亿元，占全镇工业总产值的78.4%，其中出口产值 3 亿元，生产的毛笔、金属笔分别占国内市场销售额的 70% 和 50%。现有制笔企业 3000 多家，在全国县级以上城市开设营销网点 7000 多个。[2] 同时在外销售毛笔、钢笔等人员 1 万多人，有"万人制笔万人销"之说。即便是声名远播的湖笔，也不得不承认

①　聂国柱、陈尚根主编：《江南毛笔乡》（内部资料），1993 年，第 51 页。
②　周苏雁：《华夏笔都文港镇笔产业的沧桑巨变》（内部资料），第 1 页。

赣笔近年来发展所取得的巨大成就，"综观江西文港，我们可以清醒地看到，文港毛笔的发展壮大，是文港人大胆开拓进取，大做毛笔文章的结果。这几年来，他们不断推陈出新，形成了八大类、上千多个品种的毛笔，他们还从毛笔衍生出了钢笔和其他文化用品，形成了全国最大的钢笔毛笔集散地，被誉为'药不到樟树不名，笔不到文港不齐'"。①

　　近年来，文港镇也很重视文化建设。为了更好地传承和提升毛笔制作技艺，全面整理和研究毛笔文化，2010 年文港镇又成立了全国首家毛笔文化研究所。

　　　　全国首家毛笔研究所近日在华夏笔都江西省进贤县文港镇挂牌成立，这是我国首家毛笔专业研究机构，它的成立填补了中国毛笔研究史的空白，对传承毛笔制作工艺，推动中国传统毛笔产业整体升级及书画艺术创作，都有重要意义。

　　　　文港镇有着 1600 多年毛笔制作历史，是闻名遐迩的毛笔之乡，被授予"华夏笔都"称号。近年来，文港毛笔在继承传统工艺的基础上，广泛吸收京笔、湖笔、徽笔等流派的工艺精华，不断进行创新，在运用现代科技环保材料方面走在全国同行前面，涌现了一批毛笔制作工艺大师，被列为江西省非物质文化遗产名录。②

　　文港镇正在建设的还有"天下第一笔庄"项目，该项目包括毛笔文化博物馆、56 栋精品店、钢笔展示馆、仿古街、文房四宝市场共计五个小项目。作为这个宏伟产业规划重要组成部分的中国毛笔文化博物馆于 2012 年 10 月底开馆。该馆占地面积 16 亩，整体构造为传统徽派园林式建筑风格。主馆建筑三层，占地面积 1500 平方米，使用面积约4500 平方米。副楼建筑三层，占地面积 1200 平方米，使用面积约 3600平方米。博物馆拟分为文化陈列馆、毛笔实物陈列馆、书画艺术陈列馆、图片艺术陈列馆和毛笔工艺制作作坊五个陈列馆。用来陈列和展示历代全国各地毛笔实物及与毛笔文化相关的文献资料。通过"天下第

---

　　① 朱翔主编：《2009 年湖州蓝皮书》，杭州出版社 2009 年版，第 148 页。
　　② 苏丽萍：《毛笔有了研究机构》，《光明日报》2010 年 8 月 23 日第 1 版。

一笔庄"的宏伟规划，文港镇政府力图努力打造一个熔"观笔村、赏笔联、逛笔市、品字画、以笔会友"为一炉的文化旅游品牌，融国内外商贸、观光旅游、度假休闲、工艺美术为一体的综合型文化产业示范区。此外，2008 年已获省级首批文化产业示范基地的文港镇目前又在积极申请"国家文化产业示范基地"，以此推动文港笔业的发展。

赣笔虽然没有湖笔绚烂，但亦光芒四射，闪烁在毛笔文化史的夜空中。但是，随着文化生态的迅速变迁，毛笔从生活、文化的中心开始淡出，无奈"阶前梧桐已秋声"，赣笔亦无边落寞，隐忧重重。

为了深入了解文港毛笔的现状，2010 年 4 月 28 日晚，笔者约青年画家、华夏笔都中国毛笔文化研究所所长李秋明进行了访谈。李秋明是当地著名画家，南昌市书画家协会副主席，央视早在十多年前就专门报道过他。他也是一个大忙人，不但忙创作，还开了一个人造尼龙毛工厂，并在文港大街上开了一个销售铺面。笔者通过电话预约了好几次后，才在那天晚饭后在他的尼龙毛销售铺面见到他。我们坐在他店面门口谈起文港毛笔的情况，他对当前文港毛笔的现状，很是痛惜。

（现在）把传统一些好的东西已经丢弃了，没有做到很好地传承，现在笔工一味地追求利润，商业化太厉害了。大部分笔工心态已经变了，没有过去的笔工那么虔诚，那么用心，只有少数人在用心。想继承、想发展，毛笔研究很重要，不能再耽误了……谈到继承与发展，我忧心忡忡，年龄的断档相差很大，下一代接班的微乎其微。最近我和北京制笔厂的一个老总谈到这个事，北京已经消失了，没人做了，（假设）善琏可以保留十年，安徽保留五年，文港可能就只能保留二十年，（将来）就成为化石、文物了，那个时候来谈继承，我们也老了……我们基本上这一生都奉献到毛笔上了，可以这样讲，下一代有没有这种感觉呢，有没有这种情怀呢，如果他们不是被生活所迫，迫于生计的话，可以这样讲，他们对这个笔看都不会看，不要说他们拿起刀来做笔，这点你不要去奢望他们。那么说，这支笔就有可能会退出历史舞台，但是几千年来这支笔都传承下来了，如果能在我们手上发扬光大，这是再好不过的了，如果在我们手上痛失了这种传统工艺，这是非常惋惜的……传统文化

的坚守，不是靠一个人，而是靠一大批人。一个民族，如果要保留
民族的自我、民族的自尊，它肯定要有民族的东西存在，而且
（必须传承）这个民族的优良传统，才能使这个民族屹立于民族之
林，昂首挺胸。①

对文港人来说，其实还有一个隐痛，虽然文港制笔技艺闻名中外，
但不无缺憾的是文港人所创立的品牌多半在外地，为外人所标榜。即便
是像周虎臣笔墨庄、邹紫光阁这样著名的毛笔品牌，其发迹之地都在上
海、武汉，而不是在进贤文港，因而它们成了上海、武汉的著名品牌，
而不是文港的品牌。同样，文港人在鄂、川、云、贵等省区都有很多著
名的笔庄，但大多是外地的品牌。虽然文港人可以骄傲地向外人宣传它
们是文港人所打造的著名品牌，但他们心中仍是隐隐作痛的，因为文港
只是一个"引注"，而全篇精彩的内容却找不到文港的影子。

此外，在今天，文港虽然占据国内市场的重要份额，但文港的长远
发展优势也渐渐丧失。湖笔制作技艺早在 2006 年便被批准列入第一批
国家级非物质文化遗产名录，而赣笔同年才被列入第一批省级非物质文
化遗产名录。同时，近年来湖州对湖笔的支持力度很大，"湖州市政府
出台了一系列政策来补贴年轻笔工，例如，带三个以上徒弟的师傅，他
的徒弟们每人每月可以获得 1200 元的补贴"②。浙江省对湖笔还进行专
项资金扶持。从 2003 年开始湖州市政府根据浙江省下发的扶持资金额
度，以 1∶1 的比例给予专项配套，对湖笔企业创建省级名牌产品、省
级著名商标、省级知名商号等专项补助 55 万元。2009 年市政府又专门
设立每年不少于 200 万元的湖笔专项扶持资金。③

建立湖笔工艺人才队伍培育机制，传承湖笔传统工艺。经认定

---

① 访谈对象：李秋明，男，1965 年生，硕士毕业。访谈时间：2010 年 4 月 28 日。访谈
人：刘爱华。

② 蒋泽：《工艺衰退威胁湖笔　湖州市出台专门扶持政策》（http：//news. xinmin. cn/
domestic/gnkb/2010/09/16/6878140. html#p＝1）。

③ 陈荫：《注重保护加快湖笔产业健康发展》（http：//www. huzhou. gov. cn/view_ 0. aspx?
cid＝686&id＝17&navindex＝0）。

的市重点湖笔企业，在"水盆"、"择笔"关键工艺上招收新工，给予一定的资金扶持。一是企业在关键工艺上培养 30 周岁以下的新工，签订劳动合同并上缴养老保险的，政府连续 3 年给予企业一定的人才培养补助资金，第一年每人每月 1000 元，第二年每人每月 800 元，第三年每人每月 600 元。二是市领导小组办公室认定的关键工艺名师，每带一名徒弟，给予名师一年 600 元的补助。①

为了进一步推动湖笔产业发展，2011 年，湖州市又进一步加大财政扶持力度，鼓励湖笔企业在企业转型、人才培养、生产技术革新及品牌建设等方面进行新的探索。

　　为进一步加快湖笔产业的振兴发展，我市出台了《关于进一步扶持湖笔产业发展的若干意见》，通过加大对湖笔产业的扶持力度、加大对湖笔人才的培养力度等，进一步扶持我市湖笔产业发展。

　　据介绍，从今年起，我市将每年从市工业转型升级发展资金中再安排 50 万元充入湖笔发展专项资金，用于扶持湖笔产业发展；对当年新增销售收入 50 万元的重点湖笔企业，给予 10 万元奖励并以此类推（年最高奖励为 30 万元）；鼓励企业改变家庭作坊式生产模式，企业当年厂房、工场、设备等投入 10 万元以上，积极开展生产现场专项整治并取得显著实效的，经验收合格，按实际投入额的 20% 以上给予补助（年最高限额 30 万元）。

　　今年，我市还将进一步加大湖笔人才的培养力度，对经认定为市重点湖笔企业或年产量 20 万支以上的生产型湖笔企业，在"水盆"、"择笔"关键工艺上招收 35 周岁以下新工的，将加大资金补助力度，其中第一年每人每月补助 1200 元，第二年每人每月补助 1000 元，第三年每人每月补助 800 元。

　　为了进一步加大人才培育工作力度，今年我市还将鼓励相关学

---

① 湖州市人民政府办公室：《湖州市湖笔产业振兴工作方案》（http：//xxgk. huzhou. gov. cn/view_ 0. aspx？cid＝260&id＝324&did＝0&xid＝0&navindex＝0）。

校开办湖笔制作小班，培养制笔人才。对报经市湖笔领导小组办公室同意的办班学校，根据学制长短，每学年给予每位学员 1000 元的学习补贴。

在采访时，市经信委相关工作人员还表示，从今年起我市将进一步支持企业加大科技创新力度，鼓励企业加大市场开拓力度，进一步加强湖笔产品质量管理和品牌建设等。对于获得实用新型专利授权的产品，每个产品奖励 1 万元（每个企业年最高限额 5 万元）。同时，湖笔企业在全国各大城市开设专卖店、专柜，并经营一年以上的，每个专卖店一次性补助 3 万元，每个专柜一次性补助 1 万元（每个企业年最高限额 10 万元）。①

与湖笔相较，对赣笔的保护意识及保护措施却显得乏力，各级政府的保护工作仍多半止于形式，并没见合理的、有力度的保护举措。

赣笔，在毛笔文化的历史中悄然升起，但在文化变迁迅速的今天，遭遇到前所未有的挑战，毛笔开始脱离人们的日常生活，走向艺术的"祭坛"，传承了 1600 多年的毛笔制作技艺开始备受冷落。而在非物质文化遗产保护工作中，湖笔厚重的历史更为人所关注，赣笔悄然被边缘化，又悄然承受无尽的落寞。

第二节　传统文化生态的变迁

在传统社会，毛笔处于人们生活、文化的中心，毛笔制作技艺也就成为文港当地民众的一种独特生活方式与生产方式，也就是说毛笔制作技艺的存在是由当地文化生态系统所决定的，在内部机制上，区域内的各种因素相互影响、相互作用，从而使得毛笔制作技艺得以传承和发展。但是随着现代技术的迅速发展，毛笔制作技艺经受了三次技术革新

---

① 施妍：《我市出台政策进一步扶持湖笔产业发展》（http：//news. hz66. com/Item/127016. aspx）。

的冲击，尤其是电脑和多媒体技术的发展，使得传统文化生态逐渐消逝，文港毛笔生产也隐忧重重。

本节主要采用文化人类学、民俗学的理论，尝试分析文港毛笔文化的生态系统，探讨影响传统毛笔文化生态系统存在的内在因素（不包括半市场化属性），并进而阐释三次技术革新对毛笔文化生态变迁产生的影响，为深入探究毛笔文化的未来发展提供一个现实背景。

一　毛笔制作技艺传承的文化生态分析

文化生态学学术概念与理论体系是由美国进化派人类学家朱利安·斯图尔德（Julian Steward，1902—1972）在 20 世纪 60 年代首先提出的，他认为文化生态学"是对某一社会适应环境的过程的研究。其首要问题是判定这些措施是否引发了带来进化意义上变迁的社会内部转变"[①]。虽然和很多理论一样，这一理论也为不少学人所诟病，不无缺憾，但这种主张用生态学系统、联系的观点解释环境与文化之间动态关系的新视角对整个人文社会科学界都产生了重要影响。文化生态不是一个单独的存在，而是一个复杂、交互、缜密的生态系统，是各种因素相互联系、相互作用形成的"生物链"，如同自然界一样。正如司马云杰所指出，"所谓文化生态系统，是指影响文化产生、发展的自然环境、科学技术、生计体制、社会组织及价值观念等变量构成的完整体系"[②]，它具有动态性、开放性、整体性的特点。一个区域内各种文化共存互生的良好生态体系正如自然界的生物链，在内部机制上是息息相通的。

文港毛笔的生产制作也是一个区域内各种因素长期相互影响、相互作用的结果，或者说维持其文化生态系统的存在主要有以下几个因素：第一，文港毛笔制作历史悠久，文化传统深厚，毛笔制作是当地世代相传的一种生存技艺。从文献资料来看，文港毛笔制作源自古代中原地区，据说在蒙恬发明柳条笔以后，毛笔在咸阳城内风行起来，并且迅速得到改良和发展。"当时有咸阳人郭解与朱兴，由中原流入江西，在李

[①]　［美］杰里·D. 穆尔：《人类学家的文化见解》，欧阳敏等译，商务印书馆 2009 年版，第 216 页。

[②]　司马云杰：《文化社会学》第 5 版，华夏出版社 2011 年版，第 157—158 页。

渡一带传授毛笔的制作技艺。"① 虽然这是一种传说，但在现实中仍可找到"蛛丝马迹"，在文港毛笔制作专业村——周坊，今天不少传统建筑尚保存"汝州后裔"、"汝南世家"、"泽承丰镐"等匾额，为其毛笔技艺源自河南汝州至陕西咸阳一带提供了重要实证。"'汝州后裔'是不忘本，搬到江西进贤文港，还念念不忘河南汝州老家。这不忘本还不算，更要追根溯源，拷问良心，我们周家吃饭发家靠的是什么，'泽承丰镐'四个字又追到了西安咸阳。"② 也有学者认为文港毛笔制作的历史迄于东汉末年，"东汉末年迁至江西进贤县文港，靠制造毛笔起家，世代繁衍。'泽承丰镐'是说这个家族的制笔技艺渊源远在秦都咸阳（西周称镐京）……从晋代开始制作毛笔。家家是作坊，人人会制笔"③。因而，在这个具有千年以上毛笔制作传统的小镇，人们从一出生就与毛笔结缘，耳濡目染，传承着祖辈留下来的制笔技艺。当地流传一句谚语："出门一担笔，进门一担皮。"这是过去当地制笔人生活的写照，毛笔一般自产自销，既要在家制笔，又要出外卖笔。千百年来，制笔、收皮、卖笔成为文港人生活的三部曲，而这种传统与行为符号，薪火相传，内化于人们的行动中，也铸就了文港毛笔史的辉煌。号称中国四大名笔的"上海周虎臣"、"武汉邹紫光阁"、"北京李福寿"和"湖州王一品"，其前两个品牌的创立者周虎臣与邹发荣均为文港镇人。第二，文港经济资源匮乏，人多地少，生存压力迫使人们不能依赖农业收入。据统计，目前文港全镇总面积 54.53 平方公里，耕地面积 26000亩，总人口 6.4 万，流动人口 1.5 万。④ 从这个数据可以看出，不把流动人口计算在内，每个人平均只能分配到四分多的田地。人多地少造成的生存压力使得当地人无法完全依赖农业生产，需要借助家庭副业才能维持正常的生活。这样，祖辈传承下来的手艺必然成为当地人生存与发展的首选。第三，文港的毛笔生产形成了较大规模，从业人口众多，成为其地域标志性文化。文港毛笔制作主要分布在周坊村、前塘村，后逐

---

① 抚州地区群众艺术馆、文物博物管理所编：《赣东史迹》，1981 年，第 212 页。
② 文先国：《笔都轶事》，《美术报》2006 年 10 月 21 日第 16 版。
③ 陈良学：《明清川陕大移民》，中国文联出版社 2009 年版，第 343 页。
④ 文港镇政府宣传栏 2010 年公示统计数字。

步扩散至张罗村、上屋村、上埠村等92个自然村。以周坊村为例，周坊村辖5个村小组，全村423户，总人口1606人，从事毛笔制作人数为810人，占劳动力总数90%，在外经销300多人。[①] 据统计，文港目前从事毛笔制作人员达1.1万人，毛笔年产量达1.5亿支，在国内市场占据重要地位。[②] 文港镇从事毛笔制作的人数、产量及产值远远超过善琏镇甚至湖州市，据统计，2009年底，湖州市有从事湖笔生产的企业与个体经营户104家，家庭作坊187家，全市生产湖笔2430万支，完成工业总产值1.7亿元，从业人员1500人，其中一线做笔职工1200人。[③] 第四，文港具有江南最大、全国第二的皮毛笔料市场，并逐渐衍化出现在的专门性笔市。文港人在卖笔的过程中，沿途不断收购皮毛作为制笔的材料，回家再拔皮毛用来制笔，再把制好的笔拿出去卖兼卖皮子，并沿途收购皮毛作为制笔材料，因而"收皮—拔毛—制笔—卖笔、卖皮—收皮"的生产经营模式，循环往复，成为文港人生活的主要旋律。随着皮毛的集聚，精明的文港人渐渐地发现皮毛生意不错，进而在皮毛生意上做起了文章，从各地贩卖来皮毛，因而在当地又形成了一个皮毛市场。但随着近几十年来全球自然生态的恶化，不少动物趋于灭绝，动物保护日益受到人们的重视，禁止捕杀动物尤其是稀缺性动物的法令相继出台，因而皮毛交易受到不少影响，但笔料（即笔市）市场仍得以延续和发展。过去，人们白天种地，晚上制笔，逢农历尾数为一、四、七的日子就参加镇上的"笔市"，产销结合。在当集的日子，全国各地客商云集，人头攒动。第五，文港毛笔作坊众多，民俗气息浓郁，毛笔制作技艺属于手工技艺，具有很强的传统性。毛笔制作技术民俗的传承主要依靠父传子、母传女的亲属关系链，生产过程比较精细，工序多，主要依靠手工劳作。从原材料到毛笔制成，主要包括水作（盆作）、干作（旱作）、整笔和雕刻四个部分，工序较多，据统计，目前文港毛笔制作较精细的需要工序达128道，如果把制笔前的准备工作计算在内，大概一支毛笔从原料（原料加工除外）到成笔需要140—

---

① 周苏雁：《中国毛笔第一村——周坊村》（内部资料），第1页。
② 文港镇办公室周苏雁先生提供的数据，在此表示感谢。
③ 陈茵：《注重保护加快湖笔产业健康发展》（http：//www. huzhou. gov. cn/view_ 0. aspx? cid＝686&id＝17&navindex＝0）。

150 道工序，可见毛笔制作的精细与繁杂程度。

有意思的是，不同于其他地区毛笔业的萧条，文港毛笔近年来却空前繁荣，产量逐年上升，当然，就长远发展而言，就全国市场而言，潜在的危机正在浮出，"蛋糕"并未增大或者准确地说正在逐步减小，在现代技术的碾压下，传统文化生态系统正逐步遭受破坏。毛笔逐步远离日常书写，日益脱离人们的生活，毛笔制作利润甚微，年轻人都不愿学习制笔技艺，文港毛笔也青黄不接，面临传承人的断层。"民间文化生态系统的整体协调是民间艺术得以健全生存的基础，而民间文化生态环境的失衡则意味着民间艺术生存环境的失落。"① 从全国毛笔生产来看，自近代以来的西化思潮及文化全球化的趋势，文化生态的失衡已经是一个众所周知的事实了。而考察文化生态的失衡，尤其是探究毛笔生产的式微，离不开联系中国技术史，离不开探究毛笔日常书写与中国书画艺术的当下境遇。

二 技术领域的三次革新

在中国书法史上，对书法发展产生重大影响的技术革新，笔者认为，至少有三次。第一次是印刷术的发明及其传播，无疑印刷术（包括造纸术）的发明及进步对书法艺术是一次大的提升，很多前代的法帖能够通过印刷术得以广泛传播，使很多有志于书法的人都能简捷方便地借鉴前代书法艺术，为书法艺术的精进创造了较好的技术条件，因而它是时代的进步。但技术是一柄双刃剑，人们在享受技术成果的同时也开始依赖于技术，因为印刷文本的存在，抄书习俗日渐减少，潜在的日常书写实践也就相应减少。第二次是近代以来，随着国门的洞开，西方文化不断涌入中国，西式的书写工具如硬笔、铅笔、水彩笔、圆珠笔等在民间不断普及，极大地冲击着毛笔书写的文化生态。因为，毛笔书写的普及是与传统文化生态相适应的，因而，其节奏比现代社会发展总会慢上半拍，甚至 N 拍。从社会效率的角度来说，它远远不及钢笔、圆珠笔等硬笔书写工具，正如鲁迅先生所分析的，"洋笔墨的用不用，要看我们的闲不闲……却以为假如我们能够悠悠然，洋洋焉，拂砚伸纸，

---

① 唐家路：《民间艺术的文化生态论》，清华大学出版社 2006 年版，第 44 页。

磨墨挥毫的话，那么，羊毫和松烟当然也很不坏。不过事情要做得快，字要写得多，可就不成功了，这就是说，它敌不过钢笔和墨水"[1]。硬笔携带方便，书写高效，远远超过毛笔，因此，西式书写工具的传入，使毛笔这种传统书写工具逐步边缘化。第三次则是电脑技术、互联网技术发明并普及以后，电子文化成为信息时代的宠儿，对硬笔书写尤其是毛笔书写来说则是一次致命性的冲击，人们开始广泛使用数字信息技术进行沟通、交流、娱乐及工作，这种技术更为高效、迅捷，毛笔书写实践逐步脱离人们的生活，成为人们心中可望而不可即的海市蜃楼般的图景。"书法与日常书写的断裂，极大地阻断了电子文化出现之前人们从日常书写通向书法写作的普遍倾向，书法真的成了只是具有艺术胸怀的人才会进入的园地，成了一门纯粹属于艺术范围的行当。"[2] 而这种艺术性的书法，也就只能成为少数人无奈的赏玩，作为书画艺术的媒介——毛笔也只能走向艺术的祭坛，而原来作为普通人日常书写工具被大量生产的文化生态环境也就随之逐步流逝。

相对于第一次、第二次技术革新，第三次技术革新即现代技术社会电子信息文化的发展，对毛笔文化生态的破坏是空前的，对毛笔制作及日常书写来说无疑是一次颠覆与否定。它不仅在技术层面改变着原有的物质基础，而且在思想观念上"侵蚀"原有的文化基础。由于现代化、科技化的迅猛发展，世界观、价值观的变迁，发展机遇与社会诱惑的增多，年轻人不愿固守在家乡从事与社会发展"脱轨"的传统手工艺，向外发展的比较效益更高，因而他们都不愿从事这种地位低下、辛苦且收入微薄的传统制笔手艺，也就是说整个社会文化生态发生了急剧的变迁。据制笔技师周鹏程讲述：宣笔现在已经没有真正的传承人，很多传承人甚至已经好多年没有制笔了。[3] 而素有"笔中之冠"称誉的湖笔，现在也面临着人才队伍的青黄不接。"人才队伍青黄不接，制笔人才出现断层。传统手工作坊式的湖笔产业，因其学艺较难，工作辛苦，收入

---

① 鲁迅：《且介亭杂文二集》，人民文学出版社 2006 年版，第 187 页。

② 张法：《书法何为——论书法在古今社会文化中的变迁和在全球化时代新位的重建》，载《书法与中国社会》，北京师范大学出版社 2008 年版，第 8 页。

③ 访谈对象：周鹏程，男，1954 年生，小学文化。访谈时间：2010 年 5 月 18 日。访谈人：刘爱华。

低微，地位不高等原因，青年人不愿入行，毛笔的从业人员年龄老化，40 岁以下年轻的湖笔专业技工不足 10 人，而掌握技艺的老笔工大都进入退休阶段，整个行业人才青黄不接，制笔人才出现明显的断层。"[1]另据了解，湖笔目前年产量 65 万支，[2] 其中一半供出口……湖笔的从业人数每年大约以 8%—10% 的比率递减，湖笔制作行业中最"年轻"的技师 43 岁。[3] 而且善琏湖笔厂从业人员也从鼎盛期的 500 多人锐减至现在的 100 多人。因而，"艺在人身，艺随人走"、"艺在人在，人亡艺亡"成为毛笔制作甚至民间手工艺的共同特点，毛笔制作技艺的传承面临断层的困境。虽然文港毛笔目前一枝独秀，甚至扛起了"华夏笔都"的金字招牌，但也存在类似的衰微迹象，隐忧逐渐萦绕人们心头。周鹏程说，现在的年轻人都不愿学毛笔制作了，因为这个行业很苦很单调，技术性也很强，学习时间较长，又挣不了多少钱，很多熟练的笔工都在不断转行，制笔队伍人才流失非常严重。

第三节　"转型"的矛盾：社会评价体系的分裂

随着社会经济、科学技术的发展，传统文化生态的逐渐消逝，世界观、价值观亦不断发生变迁，社会转型所带来的笔业矛盾与摩擦，集中体现在社会评价体系的分裂上。权威机构的社会评价体系超越于民众的社会评价体系之上，而前者的评价标准打上了深刻的生产力拜物教的烙印，以市场价值、利润去衡量毛笔制作技艺，因而，制笔业处于"被转型"的尴尬境地，毛笔制作群体地位低下，技艺传承困境重重。

---

① 湖州市人民政府办公室：《湖州市湖笔产业振兴工作方案》（http：//xxgk.huzhou.gov.cn/view_ 0.aspx? cid=260&id=324&did=0&xid=0&navindex=0）。

② 2010 年 6 月 19 日，在北京农业展览馆举办的首届中国农民艺术节之中国传统艺术与工艺礼品展馆的湖笔展区，笔者在同善琏湖笔厂马厂长和金师傅交谈中得知目前湖笔的年产量为 100 万支。当然，整个善琏毛笔生产数量要远远超过这个数目，善琏还有含山湖笔厂、金山湖笔厂、松鹤湖笔厂、春风湖笔厂等等，但从前文得知 2009 年湖州全市所产湖笔为 2430 万支，可见赣笔的产量已远远超过湖笔。

③ 易铭：《江西文港制笔业显现"集群效应"》，《消费日报》2008 年 4 月 15 日第 A04 版。

本节采用民俗学、社会学的理论，探究当前毛笔制作技艺传承困境的经济原因，即生产力拜物教的消极影响，进而分析造成制笔业此种境地的社会原因及其表现，也就是世界观、价值观的变迁，社会评价体系的严重分裂，民众的社会评价体系得不到应有的重视，从而为深入分析制笔业的当下境遇提供一个可参考的维度。

一　生产力拜物教的消极影响

在现代社会，由于工具理性主义的膨胀，生产力拜物教的影响，人们总是以数量、以规模、以 GDP 来衡量物品的价值，前技术社会对自然神圣的敬畏之情荡然无存，原来对自然的顺应转为现在对自然的挑战、征服和控制，原来具有丰富内涵和具有美感的劳动变成了赤裸裸的利润生产，劳动过程变得功利和单调。"在现代技术社会，万物都失去了自身的独立性，丧失了自身的天性。事物的地位和价值唯一地由技术生产的观点所决定和构成，每一事物都是出于技术需要而产生。"[1] 技术主导一切，制造了技术合理性，支配着人们的行为。"技术合理性已经变成了支配合理性本身，具有了社会异化于自身的强制本性。"[2] 这种强制性的发展，使得市场价值、利润成为人们是否从事某种职业或生产劳动的首要考虑因素，它导致"人只从技术的标准、特定的视角去看待万物，市场价值、利润大小成了衡量一切事物的标准"[3]，因而劳动对象——物变成了技术的奴隶，劳动主体——人也变成了技术的奴隶。而这样就使得本来就有多元价值取向的人，"在技术社会中则变成了只从技术（技术是获得金钱的有效手段）的狭窄视野考虑问题的人——一种技术动物"[4]。

针对劳动的异化、生产力的异化，马克思曾对之进行过深入的鞭挞和批评。马克思批判性地继承了德国经济学家李斯特的生产力理论，发展了自己的异化生产力理论。他对生产力拜物教的思想有过精辟的批评

---

① 许良：《技术哲学》，复旦大学出版社 2004 年版，第 63 页。

② ［德］霍克海默、阿道尔诺：《启蒙辩证法》，渠敬东、曹卫东译，上海人民出版社 2006 年版，第 108 页。

③ 许良：《技术哲学》，复旦大学出版社 2004 年版，第 63 页。

④ 同上书，第 64 页。

与论述，指出，"为了破除美化'生产力'的神秘灵光，只要翻一下任何一本统计材料也就够了。那里谈到水力、蒸汽力、人力、马力。所有这些都是'生产力'。人同马、蒸汽、水全都充当'力量'的角色，这难道是对人的高度赞扬吗？在现代制度下，如果弯腰驼背，四肢畸形，某些肌肉的片面发展和加强等，使你更有生产能力（更有劳动能力），那么你的弯腰驼背，你的四肢畸形，你的片面的肌肉运动，就是一种生产力。如果你精神空虚比你充沛的精神活动更富有生产能力，那么你的精神空虚就是一种生产力……难道资产者、工厂主关心工人发展他们的一切才能，发挥他们的生产能力，使他们像人一样从事活动因而同时发展人的本性吗？"[1] 在生产力拜物教或者说生产力异化的情况下，劳动也发生异化，劳动不再是人们一种身心需要和自我价值的展示，而沦落为一种不断创造外在异化力量的活动。劳动者不再是自我的主宰，而成为生产力"刀俎"下的"鱼肉"，马克思批判道："他们同生产力和自身存在还保持着的唯一联系，即劳动，在他们那里已经失去了任何自主活动的假象，它只是用摧残生命的方式来维持他们的生命。"[2]

在文港，由于传统文化生态的变迁，现代技术社会生产力拜物教的烙印也日益清晰。过去，当地人制笔主要是生活所迫，人们在种地的同时，为了贴补家用，不得不学习和传承祖辈留下来的手艺，因而，笔坊基本上都是家庭作坊，局限于一家一户的经营模式。同时，由于以家庭为单位，规模较小，人们一般都自产自销，市场范围比较有限。今天，市场经济的高速发展，当地制笔行业逐渐从"副业"中挣脱出来，几近变副为主，并日益成为当地标志性文化产业。因而，在利润的刺激下，毛笔作坊的规模也不再局限于家庭范围，雇佣现象非常普遍。与之相应，在现代市场的推动下，毛笔行业分工越来越细，毛笔生产、销售分离的现象也逐步出现，产销结合的传统笔庄分化出以销售为主的现代笔庄。从毛笔行业发展来说，这无疑是一次巨大进步，但由于手工艺的

---

[1] 《马克思恩格斯全集》第 42 卷，中共中央马克思恩格斯列宁斯大林著作编译局译，人民出版社 1979 年版，第 261 页。

[2] 《马克思恩格斯选集》第 1 卷，中共中央马克思恩格斯列宁斯大林著作编译局译，人民出版社 1972 年版，第 74 页。

半市场化属性，毛笔行业与市场很难完全融合，无法完全按照现代市场经济的经营模式组织毛笔生产。毛笔行业不同于一般的商品，质量的提高需要按照顾客个性化的需求进行精细制作，而且在现代经济融入方面呈现出市场胶着状态，即毛笔及其制作技艺与市场呈现出一定的排斥现象。因而，毛笔行业既要极度依赖于市场又要超然于市场，其现代"转型"并非传统生产方式的自然衍变，而是外在"被嵌入"的。这样，所谓现代"转型"所导致的后果就是市场秩序、规制的失范，价值标准的互歧等等。在现代技术社会，人们更多从金钱、经济效益等功利角度去考虑是否从事一种职业，而缺乏一种职业的虔诚与情感，不再留恋于富有情感的传统制笔技艺，而更多以技术、规模、利润的标尺，去衡量一个制笔技师的技艺水平，或者说以商人的标尺去衡量艺人。

二 两种社会评价体系的分裂

生产力拜物教的盛行，反映了经济、社会迅速变迁中人们世界观、价值观的变化，也就是说传统社会人们虽然也重视物质本身，因为它是精神文化的载体，但总体而言，人们更崇尚物质的精神价值。而现代市场经济的发展，人们开始掉入物质的"陷阱"，"一切向钱看"，"进步"、"发展"、"高级"等衡量标准完全逆反，物质成为人们活动的主宰，甚至凌驾于物质生产者之上，人不过是物质发展、支配下的时间的"碎片"。

这种价值观及衡量尺度的"变脸"，最直接的影响就体现在制笔技艺社会评价体系的分裂。这一"摩擦"反映和投射出传统手工艺现代转型过程中经历的"痛苦挣扎"及内在深层次矛盾，其矛盾集中体现在社会评价体系的分裂上。笔者认为以群体为主体的社会评价体系主要有两种形式：一种是权威机构的社会评价体系，另一种是民众的社会评价体系。对第一种社会评价体系，首先需要了解"权威"的概念，"权威"一词是从拉丁文 autoritas 派生出来的，原意是威信、创始人、财产权或所有权。其本意与动词 augere 相关，意为增大、增加。autoritas 的意思就是通过增添理由来扩大行动的意志。权威反映的是一方对另一方意志服从的一种关系。恩格斯在《论权威》中指出："这里所说的权威，是指把别人的意志强加于我们；另一方面，权威又是以服从为前提的。"① 因而，权威机构的社会评价体系简洁地说就是权威机构通过其权力、地位等影响，干预社会评价活动而形成的社会评价体系。"由于权威机构在群体组织结构中所处的最高位置，使得它在一般情况下总能集中地代表群体主体的需要、利益。由此，权威机构就体现了群体主体的意志，从而在评价活动中能够现实地体现群体主体作用即能动性。"②从现实来看，社会评价往往呈现多元性，"公说公有理，婆说婆有理"，因而要确保社会评价的相对合理性难度很大，权威机构通过其地位、影响而形成的社会评价能够保证相对的合理性，也就是说一般都能代表集体意志。但是"作为现实评价主体的权威机构和作为实际评价主体的群体之间在实际上是不同一的……在有的时候权威机构并不能真正代表所属群体的意志，甚至出现强奸民意的情况"。③ 也就是说权威机构的社会评价体系建构于意识形态基础之上，具有政治性、政策性和形式性，而缺乏民众生活的深厚土壤。文港毛笔制作是当地民众的一种生活方式与生产方式，一直以来都是民间的生产活动。近年来由于非物质文化遗产保护活动的兴起，毛笔制作技艺作为传统手工艺的瑰宝才日益受到人们的青睐，地方政府由此对当地毛笔行业的发展也更加重视，此后，政府的"身影"随处可见。为更好地打造文港毛笔这张名片，当地政府对毛笔制作行业进行了大力扶持与宣传。"近年来政府对毛笔产业做了很多工作：一、免税政策。毛笔是传统手工艺，是草根经济，自古以来都是不收税的。二、举办了几次大型推介活动。2003 年在南昌体育馆举办了首届中国毛笔文化艺术节。为了支持文港制笔工人走出去，同年又举办了一个活动，就是文港农民包机进京参加文房四宝博览会，政府每年按一个摊位 2000 元的补贴进行支持。同年还举办了纪念毛泽东 100 周年诞辰华夏笔都全国百佳知名国画家艺术展……三、筹建

---

① 《马克思恩格斯选集》第 3 卷，中共中央马克思恩格斯列宁斯大林著作编译局译，人民出版社 1995 年版，第 224 页。

② 陈新汉：《论社会评价活动的两种现实形式》，《天津社会科学》2003 年第 1 期。

③ 陈新汉：《论权威机构评价活动的机制》，《华东师范大学学报（哲学社会科学版）》2001 年第 7 期。

中国毛笔文化博物馆，政府免费提供 16 亩地作为场馆用地……"① 在政府的"主导"下，2006 年文港毛笔制作技艺顺利入选江西省首批非物质文化遗产名录。权威机构社会评价的空前影响与政府的强势介入，在省级非物质文化遗产传承人的评选中表现得尤为明显，在评选中，几乎走的都是官方程序，作为"主体"的广大民众被旁置。传承人的评选，虽然也注重制笔技艺水平，但相对于前者，政府视毛笔为当地的文化名片，更注重毛笔对当地经济发展的意义，更注重毛笔的产量、产值、规模，因而，传承人选拔对制笔人的文化、地位及人际关系等外在因素有所偏倚，而缺少从"文化持有者的内部眼界"（from the native's point of view）去考察传承人的技艺水平。

民众的社会评价体系这里是指具有一定行业知识的民众或者说文化持有者通过交流、展示及舆论等自发途径形成的社会评价体系。民众的评价体系是通过民众评价活动的相互传播、互动作用形成的。"民众评价活动就是众多个体针对共同关心的话题进行评价并通过传播中双向或多向互动显现出群体主体作用的（社会）评价活动。"②民众生活在一定的民俗社会中，在这个特定地域其评价活动迅速传播、互动，形成体现整个群体意志的主导舆论。民众的社会评价体系虽然不能等同于个体评价活动，但与权威机构的社会评价体系不同，不具有超个体评价活动的形式，总要通过个体评价活动体现出来。民众的社会评价体系是在个体评价活动传播的互动中形成的。简单说来，民众的社会评价体系就是一种民俗文化基础上形成的评价体系，它依据的是传统文化规范、习俗，是"文化持有者的内部眼界"影响下的一种评价机制。民俗社会人际交往的相对封闭性和有限信息的大众传播方式造就了民众之间相互关系的紧密性，正如制笔技师周茂水所说："文港就是这么大一个地方，哪个人制笔怎样，大家心里都有一笔账，不用去打听，也用不着看他制的毛笔。"③ 在文港这个特定的民俗文化社会中，人们对某人的技

　　① 访谈对象：吴国华，男，1971 年生，大专文化。访谈时间：2010 年 4 月 15 日。访谈人：刘爱华
　　② 陈新汉：《论社会评价活动的两种现实形式》，《天津社会科学》2003 年第 1 期。
　　③ 访谈对象：周茂水，男，1975 年生，初中文化。访谈时间：2010 年 7 月 12 日。访谈人：刘爱华。

艺水平了然于胸，每个人都对彼此"知根知底"，每个人心中都"有杆秤"，也许不一定能够说出多少理由与道理，但长期浸润在这个熟人社会中，人们每天从事的活动是毛笔生产、销售，谈的话题也是毛笔，因而心中记载了一页页关于制笔人与毛笔的故事，人们凭"感觉"就能感受文港笔业社会的脉动。也就是说，民俗社会中任何人的技艺水平，当地民众都耳熟能详，对民俗场域中的"奇人逸事"都有趋同的评价倾向。

民众社会评价体系的"权威"主要通过良心机制和强制力量机制发生作用，或者说通过民俗的"监视"及惯性影响发生作用。"人们随时都在互相监视民俗的实施情况，每一个人的民俗行为都是处在别人的监视之下……任何一个人，只要他违背了当地的风俗习惯，大家都会将他拽回民俗的轨道上。"①对于那些通过非法途径猎取名誉的人，民俗会形成一个封闭的系统，将其排除出去，或者"压迫"其自觉反省，返回民俗社会的正常轨道。相对于权威机构的社会评价体系的公开、正式、强制，民众的社会评价体系也许更隐性、更世俗、更温情，但其影响的范围更加广泛，只要生活在一定的民俗社会环境中，都无不受到民众社会评价体系的无形影响。当然，现代社会理性的迅速发展，民众社会评价的影响日趋弱化，民俗的这种作用也渐趋消隐，在市场经济的冲击下，新一代的年轻人开始逐步"疏远"祖传的手艺。笔者调查发现，在文港，从事毛笔制作的大多是中老年人，很难找到"80后"的年轻人。

社会评价体系是社会价值观的内在反映，直接或间接地影响民间文化享有者、传承者的社会地位、身份认同，从而影响传统技艺的有效传承。权威机构的社会评价体系依据商业文化的标准，注重的是产量、利润、标准，民众的社会评价体系依据民俗文化的标准，注重的是技艺、情感、个性②。但在现代社会，权威机构的社会评价体系是主导，这样必然捆绑传统制笔技艺的发展。因而，作为中国传统文化代表性符号的毛笔，在现代技术社会商业化、功利化、标准化的驱逼下，逐步丧失了

---

① 万建中：《民俗文化与和谐社会》，《新视野》2005 年第 5 期。
② 这里的个性是针对文化一体化或标准化而言的文化的地域性、排他性。

原有的神圣与灵性，只能在恋旧心理的偶然顾念下，闪烁出短暂的炫目之光，而更多时候，被无奈地摆上艺术祭坛，越来越远离人们的日常生活。

第四节 毛笔产业及制笔技艺的可能发展路径

笔业今天的衰微或困境并非意味着其未来发展没有希望，现代市场经济的发展，科学技术的进步，毛笔及其制作虽然已经退出人们的日常生活，成为书画艺术的媒介，但毛笔从其诞生时起就具有厚重的生活文化属性，是人们生活的必需之物，兼具实用和欣赏的功能。因而，毛笔及其制作必须回归人们的生活，必须进行"改良"，挖掘其生活属性，发挥其缓解现代人强烈的精神文化追求的功能，注重实用性与艺术性的协调，在保护和提升毛笔制作技艺水平的基础上，应积极挖掘其符号价值，进行创意开发，满足多元化的市场需求。从这个意义上来说，毛笔及其制作的未来发展仍是具有潜在可能的。

本节主要从民俗学、文化学、人类学的视角，借用工艺文化理论和文化经济学理论，探讨毛笔制作技艺未来的可能发展路径，即大众生活文化的方向。从毛笔融入现代社会发展的角度出发，笔者认为可以将毛笔文化价值分为实用价值和符号价值两部分，这样就可以从两个方面对其未来发展进行研究：一方面从非物质文化遗产保护的角度，探讨如何使毛笔制作技艺及其资源转化为生产力和产品，产生经济效益，在生产实践中得到积极保护，实现其保护与经济社会协调发展的良性互动。另一方面从符号经济、文化创意产业的角度，探讨如何进一步挖掘毛笔的符号价值、象征资本及文化内涵，从而进一步普及毛笔文化知识，扩大毛笔文化的影响力和辐射力。当然，毛笔的实用价值和毛笔的符号价值是对立统一的，毛笔的实用价值是符号价值的基础，毛笔的符号价值是实用价值的发展。

一 毛笔实用价值的生产性保护

人类从一诞生时起，每一个技术进步实际上都在不断调适或改变人与自然的关系。在前技术社会人类的活动基本能够顺应自然，人与自然的关系还比较协调，发展到现代技术社会，"由于现代技术一般是对敌对的或至少是中立的自然界进行有意识、有目的的改造，从而实现自然界的'人化'"①，自然界的这种"人化"因人类工具理性跨越了价值理性的"藩篱"，因人类歇斯底里的欲望而不断膨胀，技术异化严重，使人类生活变得单调、机械、缺乏安全感。

在现代技术社会，经济全球化使人类相互依赖加强，物质财富迅速增长，整个世界都可以共享高科技发展的成果，可以享用统一标准的物质生活。但同时人们也在承受着全球化生活的单调和精神的匮乏，地方性的个性化的文化逐渐湮灭。因而，伴随经济全球化的进程，反文化全球化的愿望也日益强烈。有的学者甚至上升至民族存亡的高度来审视其文化多样性保护的价值与意义，指出民族文化是一个民族赖以生存和发展的动力，而民族文化的保护更是任重道远。"只有当一个民族中的大多数文化持有者已牢固树立了保护与传承本身就是根本目的这样一种文化'本体论'的观念，大都具有'文化自觉'意识，认识到民族文化的消亡便意味着整个民族的消亡，实现现代化绝不能以牺牲民族传统文化为代价，并以保护与传承民族文化为己任，而社会各界也都普遍形成了充分尊重文化持有者的意愿与选择这样一种氛围，才有望真正探索到民族文化保护与传承的有效途径。"② 这样作为民族文化基层部分的传统手工艺，即根部文化，是一个民族存在和发展的基础，具有厚重的精神文化价值，是具有情感、饱含温暖的体化实践的产物，也是具有人的品性和体温的一种个性化的文化符号，它适应了现代人的精神文化需求。人们不再视其为现代生活的绊脚石，而看成是现代生活的重要补充，开始真正领悟"在人类所有一切能够谋生的职业中，最能使人接近自然状态的职业是手工劳动"③。甚至人们不再执拗于"怀旧"情结的偏见，不仅仅视其为一种文化，还把它看成是一种与现代生活齐驱并

① ［德］F. 拉普：《技术哲学导论》，刘武等译，辽宁科学出版社1986年版，第143页。
② 和少英：《民族文化保护与传承的"本体论"问题》，《云南民族大学学报（哲学社会科学版）》2009年第2期。
③ ［法］卢梭：《爱弥儿：论教育》上卷，李平沤译，人民教育出版社2001年版，第263页。

进的生产力。"手工艺的根本是生产技术，它的存身之本是物质生产活动，在本质上和现代生产技术一样，是一种生产力……手工艺是精神文化和生产技术的统一体，难分轩轾。"①

就今天的毛笔制作技艺来说，虽然引进了不少现代技术，但手工劳动仍是主体，是一种极具中国文化特色的传统手工艺。相对机械来说，毛笔制作这种手工劳作更具个性、创造性。日本"民艺之父"柳宗悦认为，"手与精神相联系，而机械只不过是物质，在决定性的命运中所能起作用的是其作为。手是有生命的，而机械是无生命的。缺乏顺应性又没有创造性，这是由其本质决定的"②。对比机械的笨拙，手更加灵活，能创造具有个性的手工艺品，制笔技师李小平也在实践中领悟了其中的区别："毛笔行业比较特殊一点，是一个传统劳动密集型行业，这决定了它没办法用机械化操作。每个人的手感不同，做出来的风格也不同，毛笔的软性更能宣泄每个人的感情，它更具个性，不可能标准化……"③

对同一化物质生活的叛逆与悖反，促使人们更加重视精神文化追求，为传统手工艺的发展营造了一个复兴的时机。因此，笔者认为毛笔制作技艺未来很长一段时期内在整体上仍会遵循民众工艺的发展方向。柳宗悦认为："民众工艺的特色：一、是为了一般民众的生活而制作的器物；二、迄今为止，是以实用为第一目的而制作的；三、是为了满足众多的需要而大量准备的；四、生产的宗旨是价廉物美；五、作者都是匠人。"④ 当然毛笔制作技艺不可能完全与上面五个特征吻合，在表现形式上会有所变化，实用工艺的性质不会变，但也萌生了欣赏工艺的成分。毛笔制作实质上是一种以市场为导向的民间工艺，书写用途的转型也就内在地决定了毛笔制作的走向。毛笔诞生之初其用途主要是用于记事，满足人类生产生活的需要，因而毛笔制作是一种实用工艺，随着

① 杨斌：《手工艺是文化，更是生产力》，《美术观察》2010年第4期。
② ［日］柳宗悦：《工艺文化》，徐艺乙译，广西师范大学出版社2006年版，第72—73页。
③ 访谈对象：李小平，男，1973年生，中学未毕业。访谈时间：2010年4月28日。访谈人：刘爱华。
④ ［日］柳宗悦：《工艺文化》，徐艺乙译，广西师范大学出版社2006年版，第59页。

社会的发展，毛笔与日常书写逐渐分离，由原来的日常书写工具变成了艺术载体，欣赏功能逐步增加，这样毛笔制作也必然需要适应书画艺术的发展而演变。笔者在文港文化用品商城调查发现，不少毛笔几乎偏离实用工艺的方向，其功能与其说是用于书写，不如说是广告、宣传的成分更多。像那些大如扫帚、小如铁针的毛笔，不能不让人把它与宣传展示、吸引眼球的意图联系起来。还有很多用高贵材料制作的、注重附加值的毛笔，如精心雕刻的笔杆、高贵华美的笔盒等等，作为装饰品、礼品的可能性更大，或者说交际符号的功能更大。这些绚丽多姿、形态各异的毛笔其实用价值并不高，不少甚至很难写，制作过程中实用功能几乎不是首要的考虑。但就现阶段而言，这并不意味着毛笔的艺术功能会取代其实用功能，无可否认，其实用功能仍是主要的。因而，制笔技艺作为一种民间工艺其大众文化的走向是可能的，只不过在形式上需要"改良"。

"如果工艺的文化不繁荣，所有的文化便失去了基础，因为文化首先必须是生活文化。"[①] 因此，毛笔及其制作必然走向大众化、生活化，成为一种民众工艺，当然这种民众工艺不是取代机械生产、电脑技术，而是与之相辅相成，满足人类在物质生活水平相对丰富基础上对精神文化的多元需求。因为毛笔制作技艺被肯定，"主要是工艺本质和存在方式、价值的被肯定。它对人的灵魂的观照，它对自然真切的感受，它对历史的传承，对直觉经验的重视，它的制作过程给人带来的愉快，都无不直指人类的精神深处。因而现代人对手工艺的需要并非是物质的需要和对其有用性的需要，而更主要的是表现为一种精神上的需要"。[②] 同时，社会的进步必然促进人类社会走向"低熵社会"[③]，人们会更加追求劳动生活的精神文化意义，注重生活用品的个性化和创造性，从而在

①　[日] 柳宗悦：《工艺文化》，徐艺乙译，广西师范大学出版社 2006 年版，第 6 页。

②　方李莉：《新工艺文化论：人类造物观念大趋势》，清华大学出版社 1995 年版，第 117 页。

③　熵，是一个物理学概念，简单说来，熵就是在利用有效能量在做功的过程中所产生的无用功，即无效能量。低熵社会，是一个建立在人们具有高度环境道德信念基础上的社会。其哲学内涵就是在最大限度上减缓和抑制人为熵流的产生和积聚，以延长人类和生存环境系统在宇宙空间中存在的时刻。参见邝福光《低熵社会：低碳社会的环境伦理学解读》，《南京林业大学学报（人文社会科学版）》2010 年第 4 期。

心理上倾向更加尊重和喜爱手工艺劳动，"手工艺劳动不仅是作为一种生产手段，或者是一种谋生的技艺，甚至也可以作为一种业余的爱好和消遣。它给人们带来的不仅是一种艰苦的劳动，还是一种欢乐和愉悦，那是因为手工艺劳动本身就是一种富有创造性、富有吸引力的活动，人们可以从中发现自己的才能，发挥自己无尽的想象力和创造力，从而获得一种成功的幸福感"①。基于此，未来毛笔制作技艺的发展，可以说是民众生活的调节剂，满足民众对传统手工劳作亲切体验和感受的需求，填补人们对日益远离的手工劳动止于想象的精神空缺。当然，这不仅是一种基于怀旧或美丽想象的"海市蜃楼"，而是一种更具适应性更具魅力的，与现代生活携手并进的民俗文化。毛笔制作将在实用的基础上，与时俱进，更加适应市场需求，增强其生活属性，充分发挥其满足现代人向传统文化回归的需求与渴望，注重装饰性、艺术性，既要满足书画家的专业性用笔需求，也要满足书画爱好者的普及性用笔需求，还要满足普通民众欣赏性的多元化毛笔展示需求。甚至制笔技艺本身也可以成为普通民众感受和走近传统手工艺的过程，成为体验生活和享受劳动成果的过程，成为抵制标准化、展示个性的精神宣泄和文化创造过程。从非物质文化遗产保护的角度来说，"生产性保护"是毛笔制作这种传统手工技艺目前唯一可行的保护方式，只有在生产中进行传承、提高其质量，适应现代生活的需求，同时应避免商业化、产业化，处理好社会化和个性化的关系，才能使这种传统手工技艺继续发展，也是其真正可能发展的路径。

对文港毛笔进行生产性保护，最关键是要在制笔质量上进行提升，保护毛笔制作的主要工艺流程、核心工序和文化内涵。笔者认为，保护工作可从以下几个方面入手：首先，应切实提高手工技艺传承主体的地位，营造尊重手工艺、欣赏手工艺和爱好手工艺的良好社会风气。具体说，可以采取政府短期资金扶持的方式，帮助从事毛笔制作的人，尤其是毛笔制作技艺优异者做各种推介活动，遏制社会上"只知卖笔者不知制笔者"的不良现象。其次，可推行毛笔制作擂台赛活动，建立合

---

① 方李莉：《新工艺文化论：人类造物观念大趋势》，清华大学出版社 1995 年版，第120 页。

理的技艺认证和奖励体制。再次，整顿毛笔行业市场，打击滥用"制笔世家"等假冒伪劣现象。最后，建立书画家和制笔艺人相互交流的平台，提高毛笔制作的技艺水平，等等。

当然，要真正实现生产性保护离不开市场，因而还可通过扩展传播媒介、搭建交流平台、规范竞争秩序、转换经营机制、培育人才队伍、打造核心品牌等方面提升文港毛笔的文化品牌，增强其文化影响力和辐射力。同时充分发挥政府主导、艺人主体、专家指导、社会参与的共同作用，探索产、学、研良性互动的运作模式，使文港毛笔在产业实践中得到保护，实现社会效益和经济效益相统一，促进其保护与经济社会协调发展的良性互动。

二　毛笔符号价值的创意开发

中共十八大站在新的历史高度，勾勒了未来中国的发展图景，强调要推动文化产业成为国民经济支柱性产业，使中华文化走出去迈出更大步伐，社会主义文化强国建设基础更加坚实。中共十八届三中全会，更是强调文化体制改革的重要性和文化产业的纵深发展，指出要推动文化企业跨地区、跨行业、跨所有制兼并重组，提高文化产业规模化、集约化、专业化水平。

伴随文化产业的迅速发展，传统和现代的冲突和融合、张力和互动进一步复杂化。在全球化语境下，文化"同质"与"异质"的困惑进一步滋长，本土性、乡村社会、宗族重新回归人们的生活，在民族国家构建和民族复兴的旗帜下，传统的现代性及实践获得了更多正当性、合法地位和话语空间。"地方性的、民间的、村俗的作为结构性怀旧中被永恒保留的传统不但争取到了合法的地位，并且还取得了正当性，地方性知识从自身的视角出发来熟练地运用分类的权力。"① 毛笔产业亦然，随着经济全球化的进一步发展，文化趋同、单一化的趋势也十分明显，因而保护人类文化多样性的普遍认同推动了非物质文化遗产保护运动的兴起和迅速发展，毛笔制作技艺的保护与传承也开始受到国人的重视。人们对毛笔价值的认识也更加深入，认识到毛笔对中国书画艺术、中国

---

① 刘珩：《文化转型：传统的再造与人类学的阐释》，《民族论坛》2011 年第 11 期。

文化的深远影响，它"成为中国人观照自然、阐释世界和承载其观念意义与情感的重要工具与方式，塑造了中国文化的精神形态"①。2009年9月30日，联合国教科文组织审议并批准了列入《人类非物质文化遗产代表作名录》的76个项目，"中国书法"名列其中。2011年8月2日，教育部制定了《教育部关于中小学开展书法教育的意见》，明确规定中小学要开设毛笔书法教育课程。随后各省教育厅纷纷出台中小学书法教育的执行政策和实施办法，毛笔书法教育得以在中国逐步恢复和发展。

适应当前我国文化创意产业的发展，毛笔产业的发展不应仅仅满足于被动的保护，也就是提升其实用价值，也应该适应多元化的市场需求，进行创意开发，也就是充分挖掘其符号价值。换句话说，就是毛笔的价值不仅仅体现在实用价值上，即通过物化劳动形成的凝结了使用价值和交换价值的毛笔产品，同时也体现在符号价值上，即毛笔的文化性、历史性、审美性、独特性、稀缺性等作为虚拟符号的价值。这种价值是"由商品的品牌、设计、包装、广告以及企业形象等所塑造出来的价值，这些形成了商品的意象，并成为消费者感性的选择对象，可以说形成了附加性的价值"②。因而，本书认为，所谓毛笔符号价值，是指在市场经济条件下充分发挥毛笔实用价值即书写工具的基础上，努力增强毛笔的生活属性，积极融入大众文化的元素，从产业化的视角，合理开发出的毛笔的工艺价值、文学价值、艺术价值、旅游价值、民俗价值、礼品价值等虚拟符号的价值形态。

从今天来看，毛笔符号价值生产十分必要，也十分重要。"符号价值会令作品笼罩上一层仿佛已经被写入艺术史的光晕，也和所有的奢侈产品一样，这些增值又与茂盛的广告营销行为牢牢绑在一起。"③符号价值具有增值能力，结合其他现代宣传推广策划手段，可以使手工艺品增加一道神圣的"光晕"符号。法国著名社会学家布迪厄对艺术品价值也进行了深入探讨，"艺术品价值的生产者不是艺术家，而是作为信仰

①　马青云：《湖笔与中国文化》，北京大学出版社2010年版，第1页。
②　鞠惠冰：《商品的符号化：从使用价值到符号价值》，《北京商学院学报（社会科学版）》2001年第1期。
③　尤洋：《艺术品功能价值与符号价值》，《中国文化报》2013年1月7日第5版。

空间的生产场，信仰空间通过生产对艺术家创造力的信仰，来生产作为偶像的艺术作品的价值"。① 侧重对艺术作品信仰价值的生产，便赋予了艺术作品独特性。从符号价值的角度来看，即便是采用相同毛料相同工序制作的毛笔且其质量也相同，售价也会不一样，甚至相差悬殊。缘由就在于这种差异隐含了权力、名声、地位、家庭背景等符号价值因素。因而，文港毛笔产业的发展，不但要注重功能价值的发展，也要注重其符号价值的再生产，提升、扩大其影响力、辐射力和品牌力。

对文港毛笔符号价值进行创意开发，需要把握一个维度，就是如何增强毛笔产品的市场适应性，融入大众文化元素。笔者认为，可以尝试建设一个毛笔文化主题公园，积极挖掘其符号价值，拓展毛笔衍生品的产业链条，融入现代文化元素，进行科学的创意设计，把主题公园分为不同特色区域，划分成毛笔博览区、研究创意区、名人雕塑区、工艺体验区、文房交易区、休闲旅游区、民俗古迹区等园区，建立一个集休闲、旅游、娱乐、研究为一体的毛笔文化旅游基地和融经济交易、文化感受、作品交流、生活体验于一体的毛笔文化创意产业园区，通过利用多种媒介形式，立体式的宣传推介，拓展多元融资渠道，加强品牌营销，全面提升文港毛笔的整体价值和知名度。

小　结

文港毛笔制作历史悠久，世代相传，成为当地民众的一种独特生活方式与生产方式。虽然无法和湖笔的名气相提并论，但赣笔也曾创造辉煌的历史，"上海周虎臣"、"武汉邹紫光阁"与"湖州王一品"、"北京李福寿"并称为"天下四大名笔"，前两者其创立者都是文港人，尤其是"上海周虎臣"品牌的传承者，擅长制作水笔，又吸纳了湖笔制作技艺，兼收并蓄，以致赢得"海上造笔者，无逾周虎臣"之谓。近年来，赣笔在产量、产值及从业人员等方面，都远远超过湖笔，在国内

---

① ［法］皮埃尔·布迪厄：《艺术的法则——文学场的生成与结构》，刘晖译，中央编译出版社 2011 年版，第 205 页。

笔业界举足轻重。同时，文港近年来也重视文化打造，中国毛笔文化博物馆也已落成并开馆，甚至还成立了国内首家毛笔文化研究所。当然，辉煌之中也隐含着危机与落寞，随着社会经济的发展，技术领域的三次变革尤其是电脑及网络的广泛应用，毛笔及其制作所依赖的传统文化生态逐渐消逝，毛笔逐渐退出人们的日常书写，成为依附于书画艺术的一种媒介，制笔技艺也就失去了存在与发展的基础。

图 5—2　颐和园内老人用特制"毛笔"书写吸引路人驻足观看

　　经济领域的转型，反映到人们的思想观念上，更多体现为生产力拜物教的影响，人们对自然界失去了其应有的虔诚，而是更加注重其市场价值、利润，在这一衡量标准之下，毛笔制作技艺自然逐步边缘化。生产力拜物教的发展，导致劳动的异化，世界观、价值观的变迁。社会转型所带来的笔业矛盾与摩擦，集中体现在社会评价体系的分裂上，权威机构的社会评价体系凌驾于民众的社会评价体系之上，这些都给毛笔及其制作带来极大的消极影响。在这种背景下，文港毛笔生产隐忧重重，毛笔制作群体地位低下，笔工队伍青黄不接，技艺传承难以延续。

　　当然，毛笔及其制作技艺在市场经济条件下困难重重，但并非没有存在与发展的可能。毛笔具有实用与欣赏的功能，在传统社会，具有厚重的生活文化属性，因而，充分利用实用性与艺术性功能，挖掘和发挥其精神文化方面的价值，对文港毛笔制作技艺进行一定的"改良"，在生产中进行保护，满足人们多元化的市场需求。同时，要适应文化创意产业的发展，积极挖掘文港毛笔的符号价值，拓展毛笔文化产业链条，通过市场化手段，提升毛笔的整体价值和知名度，使文港毛笔实用价值和符号价值相互促进，实现社会效益和经济效益的和谐统一。

第六章

结论与思考

愚见以为，

中国历史上最大的发明贡献，

不是"四大"，而是"五大"。

此"五大"者何？

即"四大"之外还要加一个毛笔。

毛笔——柔翰，

是人类最高智慧的创造中的一个重要品种。①

——周汝昌

　　毛笔是中国传统文化的一个标志性符号，在中国人心目中曾经具有神圣的地位。东晋文学家郭璞赞曰："上古结绳，易以书契。经天纬地，错综群艺。日用不知，功盖万世。"② 赞叹毛笔功盖万世，书写天地之道，著成百家之书，对社会生活产生了极大的作用。唐代学者韦允《笔赋》中亦载："笔之健者，用有所长……进必愿言，退惟处默，随所动以授彩，寓孤贞而保直。"③ 毛笔被赋予了仁者的品性，进退有度，超然俗世。但是，在科学技术高速发展的今天，电子媒介和网络技术的广泛使用，手工作坊生产存在的文化生态发生急剧的变迁，毛笔的神圣光环日益黯淡，文化地位骤然跌落，恍若一个"没落贵族"，眼神充满幽怨，醉梦于昔日荣光与辉煌。因而，在今天，毛笔这个传统文化的标志性符号，逐渐成为现代性的他者，部分功用也逐步为硬笔、电脑所取

---

① 周汝昌：《永字八法——书法艺术讲义》，广西师范大学出版社 2002 年版，第117 页。

② 郭璞著，聂恩彦校注：《郭弘农集校注》，山西人民出版社 1991 年版，第 275 页。

③ （宋）苏易简：《文房四谱》，台北商务印书馆 1986 年版，第 3 页。

代，逐渐退出人们的日常生活，只是作为书画艺术的物质载体而存在。随着毛笔市场的萎缩、原料价格的上升及社会流动的加速，毛笔制作也就"日渐黄昏"，笔坊生产遭遇前所未有的挑战，毛笔制作队伍青黄不接，技艺传承难以为继。

本书从社会生活史的视角，选取文港毛笔为个案，对文港毛笔的生产制作、笔业市场、制笔技师、笔业社会、笔业发展等方面进行了整体性研究。从生产力、文化价值、生活方式、社会结构、产业结构等方面综合考察传统手工艺在当代社会所呈现的多维图像，对笔业社会民俗的变迁及其深层次原因进行了深入探讨。本书没有局限于毛笔制作过程与工艺流程的书写，而是将手工作坊生产这一产业模式置于社会大变革的语境之中，讨论机械复制时代传统手工作坊的生存困境及发展策略。本书立足于民俗学的立场，对社会变迁中普通民众赋予了更多人文关怀，围绕制笔技师的生活世界，从微观的视野，即从其制笔经历、对制笔工具的选择、制笔经验与技艺观等方面探讨了制笔技师群体的自我认同、价值追求与情感表达，同时也从宏观的视野，即从制笔历史、笔业市场、笔业社会、笔业发展等方面阐析了在科技驱动下文港笔业社会普通民众的社会生活变迁，并运用民艺学、文化学、文化经济学的理论对笔业的未来发展进行了一定的探索。

本书主要采用田野调查资料，辅以历史文献资料，从民俗学立场出发，对手工作坊生产这种传统产业模式、生活方式在当下的境遇及发展进行了探究，主要结论和思考如下：

第一，家庭作为手工作坊生产的基本单位，兼具空间生产与关系生产的双重属性，既是技艺传承的主要场所或生产空间，同时也是社会交往的生活空间，劳作环境更为自由、宽松、和谐，具有浓郁的民俗气息。

在文港历史上，笔坊主要有四种类型：第一类是雇佣型笔坊，第二类是集体型笔坊或集体制毛笔工厂，第三类是家庭型笔坊，第四类是混合型笔坊。今天的文港，以家庭型和混合型笔坊为主，雇佣型笔坊极少，而集体型笔坊已经基本消失。而家庭型笔坊、混合型笔坊及雇佣型笔坊基本都是以家庭为生产单位。在过去，毛笔制作技艺具有很强的保密性，技艺的传承主要限制在血缘关系或姻亲关系基础上，如父子、母女、夫妻、兄弟、姐妹之间，生产劳作也主要在家庭中，这样，家庭笔坊就成为毛笔制作技艺传承、延续的主要场所，也成为和谐、自由、轻松社会关系的主要生产空间。即便是今天，由于科技的发展，毛笔的实用价值严重"缩水"，但作为一种文化传统，毛笔制作技艺仍具有一定的保密性，生产制作也主要局限于家庭中。

毛笔制作的生产过程和工艺流程具有一定的秩序性，各个环节之间环环相扣，各个生产工序之间也相互影响，而且工序之间遵循线性秩序，必须先选毛，进行整理，才好脱脂、去绒等等，某个工序滞后，势必影响到后面一个工序，从而影响整个制笔进程。这样，毛笔制作工序的内在协调性，使得毛笔生产制作者之间具有一定的协作性，人们之间具有一定的合作性。同时，毛笔生产制作主要在家庭中进行，这种空间生产同时也进行着关系生产，家庭是人们生活的空间，具有温馨的氛围和较强的亲和力，劳作环境相较于现代工厂，管理更为宽松，民俗气息更为浓郁。且笔坊主聘请的笔工大多是街坊邻居、亲戚朋友，彼此之间关系比较熟悉亲密，在单调的劳作中，拉家常也成为其交流情感的重要方式，因而，在这个意义上来说，家庭笔坊既是生产空间，也是社会交往空间。

第二，在社会变迁中，手工作坊生产传统与现代的矛盾逐步凸显，具有半市场化属性，这种属性是传统手工作坊生产困境的关键影响因素或核心影响因素。

以毛笔为例，毛笔是一个传统文化符号，文化底蕴深厚，毛笔制作技艺也具有鲜明的传统性，属于手工劳作模式，同时，毛笔作为一个传统文化符号，也是一种外销型文化产品，其生产制作必须紧紧围绕市场需求来进行，现代属性突出。这样一种文化产品，在现代化过程中的今天，由于现代科技的迅速发展、手工作坊生产存在的文化生态的急剧变迁，其生产难免走向衰微。

从笔业历史发展来看，不难发现，笔业衰微的真正原因是其自身产业结构特点，也就是它具有半市场化属性。可以说，半市场化属性是笔业衰微的关键影响因素。毛笔是一种传统手工艺品，半市场化属性鲜明，亦即既极度依赖于市场又超然于市场。毛笔制作亦然。毛笔制作一方面需要根据市场需求进行制作，并以在市场销售出去为目的；另一方面毛笔制作又需要与市场保持一定的距离，毛笔的款式、性能虽然需要与市场需求保持一致，但毛笔制作又是传统性极强的民间手工艺，千百年来，其制作工艺整体上变化并不明显，与现代市场的发展具有明显的距离。毛笔也不同于一般商品，毛笔兼具实用性与艺术性，是书画艺术（过去是日常书写）的物质载体，为了提供书画艺术的"利器"，客观上要求制笔者与用笔者密切联系、相互交流，制笔者必须按照用笔者的个性化要求进行毛笔制作，但毛笔既然要按照个性化的要求制作，在规模上就要求精细化、小规模的家庭作坊，制笔者就必须集中更多精力进行毛笔制作，这样做的代价就是制笔者无法把握广阔毛笔市场需求走向，缺乏市场敏感性，因此，毛笔制作又体现出超然于市场的特点。也可以说，毛笔制作追求的是个性化、精品化、手工化，其对市场的依赖更多的是满足个体的顾客需求，而不是概念性的或整体的模式化的顾客需求，而现代市场的发展追求的是效率、经济、利润，对商品的要求趋向标准化、规模化、模式化，这样，笔业因其半市场化属性，就和现代市场的发展呈现出不即不离又若即若离的关系。

相对于那些完全融入了现代市场的一般商品来说，笔业的半市场化属性因其与市场的距离，在市场无法自身调适的情况下，显得与社会发展趋势脱节，或呈现市场胶着的状态。而一般的商品，因为几乎完全融入市场，传统特征不鲜明而现代特征明显，因而与市场的距离很小，或者说因为其缺乏半市场化属性，故而能够完全融入市场，也不可能进入非物质文化遗产的视域。

第三，传统手工艺品的市场交易，不仅仅体现为一种经济交换，也体现为一种社会交换，并通过权力交换的方式影响手工艺品的市场竞争秩序。

手工艺品在市场交易中的状况，不仅仅是经济交换的结果，同时也是社会交换的结果。在市场交易中，经济交换往往以等价交换的形式显现，而且交换双方看上去都是平等交易。实际上这只是一种表象，经济交换之后还存在深层次的社会交换，诸如为什么要和某人交易，交易量多少，交易价格如何协商，等等，这些内容都属于社会交换。相对于经济交换的明显性，社会交换比较隐蔽，牵涉情感、信任、权力、尊重、服从等，更多是无形的。"交换理论建立在假设人类行为或社会交互作用是一种交换活动的基础上，这种交换活动包括有形的和无形的，尤其是报酬和成本。"① 社会交换，虽然不同于直接的经济交换，不需要讨价还价，它引起的是未加规定的义务，但在表现形式上是一致的，报酬提供者也期望对方在某个时候做出回报。一个人拥有更多的资源或服务也就拥有了支配他人的更多权力，"经常性的报酬使接受者依赖于提供者并服从于他的权力，因为这些报酬造成了一种预期，即中断报酬就变成一种惩罚"②。在文港笔业竞争中，不同群体之间由于分工、机遇、个人因素等原因，使得社会群体发生了分层现象，少数人拥有大量的稀缺性资源、服务或报酬，在社会交换中，使得更多人对他们提供的资源、服务或报酬产生了极度的依赖，从而形成了一种支配他人的权力。虽然它不能等同于经济权力，但因为大多数人对这种资源的依赖和期望，进而造成社会交换的不平等，权力交换的失衡，从而使得其在经济交换中能够榨取更多的超额利润，使得社会阶层分化加剧，社会流动趋于静态化，笔业竞争更加不平衡，笔业竞争秩序进一步失序，最终直接或间接地影响了文港笔业的发展。

第四，在科学技术日新月异的今天，民俗文化不断衍变、重构，传统手工作坊生产存在的文化生态发生急剧变迁，这是传统手工艺衰微的重要外在因素。

随着生产力的迅速发展，工具理性的极度膨胀，高科技的广泛采用，民俗文化不断发生衍变、重构，传承难以为继，传统文化生态变迁剧烈。为了更深入地了解文化生态的变迁，我们需要理解文化生态系统的内部构成因素。按照其内部诸多构成因素与自然环境的密切程度不同，可以组成一个文化生态系统的结构模式。"如果我们把人类的活动看作是社会的主体，把人类的文化创造划分为科学技术（包括经验、知识等）、经济体制、社会组织和价值观（包括风俗、道德、宗教、哲学等）四个层次（语言作为信息工具暂不包含在内），依据它们与自然

---

① Milan Zafirovski, "Social Exchange Theory under Scrutiny: A Positive Critique of its Economic-Behaviorist Formulations", *Electronic Journal of Sociology*, 2005, pp. 2-3.

② ［美］彼得·M. 布劳：《社会生活中的交换与权力》，李国武译，商务印书馆 2008 年版，第 178 页。

环境关系的密切程度，我们就可以看出文化生态系统的结构模式。"①根据其与自然环境的密切程度，从密到疏依次对四个层次的排序是科学技术（包括经验、知识等）、经济体制、社会组织和价值观（包括风俗、道德、宗教、哲学等），其中"与自然环境最近、最直接的是科学技术一类智能文化。大凡工具、机械以及经验、知识、科学、技术一类发明、创造，都与自然环境直接相关，即强相关；其次是经济体制、社会组织一类的规范文化；最远的是价值观念，自然环境虽然对它有影响，但关系比较弱，而且往往是通过科学技术、经济体制、社会组织等中间变量来实现的"②。文化生态是源自文化生态学的一个概念，文化生态学"把文化放到整个环境中去看它的产生、发展、变异过程，即人如何适应环境而创造了某种特征的文化，这些文化现象又是如何适应环境变迁而不断向前发展的"③。也就是说文化生态学虽然不能等同于"环境决定论"，但还是认同和吸收了"环境决定论"的部分重要理论思想，认为人是总生命网的一部分，虽然人是带着文化因素出现的，文化因素会影响总生命网，但文化因素也受总生命网的制约。

文港笔业的变迁，与自然环境最近、最直接的是科学技术的发展，即硬笔工具、电脑技术及网络技术的发展。科学技术的这种变迁，对文港笔业的发展产生了几近毁灭性的冲击，毛笔的销售市场迅速缩小，从人们生活的中心、文化的中心逐渐边缘化。经济体制所带来的影响也不小，现代市场经济追求效率、快节奏，商品生产讲究的是标准化、规模化、模式化，而毛笔制作"慢工出细活"的手工技艺追求使毛笔制作所呈现的是个性化、精品化、手工化，显然很难适应人类的需求欲望。

从以上分析中，我们可以看出，传统手工作坊生产向现代手工作坊生产的转型，或者说传统手工行业或手工艺在当下社会的衰微，其影响因素很多，笔者认为，其中主要影响因素可以分为三个层次：外层是文化生态的变迁，中层是市场竞争的失序，内层是半市场化属性，其中中层和内层属于手工行业社会内部的影响因素，而半市场化属性又是其最

---

① 司马云杰：《文化社会学》，华夏出版社 2011 年第 5 版，第 157 页。
② 同上。
③ 同上书，第 156 页。

核心的影响因素（见图6—1）。制约传统手工行业或手工艺发展的这"三重门"，也是制约文港笔业当下发展的主要影响因素。

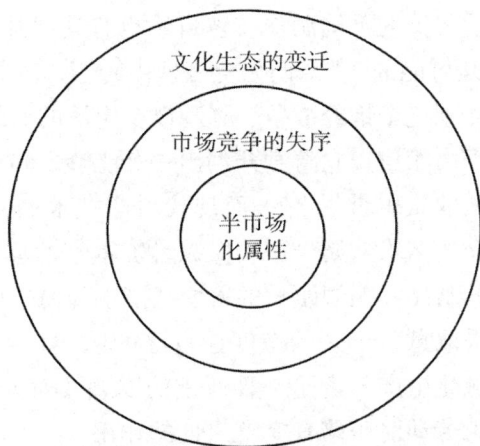

文化生态的变迁

市场竞争的失序

半市场化属性

图6—1 手工行业衰微因素层次图

当然，传统手工行业或手工艺在当下社会衰微的主要因素之间并非是完全独立的，相反，它们是一个综合整体，彼此紧密联系。即文化生态的变迁、市场竞争的失序和半市场化属性三个层次的因素之间是相互影响、相互作用的，它们共同铸就了传统手工作坊生产当下的既有状态。

第五，顺应民众在西方文化"侵蚀"下渴望回归温馨朴素、富有创造的传统手工生产生活的精神需求，切实让手工作坊生产及其产品融入大众生活，增强其生活属性，这是传统手工艺未来的可能发展路径。

仍以毛笔为例。毛笔，兼具技术性与艺术性，同时兼具实用性与欣赏性，作为中国传统文化的瑰宝，在传统社会曾处在人们生活的中心地位，虽然随着科学技术的发展，今天，毛笔作为一种书写工具已经退出人们的日常生活，市场需求日渐减少，仅仅作为一种书画艺术的物质载体而存在，但毛笔作为一种工艺文化品，具有生活文化的属性，毛笔制作技艺在未来自然具有发展的可能。毛笔，在过去，并不是作为书画艺术而存在的，而是用来记录东西、帮助记忆的，因而，属于"用"的器物，具有生活之美。"生活中的器物所体现的美，就是工艺之美。只有丰富、温润、健壮的生活器物，才可以具备工艺之美。这样的美与离开生活的美相比有着更深刻的意义。工艺是生活之工艺，工艺之美也只有从生活中产生。在这里，就能找到工艺美的强韧基础。"① 而作为具有工艺之美、生活之美的毛笔制作技艺自然也有其"强韧基础"，手工艺的"复兴"仍是可能的，"我们完全有理由盼望，闪耀着智慧光芒的手工艺，将重新回到这个饱经战争、骚乱以及生活的变幻无常之苦的世界；我们完全有理由相信，它将会开创出一个能够平和、周到地对待每一个人的现世幸福的欢乐世界"②。而现代科学技术的发展，机器的广泛使用，使得民众的需求从属于市场操纵者资本家的趣味，"个性独特的商品沦为虚伪的赝品，循规蹈矩的人们只能事与愿违地、倦怠无聊地虚度年华，或者采取息事宁人的态度让自己的愿望自生自灭"③。莫里斯认为，现代机械化生产不啻是一种严重的罪恶及对人类生活的贬黜，它忽略了乡间手工劳动对于培育完整人性的作用，"'艺术与手工艺运动'做出的伟大发现之一，就是重新发掘出乡村手工作坊这座手工技能的宝库，而这似乎早已被城市遗忘了"④。当然，其言论无疑过于极端和片面，对手工艺的"复兴"也过于乐观。

毛笔制作技艺作为一种手工运动，虽然因为毛笔的生活属性而具有生活文化的属性，但真正来说，今天的毛笔已经开始脱离人们的生活了，已经没有生活属性或者说生活属性已经不是很强了，市场自身已经无法自我调适了，这就需要第三者——国家（政府）的介入，发挥其对市场的宏观调节功能，规范笔业竞争秩序，或者说发挥其非物质文化保护的主导角色，提高制笔技师的待遇，调动其制笔积极性，顺应民众在西方文化"侵蚀"下渴望回归温馨朴素、富有创造的传统手工生产生活的精神需求，引导其制笔与社会生活的衔接，增强其生活属性。甚至在经济进一步发展，人类走向"低熵社会"趋势下，合理引导制笔

①　[日] 柳宗悦：《工艺文化》，徐艺乙译，广西师范大学出版社 2006 年版，第 143—144 页。

②　[英] 威廉·莫里斯：《手工艺的复兴》，张琛译，《南京艺术学院学报（美术及设计版）》2002 年第 1 期。

③　同上。

④　[英] 爱德华·卢西—斯密斯：《世界工艺史——手工艺人在世界中的作用》，朱淳译，中国美术学院出版社 2006 年版，第 180 页。

技师向一般民众普及毛笔制作技艺，适应多元的文化需求，在生产中进行传承、保护，推动文港笔业的合理发展仍是可能的。因为这种自制的毛笔"由于是自己花了许多心思和构思制作出来的，体现了自己的创造性和倾注了自己的情感……对其有感情想留下来做家庭流传下去的纪念品"①。而且这种自制毛笔的劳动，"会使人们从重占有的生活方式转向重生存的生活方式，使人们将生活目标从追求物质量的增长到追求生活的意义……大量的时间不是用以制造物质和消费物质，而是进行创造性的手工艺劳动和娱乐性的艺术创造活动"②。

因此，为了适应现代社会多元文化需求，对毛笔及其制作应重新审视其价值，一方面从毛笔实用价值的角度，在保护毛笔制作技艺主要工艺流程、核心工序和文化内涵的基础上，提高毛笔制作质量，并充分利用市场手段，发挥其经济价值，使其保护与经济社会发展相互促进；另一方面从毛笔符号价值的角度，积极融入大众文化元素，进行合理创意开发，充分挖掘毛笔的工艺价值、文学价值、艺术价值、旅游价值、民俗价值、礼品价值等虚拟符号价值，塑造品牌文化，对其象征资本进行再生产，进一步提升毛笔的影响力、辐射力和品牌力。这样，毛笔的实用价值和符号价值才能相得益彰，彼此相互促进，提升毛笔的整体价值和知名度，使其社会效益和经济效益相统一，推动毛笔及其制作技艺的"复兴"。

当然，毛笔作为具有生活属性的一种工艺文化品，其制作技艺具有"复兴"的可能，但并不意味着毛笔及其制作技艺的"复兴"具有必然性，它的"复兴"取决于它对自身的调适，取决于其社会生活属性的修复。准确地说，它既有"复兴"的希望也有消亡的危险，希望与危机并存，对我们来说，这是一个十分复杂而艰巨的任务。因而，笔坊在现代社会的发展趋势，打一个不是很恰当的比喻，可以这样来形容，就是现代社会是一个异化的荒漠，而传统笔坊或笔业就是一个被包围的绿洲，虽然绿洲给我们希望，但是周围却是辽阔的荒漠，前景依然不容乐观。那么，笔坊是荒漠囚禁的绿还是穿越荒漠的绿？无疑，这是一个人

---

① 方李莉：《新工艺文化论：人类造物观念大趋势》，清华大学出版社1995年版，第168页。

② 同上。

们不愿面对但又不得不面对的问题。如果想要得到一个满意的答案，就需要我们全社会共同努力，都来切实关注、正确对待这个问题，在疼痛中坚守，对毛笔进行生产性保护，并适应符号经济的发展，对其进行合理的创意开发。

在以上理论框架下，本书以文港毛笔为个案，从社会生活史的视角，系统地探讨了传统手工艺从制作到市场销售，从技术到艺术审美，从文化表象到生产者主体身体经验，从经济交换到社会交换等多方面的结构性知识与理论表述，阐述了社会大变革语境中传统手工艺的当下困境、工艺民俗的变迁，并站在民俗学的立场上，对社会变迁下手工艺群体的自我认同、情感体验和价值追求进行了比较深入的探析。本书建构了半市场化这一核心概念，总结了新的文化生态下传统手工艺民俗发生变迁的一些共同因素，并对传统手工艺的未来发展进行了一定的探究。

附　录

附录一　本书主要合作者简介

1. 周鹏程，男，汉族，文港镇周坊村人，1954年9月生，上过几年小学。周鹏程受家庭影响，从小就喜欢毛笔制作，擅长毛笔头制作，年轻时便在当地崭露头角。1976年独自外出闯荡，其间不但访求书画名家，征求其用笔建议和要求，从而回家再不断改进制笔技艺。他在外"跑市场"八年，足迹遍及全国各地，制笔技艺大大提升。多年以来，周鹏程勤心制笔，不断探索制笔工艺，为增加毛笔头的腰力，用猪鬃替代麻丝，从而改写了"无麻不成笔"的历史。他先后为各地书画家、名人量身制作各种个性毛笔，仿制或研制各种古笔、名笔，如蒜头笔、瓷用料半笔等，创造了一个个平凡的神奇。他的制笔技艺也为文港制笔技师所称道，其制笔技艺、制笔风格、制笔成就也带动了整个文港制笔业的发展。2008年，周鹏程被江西省文化厅授予江西省非物质文化遗产项目文港毛笔制作技艺代表性传承人的荣誉称号。周鹏程为本书的写作提供了极大的帮助，介绍、讲解、演示过毛笔制作工序、联系相关的人员及提供一些重要的信息。他的笔坊及其本人也是本书的重要调查对象。

2. 周茂水，男，汉族，文港镇周坊村人，1975年生，初中文化。他擅长毛笔头制作，尤其是狼毫制作，其父亲曾为当地有名的制笔技师。他讲解、演示过不少重要的制笔工序，提供了一些重要信息。

3. 周同根，男，汉族，文港镇周坊村人，1947年生，小学文化。他擅长毛笔杆制作。他讲解、演示过毛笔杆制作的主要工序。

4. 李小平，男，汉族，浙江淳安人，1973 年生，初中文化。20 世纪 80 年代末随新安江水库移民潮来到进贤文港，擅长毛笔头制作、雕刻等，对毛笔文化亦有深入研究。他在文港仿古街开设了淳安堂笔庄，同时亦在书法江湖商城开设了网店。他讲述过毛笔文化方面的一些知识，同时还讲述过其开设网店的经历及网店的营销管理等知识。

5. 李秋明，男，汉族，进贤李渡人，1965 年生，硕士文化程度。李秋明从小喜欢画画，曾经和父亲走南闯北推销毛笔，足迹遍及祖国名山大川，在经商之余，不忘绘画。在北京的六年时间里，李秋明先后师从李可染、周世聪、石虎、秦鼎云等名师学习国画，同时迷上了雕刻，在雕刻上亦有很好的造诣。为了提升国画技艺水平，1993 年，他还去广州美术学院研修了三年，有幸师从我国国画大师林庸老先生。李秋明现定居文港，从事制笔用人造尼龙毛的研制和销售，同时从事国画创造。现为华夏笔都毛笔文化研究所所长，对毛笔文化有深入研究。他讲述过毛笔文化方面的一些知识及阐述过一些个人对文港毛笔制作技艺保护方面的见解。

6. 周英明，男，汉族，文港周坊村人，1938 年生，上过两年小学。从小和父亲学习毛笔制作技艺，擅长毛笔头制作技艺。曾在武汉邹紫光阁工作过 20 多年。他讲述过邹紫光阁的管理情况及过去文港毛笔历史方面知识。

7. 周英发，男，汉族，文港周坊村人，1957 年生，高中毕业。年轻时当过兵，后回家学习制笔技艺，擅长毛笔头制作。他讲解、演示过毛笔头制作工序，并为笔者调查联系过相关访谈对象。

8. 周信兴，男，汉族，文港周坊村人，1949 年生，中专文化。历任文港卫生院副院长、院长。从小爱好雕刻，在工作之余探索书画艺术，并深入探讨微雕艺术。早年从事毛笔雕刻，后来雕刻范围逐步扩展到牛角、金石、玉器、陶瓷、象牙、毛发等。90 年代开始停薪留职从事专业微雕艺术创作。首创紫竹、紫檀木微雕艺术世界吉尼斯之最，并获国家知识产权专利。作品多次获省级、国家级大奖，荣获第八届中国民间文艺山花奖工艺美术作品奖，被中国文联、联合国教科文组织联合授予"国际民间工艺美术大师"称号。2007 年 12 月荣获省、市高技能人才奖和奖金，并荣获全国中华技能大奖，其事迹先后被中央及地方多个电视台报道。他讲述过其从事毛笔雕刻经历及走上微雕艺术的个人生活历程。

9. 吴国华，男，汉族，进贤文港人，1971年生，大专文化。文港镇文化站站长、镇网络信息办公室主任，毛笔文化研究者。他讲述过文港毛笔文化发展的历程及提供过一些重要信息。

10. 周苏雁，男，汉族，文港周坊村人，1971年生，大专文化。文港镇文化站副站长、通讯报道员，负责办公室文秘工作。他讲述过文港镇对毛笔文化发展出台的措施、文港毛笔的发展过程及提供过有关文港毛笔文化的一些重要资料。

11. 周国富，男，汉族，文港周坊村人，现定居李渡，1945年生，大学本科文化。其父亲在民国时期是毛笔厂的管作，在当地很有名气。他从事医疗事业，爱好广泛，在书画、道教、武术、对联研究等方面有较高造诣。他提供过重要的毛笔文化方面的资料。

12. 朱细胜，男，汉族，文港上朱村人，1970年生，初中文化。从事毛笔头制作，他的笔坊是文港目前最大的笔坊。他讲述过个人创办笔坊的经历、笔坊管理方面的经验及毛笔文化研究方面的知识。

13. 支小洋，男，汉族，进贤县白圩乡剑溪村委会万家村人，1971年生，初中文化。从事毛笔杆制作，经常出外采集竹子。他讲述过竹竿采集、笔杆制作等知识。

14. 邹农耕，男，汉族，文港梅林中村人，1968年生，初中文化。中国文房四宝协会副会长，毛笔文化研究者，创办《文笔》杂志，宣传毛笔文化。创办的邹农耕笔庄被命名为中国十大名笔，江西省著名商标。他讲述过其创办邹农耕笔庄经历及早期网店管理情况。

15. 周四和，男，汉族，文港周坊村人，1968年生，高中文化。擅长毛笔头制作，经常外出，创办周四和笔庄。他讲述过个人外出"跑市场"的经历。

16. 周小山，男，汉族，文港周坊村人，1931年生，上过两年小学。合作社时期曾在文港毛笔厂担任生产主任。他讲述过新中国成立前后文港毛笔的历史及毛笔厂的管理情况。

附录二 周虎臣及周虎臣笔庄[*]

一 周虎臣故里

有着千年制笔传统的著名毛笔制作村——江西进贤文港镇周坊村，全村现有人口 1899 人，75％的人以制作毛笔为产业，世代相传，生生不息。周虎臣就出生在这里。据周坊村《平湖周宗谱》（第 726 页）载："至绎幼子，字道虎，名虎臣，明万历辛卯年六月初五生，娶刘氏，殁葬未详。"故此，周虎臣的出生年月为公元 1591 年。

周氏宗谱于万历二十九年（1601 年）撰修草谱，由周虎臣堂兄、明末诗人周献臣作序；次年，与周献臣同在南京为官的临川本籍、明代著名戏曲家——汤显祖再次为周氏宗谱开篇题序，村庄门楼石匾、麻石幽巷，衬托着古屋遗风，彰显出古村历史的文韵承昌。

二 周虎臣笔庄

距周虎臣故里以南 4 公里，有一千年古镇——李家渡镇（隶属临川），自古水陆交通发达，商贸繁荣，临川文化在此一脉相承。素有"走遍天下路，不如李家渡"之繁华，得"知味拢船，闻香下马"之美誉。周虎臣笔庄最早就在此设店落户，成为当时以周虎臣为代表的江西毛笔产业群，其间，所制狼毫水笔，在历史上有"临川之笔"的盛誉，周虎臣品牌名噪一时，并直接影响海上画派及吴门画派。清康熙三十三年（1694 年）周虎臣的后裔在苏州开设笔庄，其生产的狼毫水笔如"仿古玉兰芯"、"右军书法"等，吸收了湖笔工艺特点，适宜书写对联、条幅及大幅山水泼墨国画，古有"湖水名笔"之称。咸丰末年，周虎臣笔庄为躲避战乱，于同治元年（1862 年）在上海开设"老周虎臣笔墨庄"，业务日盛，成为当时沪上著名笔店，备受青睐，清末著名海上书法家李瑞清赞："海上制笔者，无逾周虎臣。"

老周虎臣笔庄最早采用"虎"字样标签，其产品"湘江一品"、

＊ 作者吴国华，中国赣笔文化研究所，原载《美术报》2009 年 5 月 2 日第 44 版。

"乌龙水"、"九重春色醉桃花"、"臣心如水"、"大京水"等狼毫水笔，素有"五虎将"之称，名扬四海，远销日本、东南亚及我国港澳地区。

周虎臣笔墨庄于1956年以公私合营的形式生产，是年又合并了"杨振华"和"李鼎和"笔庄，使狼毫、羊毫和兼毫的制笔技术及品种更加齐全、完备。除狼毫书画笔为其特色产品外，还有大、中、小兰竹笔、联笔、提笔等名牌产品，其工艺特色继承和发扬了湖笔的风格，具有运笔饱满、刚劲有力、走笔圆健的特点，为近代书法家乐于采用，并为之题词命名，如由沈伊默命名的"伊默选颖"；由张大千命名的"大千选用画笔"；由吴湖帆命名的"梅景书屋"等。1934年，周虎臣毛笔获中华总商会全国展览会优秀奖，1988年获商业部优质产品奖，国家经贸委认定为"上海市传统工艺美术技艺"，2002年以来"虎"牌商标被评为"上海市著名商标"。

三　周虎臣与善琏湖笔的渊源

周虎臣毛笔制作风格最初由江西——赣笔的传统制作方法为基本法则，以狼毫水笔为主打产品，1694年进驻苏州，以前店后厂形式经营，生产工序采用赣浙两地兼容的形式，充分吸取了湖笔的"坡叠法"制作工序，使毛笔性能与书画风格紧密衔接并形成产业链条，成为后来"虎"牌毛笔走向辉煌的基点。而狼毫水笔的制作工序一直为江西笔工所掌握。

周虎臣执掌笔庄连同制笔技艺由其女传至第七代至外孙傅锦云继承，与湖州善琏有了姻缘关系，傅锦云的妻子钮宝娥出自善琏制笔世家。自此，周虎臣毛笔制作风格开始逐渐"湖化"……

清末时，为永记湖笔与周虎臣笔庄的渊源，周虎臣笔庄赠送给善琏"蒙恬堂"一面1.5米高、1米宽的楠木镜子，如今还保存在善琏"蒙公祠"内。这面目睹江西毛笔与湖笔百年变迁的镜子，成为见证两地毛笔文化互通的圣物，彰显赣笔与湖笔的兼纳和包容的宽达情怀，也同时表达出数百年来毛笔制作技艺的兼善而非独善，鉴古鉴今，印证着"臣心如水一面镜"的东方民族文化情怀，这种情节演绎出我国近代毛笔发展史甚至文化发展延伸的重要篇章。

远离躁动，承古开今，周虎臣笔庄的发展史就是我国近代毛笔文化演绎史，它贯穿时空，文韵华光，延续丹青……

附录三　笔之道[*]

毛笔到底产生于文字之前还是文字之后，似乎根本就找不到确切例证。史前先民有"结绳记事"之说，想笔的产生当在"结绳"之后。毛笔在生活中有着无可替代的作用，它记录生活，实际就是记录人类的自然进化史，如果要评选历史文化遗产中历史最悠久、影响最深的文化用具，非毛笔莫属。在中国古代四大发明之前，"笔、墨、纸、砚"的创造，应该算是非常了不起的又一"四大发明"，文化意义也远在其上——因为，毛笔不仅书写了整个华夏文明的发展史，而且还创造了我们中华民族的国粹艺术——书画。无怪乎周汝昌先生要称毛笔为中国的第五大发明。

毛笔，何许普通之物也。在中国几千年的历史长河中，许多器物几经变异而辗转淘汰不存，唯毛笔几千年来一直以其简朴雅致——一个笔头、一根竹竿，朴实到不能再简约的面貌，闪烁在中国文化史的进程中，如谦谦君子、一介书生，默默地耸立在文化人的心目中，树立其崇高的地位。如果说毛笔也有道的话，这个话题可能会拉得很远、很大，如毛笔的变革史、笔墨的流派史、与书画相结合的书画创作史等等，这些无不折射出毛笔本身的文化内涵。就算最基本的毛笔之四德"尖、圆、齐、健"，所表达的文化意义，也绝非此四字简单的字面意义所能包容。

"尖"是从古人用刻器刻记生活符号而衍转于毛笔的，原始的"尖"，用途很简单，唯刻记方便而已，与"圆"产生后而涉及线条质量问题的"尖"，美学意义不可同日而语。毛笔未启用时，"尖"有型

＊ 作者邹农耕，原载《书法报》2006 年 1 月 18 日。

可察。然一经使用，就完全融合于其他三德：与"圆"控制着线条的质量和粗细变化，与"齐"表现使转中八面生锋的立体感，与"健"连绵不断、相互缠绕地抒发着感情的起伏变化。"尖"在书画创作中最忌"锋芒毕露"，但又不惧个性张扬，它可以撒点成兵，下笔成形，无拘无束，用"妙在似与不似之间"的浪漫手法，上下穿行、左右翻飞地表现着自己的存在。

"圆"非笔身的造型，乃指书写出的点线之圆。"圆"就制笔技术而言，有据可循，但其并无实体可形，它与三德中任何一德相结合，都是向着一种至高无上的精神领域攀登，以最朴实的手法，表现最高的人生境界，凡一切美好和平、雍容简静的气象，其无所不包，无所不及，是生活中人类走向文明的修为哲学。

"齐"则不同，它有形可迹：散开笔尖，用手指攒压笔锋处，锋颖排列呈直线状（实际略呈弧状），谓之齐也。然这只是"齐"的固定画面，书画创作中，这种笔痕属病笔，叫"扁"，它和"尖"一样，独立存在时，没有实际的表现价值，即使是比较简单的"铺锋"效果，也必须与"圆"相协调，而后才产生生命力。"齐"以"尖"为支点，顿挫使转，表现块面造型游刃有余；与"圆"相裹挟，八面生锋而神采自若；与"健"相暗合，前俯后仰，心手相行，波动着生命运动的节奏。"齐"尽一切人为手段，再现现实生活中的物象美感。

"健"是毛笔的生命和精神所在，也是毛笔文化意义表现的核心。"健"没有具体形象让人可辨别，它的存在和变化因人而异，因物象和心情的变换而感受不同，因创作流派和制笔用料数据的变化而迥然有别。它与"尖、圆、齐"等前三德交叉结合，可以表现唐司空图十二诗品中的种种艺术意境，甚至更多、更多。"健"不因刚而长枪大戟，也不因柔而萎靡不振，全在于心智对它的理会和感悟如何。"健"平衡着其他三德的统一张弛，但又单独与每一德互为表里，沉着从容，无往不利地主导着线条力度和情感波动的变化。它的"力"分散在毛笔的任何一处，表现在书画家创作的感情中，以"笔所未到气已吞"的文化张力，挥发其迷人的魅力。唯一可揭其奥的就是创作者与制笔人的心照不宣和语不能详，倘有制造者可以形诸物或语之于言，都不过是对"健"的字面释析或流弊于刚柔之说的极端夸张罢了。"健"不激不厉、热情奔放、心态积极地投入社会的发展潮流，我对中国文化理解有多深，对"健"的表现就有多高。

几千年来，中国文化发展一直以儒、道、释三大文化发展为主流，如果说"尖"在四德中极具个性张扬，鳌之于书画艺术推重个性面貌的表面，其文化特征当属道家范畴。而"圆"则为释家典型（也不排除"中庸"之道），艺术创作者的自身修养，全于此中见高下，其岂止于笔墨圆润哉。"齐"则带有浓郁的儒家文化特色，实事求是，深入浅出地为人类描绘大自然中的物象美。"健"集诸家之长，并以明显的儒家思想一统大局，积极地以"治国平天下"的大家风范和作为，以人为本，以德为基，繁荣万象，引导着人类走向理想而文明的精神世界。

附录四　百年制笔大家：邹发荣[*]

邹发荣，生活于晚清，江西临川人。与弟邹发惊二人创办邹紫光阁笔店，它与周虎臣、王一品、李福寿三家笔庄并称中国的四支笔。其中，周虎臣和邹紫光阁均由临川人所开。

中国的文房四宝（笔、墨、砚、纸）源远流长，旧时文人对书写工具极为讲究，于是全国各地便出现了一些著名的笔墨庄。如在上海有300年老店周虎臣笔墨庄，在汉口有有100多年历史的邹紫光阁笔店。

邹紫光阁笔店的创始人是同胞兄弟邹发荣和邹发惊。邹氏兄弟乃江西临川李家渡人，本在原籍种田，兼做毛笔。他们每年在农闲时将平时做好的毛笔挑到河南周口等地去销售，售完后再顺道到苏州买羊毛和其他制笔材料，以备明年继续制作，同时也兼营贩售，以便获得更多的利润。

清道光二十年（1840年），邹氏兄弟从苏州贩运一批羊毛到汉口去销售。汉口的笔店老板们见他们货物较多，又难以承受长期住旅店的花销，便乘机联合同业压低买价，欲迫使邹氏兄弟低价抛售。不料邹氏兄弟不肯就范，反而在当地花布街涂家厂租下一间小店屋，一面经营笔料

---

　　[*]　原载临川英才网（http://www.jxculture.com/Famous/LC/121.html）。

生意，一面自产自销毛笔。从此，兄弟俩便从半农半商、长途贩运的行商转而成为汉口的坐商。经营数年后，他们的毛笔和笔料杂皮生意都有较大发展，于是便把毛笔和笔料杂皮生意分开经营，并雇请了 10 余名工人加工制笔。毛笔部门取名为"邹紫寅阁笔店"，杂皮笔料部门取名为"邹茂兴杂皮笔料行"。兄弟俩共同经营 30 余年，邹紫寅阁笔店已经有了相当的名气。

大约在 1874 年前后，邹氏兄弟先后去世，商店业务由邹发荣之子邹嘉联、邹发惊之子邹嘉芎继续经营。据说当时有个巡抚衙门的师爷是邹家的同乡，他经常到笔店来买笔。他对邹嘉联、邹嘉芎两兄弟说，"邹紫寅阁"中的"寅"字取得不好，寅字属虎，白虎当头十分凶险，不如改"寅"为"光"，以求光大门第、转凶为吉。当时人比较相信这类说法，邹家为图吉利，便把招牌改为"邹紫光阁笔店"。

第二代的邹氏两兄弟都极为精明能干，他们在继承事业后便努力振兴业务，改善经营管理。他们利用兼营笔料杂皮的有利条件，优先选购毛笔的主要原材料——黄狼尾、兔皮、羊毛等，以提高毛笔的品质和档次。在提高和改进生产技术方面，他们不但自己刻苦钻研制笔技艺，而且亲自到赣、鄂等省遍访名师，先后聘到了多名技艺高超的制笔技师，由他们担任生产部门的掌作师傅，以传授技艺和把好质量关。由此，邹紫光阁生产的毛笔质量和档次不断攀升，逐渐在顾客中形成了很高的信誉。

在邹紫光阁开业之前，武汉较有规模和影响的毛笔店有邓光照、周三盛、太极图、袁怡兴、焦林魁等几家，此前武汉毛笔一直由这几家笔庄主要经销。自从邹紫光阁采取了一系列技术改革措施和改善经营管理后，制笔成本降低、质量提高，深受顾客青睐，所以不出几年，邹紫光阁毛笔的信誉和销量都超出了以上几家同业，尤其到辛亥革命后，邹紫光阁不仅成为湖北，而且是相邻数省中首屈一指的毛笔店了。当时生产人员已从初期的一二十人发展到上百人，资金扩大到 3 万余元，月产毛笔 3 万余支，远销全国各地。

民国初年，湖南长沙有一家颇具规模的桂禹声笔店到汉口设立分店，闻知邹紫光阁名声，有意要与之竞争一番。于是，他们特意在邹紫光阁隔壁几家设立了门面，并大做广告，声称"长沙桂禹声，墨良笔更精，长沙开了三百春"等，要与邹紫光阁的信誉和地位竞争。然而，此时邹紫光阁已成为武汉赫赫有名、实力雄厚的大笔店，在天时、地利、人和几方面都占了优势，以致不到两年，在长沙驰名三百年的桂禹声就无声无息地败下阵来。

1911年辛亥革命时，武汉花楼街发生大火，附近几家大毛笔店全被焚毁，损失殆尽。幸而邹紫光阁早做疏散准备，未遭严重损失。从此，邹紫光阁的毛笔销路更广，业务范围也随之扩大。1914年，该店在花楼街民权路上首新建前后三进的分店一家，用去3万余元资金，实行批发、零售划分经营。至1916年，邹紫光阁的生产、管理、营业人员总数已达400余人，年产毛笔100万支，资金共计12.5万余元，这是邹紫光阁发展的黄金时期。

邹紫光阁笔店和邹茂兴杂皮笔料行虽然是划分经营和各自核算，但这两家企业同属邹家，所以命运息息相关。有了联营的杂皮笔料行，邹紫光阁固然可以十分便利地选购到最优的原料，然而因当时的进出口贸易操纵在外国洋行手中，故杂皮贸易极为凶险，稍有不慎即损失惨重。有一年，邹氏兄弟所进6万张黄鼠狼皮，按上海牌价，每张应售白银二两二钱，而英商洋行硬要压价为二两，结果生意未能成交。不料数日后价格不断下跌，最后竟跌到每张八钱。为偿还银行、钱庄的贷款，邹氏兄弟只得忍痛以每张八钱售出，共亏蚀白银6万余两，使整个企业大伤元气，过了好几年才恢复过来。

虽然邹紫光阁生产与业务人员较多，但决定全年两行整个业务成败的，还是那占资巨大，并富有冒险性质的邹茂兴杂皮笔料行。杂皮生意集中在冬季短短几个月中，过后即可将资金随时供给邹紫光阁购备全年所需用的原材料以及其他成本支出，让毛笔尽量扩大生产与销售。待到入冬杂皮旺季的前一个月起，邹紫光阁便又将销售毛笔之款渐渐集中，以供邹茂兴资金周转。两行互相调剂，灵活运用，除突发事故外，很少出现周转不灵。

邹紫光阁的职工工资待遇分为两类：一类是行政技术管理人员和营业员，按月发工资，伙食由企业负担；另一类是生产工人，工资计件发放，伙食由工人自己负担。生产工人的工资等级由掌作师傅来考核鉴定。由于邹紫光阁的工资待遇较同业略高，所以对工人技术水平的要求也较严格，凡新进工人必须经过一次"齐料"的基本功考核，无法胜任者便不能录用。严格的工艺管理和技术要求，造就了一批制笔高手，特别是在制笔头的水盆部门，掌作师傅培养出了一批手艺高超的徒弟，成为制笔行业的佼佼者。

毛笔的几种主要高级原材料，不外乎是羊毛、黄狼尾、兔皮等，但其成色的好坏有天壤之别，价格也相差悬殊，邹紫光阁对此极为讲究。他们所用的黄狼尾，必须采用山东济宁和河北大营两地所产，因其毛锋刚韧、粗细适中；所用的兔皮，必须是宝庆和汉阳所产的山兔皮和淮兔皮，其中以狄黑、锋锐为上品。好在邹茂兴专门有人采购，购回后再进行严格的挑选和取舍，挑剩下的脚料再降价售与他人。这样的有利条件，其他笔店是无法办到的。然而，邹紫光阁虽然可以选用最优的材料，但成本也相对高出许多。为降低成本，邹紫光阁从1912年起，把生产作坊的笔头部分迁移到邹氏原籍江西临川的农村去开工，使之生产力大增，成本也随之降低了。

1921年，邹嘉联已年近七旬，体力不支，难以胜任繁重的店务，便于当年告老回乡。他所生六子均在厂、店内担任不同的管理职务，而总揽店务的是邹嘉芗。经营者人数多了，而各人素质不同，想法也不同，有人便提出了拆伙经营的建议。于是从1926年起，邹紫光阁便开始拆伙。大致是将邹紫光阁新、老店和邹茂兴杂皮笔料行的所有流动资金和固定资产分为12小股，由邹嘉联6个儿子共占6小股，邹嘉芗名下也占6小股。前者分占原太平会馆老店，后者分占花楼街民权路上首的新店，并各加牌记。邹嘉芗分得的新店命名为邹紫光阁"益记"；而邹嘉联六子分得的老店又分为两家，分别为"久记"和"成记"。这就是邹紫光阁后来出现"益记"、"久记"、"成记"的原因和区别。拆伙时两房曾做规定，今后子孙如因业务失败或无意继续开设时，不得将邹紫光阁的牌号出顶给任何外房或异姓，以免产生新的竞争对手，影响两房后代的利益。

自1930年至1946年，邹紫光阁的"三记"曾先后在汉口、武昌、南京、重庆等地开设了分店，历经了无数风风雨雨。而它与周虎臣、王一品、李福寿三家笔庄并称中国的"四支笔"，确实并非浪得虚名。

附录五　近代笔王：桂梦荪*

桂梦荪，近代临川人，早年受过高等教育，曾任商务书局编辑，当西方钢笔开始盛行于中国之际，毛笔曾一度低迷。他立誓弘扬我国笔文化，于是开创了"梦生笔店"，成为我国制笔产业化第一人，也成为我国连锁经营的先驱者。

桂梦荪出生在李渡北田东桂，李渡是当时临川毛笔制作的中心。李渡是毛笔之乡，不乏毛笔世家，父教子，夫教妻，代代相传，操作精湛，技艺纯熟，配料均匀，笔尖齐顿尖整，清锋浪顶，收拢尖，放开平，锋如一根线，书写流利，得心应手。李渡毛笔有 100 多个品种，如"书家妙品"、"百花争艳"、"纯净鼠须"、"狸尾狼毫"、"五紫五羊"、"得意神手"、"墨宝"、"墨翰"等传统名牌产品，一直畅销于国内外，受到历代书画家的赞赏。桂梦荪从小受到影响，对制笔产生浓厚的兴趣。

随着西方钢笔在 19 世纪的传入和使用，使沿用了 2000 多年的中国毛笔逐渐退居"二线"。为了振兴我国传统文化，1925 年，桂梦荪辞掉了商务书局编辑的工作回到家乡，他利用本地特有的资源，开创了"梦生笔店"。他将总店开在南昌洗马池，并在全国各地共开了 46 家店铺，他又将总厂设在李渡东桂村，有资本 10 万余元，职工 200 余人，年产毛笔约 40 万支。过去，毛笔生产都是家庭作坊的形式。桂梦荪率先将毛笔产业化经营，并在全国各地开设了多家分店，是名副其实的连锁经营模式。

李渡毛笔分为羊毫、狼毫、兼毫、紫毫四大类，有软、硬、柔、尖四特性。羊毫材料净为羊毛，属软性，适于行书、草书；狼毫材料以狼尾（黄鼠狼尾毛）为主，属硬性，适于正楷；兼毫材料是黑尖和狼尾，黑尖是山兔脊中最长的黑毛，一张兔皮只有半分重的黑尖，兼毫属柔性，适于寸楷和小楷；紫毫材料主要是黑尖；性尖细，适于篆刻和石板

---

*　原载临川英才网（http：//www.jxculture.com/Famous/LC/119.html）。

书写，长于蝇头小字。有的毛笔兼用数种材料，因而兼备数种特性。李渡毛笔制作为手工作业，制作工序多、要求严，一批产品得须几个月才能完成，其成品笔锋尖锐、锋毛纤细，整齐为上乘，在书法家的运用下，形成一种高层次文化。因为有优良的资源，所以"梦生笔店"很快就在全国站稳脚跟，并创造了很好的业绩。《笔乡杂忆》中说，抗战时期，梦生笔店还开到越南、缅甸等国家。

"梦生笔店"还以"梦笔生花"为品牌，语意双关，在人们心目中树立了很好的美誉度。现在我们不得不为前人就拥有的品牌意识而赞叹。桂梦荪还雄心勃勃地表白了他个人的理想："全国有几多邮局，我就要办几多笔店！"倘若不是因连年内战和日寇侵凌之故，我想他的理想是一定能实现的。最终，"梦生笔店"以在全国各地开设了 46 家连锁店，结束了它的辉煌。

早在 1300 年前唐代文学家王勃就曾在《滕王阁序》中曰："光照临川之笔"，既是对临川才子的称颂，也是对临川毛笔的赞誉。

附录六　他开创制笔史上最悠久的品牌：刘扬元[*]

刘扬元，生活于宋代，江西临川人。其所生产的"临川之笔"，备受潮州人的青睐。他创办的刘扬元笔店，自宋代开设至民国，成为目前所知的我国历史最长的毛笔店。

相传毛笔是蒙恬发明的，秦始皇兼并六国后，派大将军蒙恬督修长城时，曾把民工宰杀羊只时丢掉的羊毛绑在柳条棍上，浸上石灰水，用来编写民工居住的棚号，于是，最初的毛笔——"柳条笔"就诞生了。由于柳条笔书写起来速度快，而且制作方便，比起刀刻竹简的办法来，是一大进步。因此，很快就在当时的秦国首都咸阳城内风行起来，并且迅速地得到了改进和发展。当时的咸阳制笔艺人郭解和朱兴，由中原流入江西，到临川李渡一带传授毛笔的制作技艺。此后逐步形成了整理排列凌毛乱麻，然后鉴别长短，选拣毛锋，兼齐顿压，确定笔形等制作工

---

* 原载新抚州网（http://www.xinfuzhou.com/thread-17088-1-8.html）。

序，使毛笔质量不断提高。那时的毛笔又称为"管城子"或"中书君"。

临川毛笔以李渡为中心，成为我国著名的毛笔之乡。临川毛笔不但笔头似笋，腰扣如鼓，毫光毛齐，锋口有颖，而且写起字来不开叉、不掉毛，坚固耐用，得心应手，因而深受历代书画名人的喜爱和赞赏。我国晋代著名的书法艺术家王羲之，在任临川内史时，他所用的毛笔就是临川毛笔。据说，他特别赞赏一种号称"纯净鼠须"的毛笔。到了唐代，杰出的才子王勃在他美妙的《滕王阁序》中，曾以"光照临川之笔"的名句盛赞临川才子敏捷的才思和精妙的书法。中唐颜真卿在任抚州刺史时，用"临川之笔"写下了《麻姑山仙坛记》等杰作。

潮州是国家历史文化名城之一，人文荟萃，毛笔业更是兴旺。昔日仅潮州城毛笔业就不下十余家，但为世所称道者则当推"刘扬元"笔店。民国《潮州志·丛谈志·事部·宋朝笔店》云："潮州府巷刘扬元笔店，自宋开设至今。"其主人原籍江西临川，来潮创笔店于东府巷（今昌黎路）左畔，万寿里上畔，有精制湖笔的专长。"制作不与常人同，毛颖之技甲天下。"刘扬元笔店在千年的长期经营中，坚持"选料必精，加工必严"，所产毛笔保持尖、齐、圆、健之"四德"，而这正是继承了湖笔之传统特色，故书写起来得心应手，挥洒自如，备受世人青睐，成为潮州乃至全国历史最长的毛笔店。后因刘家数代嗣继无人，又不善经营，致生意衰落。后来刘扬元的毛笔店及招牌均转让于店中伙计陈志龙，也为世代经营，然已不及昔日门庭若市之盛。至1956年合作化时，遂并入潮州文具一社。

近人温丹铭曾在《补读书庐集》中慨叹云："江南李区传佳墨，徽（墨）歙（墨）声名尚可求。道是宋朝遗店在，独无兔颖健清秋。""毛颖"、"兔颖"皆毛笔之雅称。

附录七　称雄于西南的制笔家：张亿年[＊]

张亿年，生活于民国时期，江西临川人。他开创的"张学文笔墨

＊　原载新抚州网（http：//www.xinfuzhou.com/thread-17085-1-8.html）。

庄"，在民国时期称雄于云南乃至整个西南地区。

20 世纪三四十年代，正义路上有一家经营笔墨的老店，叫作"江西张学文笔墨庄"。该笔墨庄经营的张学文牌毛笔很受欢迎，遍销省内外。1956 年公私合营清产核资的时候，张学文笔墨庄的资金达十多万元，居昆明笔墨行业第一位。

一　谙熟制笔工艺　昆明艰难创业

"张学文笔墨庄"的创始人张少斋，生于 1880 年，卒于 1963 年，是江西省临川县（今抚州市）进贤李家渡北田村贫穷农民。江西临川自古以来文人荟萃，悠久的文化，促进了临川制毛笔业的发展。李家渡是临川毛笔作坊集中地。张少斋幼年曾在本村文元堂毛笔庄学徒，学得一套制笔的好手艺。成年后，为文元堂做"水客"——就是帮文元堂卖笔，带上制笔材料，边走边卖，边卖边制。其足迹遍及湖南、湖北、贵州等省。

张少斋还将两个儿子先送去学织夏布，后又送到文元堂毛笔庄学徒。张氏父子谙熟制作毛笔的整个工艺流程，为以后生产经营张学文笔墨庄奠定了基础。1926 年"张学文笔墨庄"在临川李家渡开业，经过两年积累，张学文笔墨庄生意日渐红火，家庭作坊开始雇用三个制笔工匠。

20 世纪 20 年代，中国自来水笔、铅笔、圆珠笔尚未普及，书写工具全是传统笔墨纸砚，毛笔消费有着广阔的市场。江西临川李家渡镇的毛笔，主要销往湘鄂云贵等省。张少斋在昆明做毛笔生意的临川老乡有20 多人。30 年代初，沿着同乡的足迹，张少斋让长子张亿年到云南试销"张学文"毛笔。从邮政托运毛笔到昆明，然后批发到各县笔墨店。生意逐渐打开局面，销售的款项从邮政汇回临川李家渡。

二　先试用后订货　促销手段获成功

1934 年，张亿年购买了正义路上紧邻同村人张学林所开、垄断云南制笔近代 200 年的"张学林笔墨庄"的两间一楼一底铺面，于是"张学文笔墨庄"正式出现在昆明闹市。张亿年在昆明经营，而张少斋及次子张兆年在江西组织作坊生产。随着云南各县笔墨庄要货不断增加，张学文江西的制笔作坊迅速扩大。

为了进一步打开"张学文笔墨庄"的销路，笔墨庄采取了"先赠送试用，感觉好再订货"的促销手段，这样昆明不少机关、学校都成了长期客户。对于学生用笔，笔墨庄采取了逢年过节打八折优惠的方法。对家境贫寒的学生，笔墨庄还赠送一两支毛笔。由此，张学文笔墨庄在昆明的学校中赢得了声誉。

三　皮毛笔墨双管齐下　成昆明笔墨行业首富

省内各县的笔墨店，来庄上批发笔墨，资金一时周转不过来的，可以赊购。这些分布云南各地的笔墨店实际成了张学文笔墨庄的代销分店。

1937 年抗日战争爆发，北大、清华、南开南迁，在昆明成立国立西南联合大学后，促进了云南教育文化事业的发展，张学文笔墨庄因之生意红火。毛笔供不应求，江西的货一到，马上送到庄上，一天销售毛笔都在 300 支以上。

张亿年有过经销皮毛的经验和失败的教训，张学文笔墨庄在昆明生意兴旺之际，发现云南是珍贵皮毛的宝库，于是他笔墨和皮毛生意双管齐下，皮毛经营遍及上海、苏杭和香港，张学文笔墨庄的实力迅速超过老字号"张学林笔墨庄"，成为昆明笔墨行业 40 多家商号中的首富。

四　张学文毛笔　成云南毛笔第一品牌

张亿年对社会公益事业很热心，抗战期间购买救国公债、捐献滇西抗日前方将士寒衣鞋袜、捐献红十字会及慈善机构，他都十分慷慨，在昆明市商界博得良好的称誉。张学文笔墨庄属于家庭式手工业作坊生产，雇用的工人、管理层都是同姓亲戚。张学文笔墨庄由开始雇工三五人，到新中国成立初期，发展为雇工 100 余人。至此，张学文毛笔成为云南毛笔第一品牌。

1956 年公私合营，张学文笔墨庄并入集体所有制的制刷社，生产毛笔和刷子。江西临川李家渡北田村的作坊房产捐给当地办学校，昆明正义路居仁巷三号的住宅与昆明市百货公司交换使用权，长期做百货公司的职工食堂。张学文笔墨庄铺面，一处为现正义路邮电局，一处紧靠百货大楼，已纳入百货大楼范围。

参考文献

（一）地方史料及古代文献

（清）胡亦堂等修，谢元钟等纂：《临川县志》清康熙十九年刊本（影印本），成文出版社 1989 年版。

（清）童范俨等修，陈庆龄等纂：《临川县志》清同治十九年刊本（影印本），成文出版社 1989 年版。

抚州地区群众艺术馆、文物博物管理所编：《赣东史迹》，1981 年版。

李渡镇人民政府编纂委员会编：《李渡镇志》（样稿），2010 年版。

临川县志编纂委员会编纂：《临川县志》，新华出版社 1993 年版。

江西省进贤县史志编纂委员会编纂：《进贤县志》，江西人民出版社 1989 年版。

江西省进贤县史志编纂委员会编纂：《进贤县志（1986—2000）》，方志出版社 2006 年版。

江西省进贤县文学艺术界联合会：《清岚湖》进贤，2008 年第 12 期。

江西省进贤县文学艺术界联合会：《清岚湖》进贤，2009 年第 10 期。

进贤县地方志编纂委员会编：《进贤年鉴（1986—1992）》，方志出版社 1997 年版。

政协进贤县委员会编：《进贤风物（第三辑）》进贤，1985 年版。

政协进贤县委员会编：《进贤风物（第七辑）》进贤，1987 年版。

政协进贤县委员会编：《进贤风物（第十一辑）》进贤，1989 年版。

政协进贤县委员会编：《进贤风物（第十三辑）》进贤，1990 年版。

进贤县政协文史办编：《江南毛笔乡》内部版，1993 年版。

（二）中文专著

（晋）崔豹：《古今注》，中华书局 1985 年版。

陈良学：《明清川陕大移民》，中国文联出版社 2009 年版。

程建中：《湖笔制作技艺》，浙江摄影出版社 2009 年版。

（宋）陈元靓：《岁时广记》，中华书局 1985 年版。

方李莉：《新工艺文化论——人类造物观念大趋势》，清华大学出版社 1995 年版。

方明、陈章华：《武汉旧日风情》，长江文艺出版社 1992 年版。

（唐）房玄龄等：《晋书》，吉林人民出版社 1995 年版。

费孝通：《乡土中国·生育制度·文字下乡》，北京大学出版社 1998 年版。

费孝通：《乡土社会》，人民出版社 1987 年版。

费孝通：《费孝通文化随笔》，群言出版社 2000 年版。

傅衣凌：《明清社会经济史论文集》，中华书局 2008 年版。

费振刚等：《全汉赋》，北京大学出版社 1993 年版。

高丙中：《民俗文化与民俗生活》，中国社会科学出版社 1994 年版。

高丙中：《民间文化与公民社会》，北京大学出版社 2008 年版。

郭传义：《华夏笔都》，新华出版社 1993 年版。

（晋）葛洪：《西京杂记》，中华书局 1985 年版。

高宣扬：《布迪厄的社会理论》，同济大学出版社 2004 年版。

顾音海：《中国历代文房用具》，浙江摄影出版社 2003 年版。

杭间：《手艺的思想》，山东画报出版社 2001 年版。

侯钧生：《西方社会学理论教程》，南开大学出版社 2001 年版。

（宋）黄庭坚，刘琳等点校：《黄庭坚全集》，四川大学出版社 2001 年版。

黄应贵：《物与物质文化》，"中央"研究院民族学研究所 2004 年版。

（唐）何延之，洪丕漠点校：《法书要录》，上海书画出版社 1986 年版。

（北魏）贾思勰：《齐民要术》，中华书局 1956 年版。

（明）罗颀：《物原》，中华书局 1985 年版。

（清）梁同书：《笔史》，中华书局 1985 年版。

刘筱蓉、万建中：《赣江流域的民俗与旅游（江西卷）》，旅游教育出版社 1996 年版。

刘治乾：《江西年鉴》，江西全省印刷所 1936 年版。

鲁迅：《且介亭杂文二集》，人民文学出版社 2006 年版。

李亦园：《李亦园自选集》，上海教育出版社 2002 年版。

李兆志：《中国毛笔》，新华出版社 1994 年版。

马青云：《湖笔与中国文化》，北京大学出版社 2010 年版。

马戎：《田野工作与文化自觉》，群言出版社 1998 年版。

《毛泽东选集》第 5 卷，人民出版社 1977 年版。

潘运告：《清前期书论》，湖南美术出版社 2003 年版。

潘运告：《汉魏六朝书画论》，湖南美术出版社 1997 年版。

启功：《启功书法丛论》，文物出版社 2003 年版。

邱振中：《书法与中国社会》，北京师范大学出版社 2008 年版。

（梁）任昉：《述异记》，中华书局 1985 年版。

（宋）苏易简：《文房四谱》，商务印书馆 1986 年版。

（明）宋应星：《天工开物》，商务印书馆 1933 年版。

孙德忠：《社会记忆论》，湖北人民出版社 2006 年版。

上海书画出版社编：《文房用品辞典》，上海书画出版社 2004 年版。

司马云杰：《文化社会学》，中国社会科学出版社 2001 年版。

沈婷：《文房四宝·笔》，中国华侨出版社 2008 年版。

（清）唐秉钧：《文房肆考图说》，广文书局 1981 年版。

唐家路：《民间艺术的文化生态论》，清华大学出版社 2006 年版。

（明）屠隆：《考槃余事》，中华书局 1985 年版。

乌丙安：《民俗学原理》，辽宁教育出版社 2001 年版。

王笛：《茶馆：成都的公共生活和微观世界》，社会科学文献出版
社 2010 年版。

万建中：《民间文学引论》，北京大学出版社 2006 年版。

（五代）王仁裕：《开元天宝遗事》，中华书局 1985 年版。

（明）王士性，吕景琳点校：《广志绎》，中华书局 1981 年版。

汪天文：《社会时间研究》，中国社会科学出版社 2004 年版。

吴晓燕：《集市政治交换中的权力与整合——川东圆通场的个案研
究》，中国社会科学出版社 2008 年版。

（晋）王羲之：《笔经》，国学扶轮社 1913 年版。

徐华铛、汤建驰：《湖笔》，轻工业出版社 1987 年版。

（汉）许慎，（宋）徐铉校定：《说文解字》，中华书局 1963 年版。

许良：《技术民俗》，复旦大学出版社 2004 年版。

谢泽明：《网络社会学》，中国时代经济出版社 2002 年版。

佚名，闻人军译注：《考工记》，上海古籍出版社 2008 年版。

（清）严可钧：《全晋文》，商务印书馆 1999 年版。

岳永逸：《空间、自我与社会——天桥街头艺人的生成与系谱》，中央编译出版社 2007 年版。

杨念群：《空间·记忆·社会转型》，上海人民出版社 2001 年版。

（明）张瀚，盛冬铃点校：《松窗梦语》，中华书局 1985 年版。

张道一：《张道一论民艺》，山东美术出版社 2008 年版。

钟敬文：《钟敬文文集·民俗学卷》，安徽教育出版社 2002 年版。

钟敬文：《民俗文化学：梗概与兴起》，中华书局 1996 年版。

钟敬文：《话说民间文化》，人民日报出版社 1990 年版。

钟敬文：《民俗学概论》，上海文艺出版社 1998 年版。

詹娜：《农耕技术民俗的传承与变迁研究》，中国社会科学出版社 2009 年版。

张前方：《湖笔文化》，方志出版社 2004 年版。

周汝昌：《永字八法——书法艺术讲义》，广西师范大学出版社 2002 年版。

赵世瑜：《小历史与大历史：区域社会史的理念、方法与实践》，生活·读书·新知三联书店 2002 年版。

朱霞：《云南诺邓井盐生产民俗研究》，云南人民出版社 2009 年版。

朱翔：《2009 年湖州蓝皮书》，杭州出版社 2009 年版。

周星：《民俗学的历史、理论与方法（上、下）》，商务印书馆 2006 年版。

（三）外文译著

［英］安东尼·吉登斯：《现代性的后果》，田禾译，译林出版社 2000 年版。

〔英〕爱德华·卢西—斯密斯：《世界工艺史——手工艺人在世界中的作用》，朱淳译，中国美术学院出版社 2006 年版。

〔美〕阿兰·邓迪斯：《民俗解释》，户晓辉编译，广西师范大学出版社 2005 年版。

〔法〕埃米尔·涂尔干：《社会分工论》，渠东译，生活·读书·新知三联书店 2000 年版。

〔英〕艾伦·巴纳德：《人类学历史与理论（修订版）》，王建民等译，华夏出版社 2006 年版。

〔美〕彼得·M. 布劳：《社会生活中的交换与权力》，李国武译，商务印书馆 2008 年版。

〔美〕保罗·康纳顿：《社会如何记忆》，纳日碧力戈译，上海人民出版社 2000 年版。

〔美〕戴安娜·克兰：《文化生产：媒体与都市艺术》，赵国新译，译林出版社 2002 年版。

〔德〕恩格斯：《家庭、私有制和国家的起源》，中共中央马克思恩格斯列宁斯大林著作编译局译，人民出版社 1999 年版。

〔英〕E. 霍布斯鲍姆，T. 兰格：《传统的发明》，顾杭、庞冠群译，译林出版社 2002 年版。

〔美〕E. 希尔斯：《论传统》，傅铿、吕乐译，上海人民出版社 1991 年版。

〔德〕F. 拉普：《技术哲学导论》，刘武等译，辽宁科学出版社 1986 年版。

〔德〕格罗塞：《艺术的起源》，蔡慕晖译，商务印书馆 1984 年版。

〔英〕贡布里希：《艺术与科学———贡布里希谈话录和回忆录》，范景中等译，浙江摄影出版社 1998 年版。

〔日〕关敬吾：《民俗学》，王汝澜、龚益善译，中国民间文艺出版社 1986 年版。

〔美〕古塔，弗格森：《人类学定位：田野科学的界限与基础》，骆建建等译，华夏出版社 2005 年版。

〔英〕哈拉尔德·韦尔策：《社会记忆：历史、回忆、传承》，季斌等译，北京大学出版社 2007 年版。

〔德〕胡塞尔：《生活世界现象学》，倪振梁、张廷国译，上海译文出版社 2005 年版。

〔德〕胡塞尔：《胡塞尔选集（上、下）》，倪振梁选编，上海三联书店 1997 年版。

〔美〕简·布鲁范德：《美国民俗学》，李扬译，汕头大学出版社 1993 年版。

〔美〕杰里·D. 穆尔：《人类学家的文化见解》，欧阳敏等译，商务印书馆 2009 年版。

〔德〕卡尔·雅斯贝斯：《时代的精神状况》，王德锋译，上海译文出版社 2005 年版。

〔美〕克利福德·吉尔兹：《地方性知识——阐释人类学论文集》，王海龙、张家瑄译，中央编译出版社 2004 年版。

〔英〕拉德克利夫·布朗：《社会人类学方法》，夏建中译，华夏出版社 2002 年版。

〔日〕柳宗悦：《工艺文化》，徐艺乙译，广西师范大学出版社 2006 年版。

〔美〕罗伯特·F. 墨菲：《文化与社会人类学引论》，王卓君、吕迺基译，商务印书馆 1991 年版。

〔法〕卢梭：《爱弥儿：论教育》，李平沤译，人民教育出版社 2001 年版。

〔美〕罗森堡、小伯泽尔：《西方致富之路——工业化国家的经济演变》，刘赛力等译，生活·读书·新知三联书店 1989 年版。

〔美〕马克·波斯特：《信息方式》，范静哗译，商务印书馆 2001 年版。

〔美〕迈克尔·E. 罗洛夫：《人际传播——社会交换论》，王江龙译，上海译文出版社 1997 年版。

《马克思恩格斯选集》第 1 卷，中共中央马克思恩格斯列宁斯大林著作编译局译，人民出版社 1972 年版。

《马克思恩格斯选集》第 2 卷，中共中央马克思恩格斯列宁斯大林著作编译局译，人民出版社 1972 年版。

《马克思恩格斯选集》第 3 卷，中共中央马克思恩格斯列宁斯大林著作编译局译，人民出版社 1995 年版。

《马克思恩格斯选集》第 23 卷，中共中央马克思恩格斯列宁斯大林著作编译局译，人民出版社 1975 年版。

《马克思恩格斯选集》第 47 卷，中共中央马克思恩格斯列宁斯大林著作编译局译，人民出版社 1979 年版。

［德］马克思：《1844 年经济学哲学手稿》，刘丕坤译，人民出版社 1979 年版。

［英］马凌诺斯基：《文化论》，费孝通译，华夏出版社 2002 年版。

［英］马凌诺斯基：《西太平洋的航海者》，梁永佳、李绍明译，华夏出版社 2001 年版。

［法］马塞尔·莫斯：《礼物：古式社会中交换的形式与理由》，汲喆译，上海人民出版社 2005 年版。

［美］马歇尔·萨林斯：《甜蜜的悲哀》，王铭铭、胡宗泽译，生活·读书·新知三联书店 2000 年版。

［法］莫里斯·哈布瓦赫：《论集体记忆》，毕然、郭金华译，上海人民出版社 2002 年版。

［法］尼古拉·埃尔潘：《消费社会学》，孙沛东译，社会科学文献出版社 2005 年版。

［法］皮埃尔·布迪厄：《实践感》，蒋梓骅译，译林出版社 2003 年版。

［法］皮埃尔·布迪厄、［美］康华德：《实践与反思：反思社会学导引》，李猛、李康译，中央编译出版社 1998 年版。

［美］乔纳森·H. 特纳：《社会学理论的结构》第 7 版，邱泽奇、张元茂等译，华夏出版社 2006 年版。

［美］施坚雅：《中国农村的市场和社会结构》，史建云、徐秀丽译，上海人民出版社 1998 年版。

［美］威廉·奥格本：《社会变迁：关于文化和先天的本质》，王晓毅、陈育国译，浙江人民出版社 1989 年版。

［古希腊］亚里士多德：《尼各马可伦理学》，廖申白译，商务印书馆 1996 年版。

［日］盐野米松：《留住手艺——对传统手工艺人的访谈》，英珂

译，山东画报出版社 2000 年版。

[美] 詹姆斯·S. 科尔曼：《社会理论的基础》，邓方译，社会科学文献出版社 1999 年版。

[英] 查·索·班恩：《民俗学手册》，程得祺等译，上海文艺出版社 1995 年版。

（四）英文文献

Bruce Jackson, *Fieldwork*, Urbana and Chicago: University of Illinois Press, 1987.

Edward D. Ives, *The Tape‐recorded Interview: A Manual for Field Workers in Folklore and Oral History*, Knoxville: The University of Tennessee Press.

Edward J. Lawler and Shane R., "Thye Social Exchange Theory of E-motions", *Handbooks of Sociology and Social Research*, 2006, Handbook of the Sociology of Emotions, Section II.

Hermann Bausinger, Translated by Elke Dettmer, *Folk Culture in a World of Technology*, Blooming and Indianapolis: Indiana University Press, 1990.

Howard and Morgan perkins, *The Anthropology of Art: A Reader*, Oxford: Blackwell Publishing, 2005.

M. Carrozzino, et al., "Virtually Preserving the Intangible Heritage of Artistic Handicraft", *Journal of Cultural Heritage*, No. 10, 2010.

Milan Zafirovski, "Social Exchange Theory under Scrutiny: A Positive Critique of its Economic—Behaviorist Formulations", *Electronic Journal of Sociology*, 2005.

（五）中文期刊、外刊译文

艾亚玮、刘爱华：《神圣的"制造"：造笔传说与历史的观照》，《装饰》2011 年第 2 期。

陈新汉：《论社会评价活动的两种现实形式》，《天津社会科学》2003 年第 1 期。

陈新汉：《论权威机构评价活动的机制》，《华东师范大学学报（哲学社会科学版）》2001 年第 7 期。

　　陈亚峰：《试论民间工艺的科学涵义》，《安徽师范大学学报（人文社会科学版)》2003 年第 3 期。

　　樊树志：《明代集市类型与集期分析》，《中国经济史研究》1992 年第 1 期。

　　高丙中：《中国人的生活世界：民俗学的路径》，《民俗研究》2010 年第 1 期。

　　［美］华莱士：《现代社会学交换理论的基本命题》，费涓洪译，《国外社会科学文摘》1985 年第 7 期。

　　黄静华：《民俗艺术传承人的界说》，《民俗研究》2010 年第 1 期。

　　黄静华：《手艺人民俗志：聚焦"非物质性"的工艺民俗研究》，《思想战线》2010 年第 5 期。

　　和少英：《民族文化保护与传承的"本体论"问题》，《云南民族大学学报（哲学社会科学版）》2009 年第 2 期。

　　户晓辉：《民俗与生活世界》，《文化遗产》2008 年第 1 期。

　　黄应贵：《时间、历史与记忆》，《广西民族学院学报（哲学社会科学版）》2002 年第 3 期。

　　刘爱华、艾亚玮：《被捆绑的手艺：制笔技艺的当下境遇与发展路径——以文港毛笔为例》，《文化遗产》2011 年第 1 期。

　　刘魁立：《民间传统技艺的人性光辉》，《中南民族大学学报（人文社会科学版）》2009 年第 4 期。

　　刘魁立：《非物质文化保护的悖论》，《瞭望》2005 年第 34 期。

　　刘魁立：《非物质文化遗产及其保护的整体性原则》，《广西师范学院学报（哲学社会科学版）》2004 年第 4 期。

　　刘魁立：《关于非物质文化遗产保护的若干理论反思》，《民间文化论坛》2004 年第 4 期。

　　刘铁梁：《"标志性文化统领式"民俗志的理论与实践》，《北京师范大学学报（哲学社会科学版）》2005 年第 6 期。

　　刘铁梁：《村落生活与文化体系中的乡民艺术》，《民族艺术》2006 年第 1 期。

　　刘铁梁：《中国民俗学思想发展的道路》，《民俗研究》2008 年第

4 期。

　　刘锡诚：《传承与传承人论》，《河南教育学院学报》2006 年第 5 期。

　　刘晓春：《民俗学的当下关怀》，《民族艺术》2003 年第 3 期。

　　刘晓春：《从"民俗"到"语境中的民俗"——中国民俗学研究的范式转换》，《民俗研究》2009 年第 2 期。

　　吕品田：《丰满的生产力——高度认识和发挥传统手工艺的生产力》，《美术观察》2010 年第 4 期。

　　［日］柳宗悦：《民艺学概论》，陈健译，《装饰》1997 年第 3 期。

　　［日］柳宗理：《〈民艺论〉中译本序》，《装饰》2001 年第 4 期。

　　［美］迈克尔·欧文·琼斯：《手工艺·历史·文化·行为：我们应该怎样研究民间艺术和技术》，游自荧译，《民间文化论坛》2005 年第 5 期。

　　纳日碧力戈：《作为操演的民间口述和作为行动的社会记忆》，《广西民族学院学报（哲学社会科学版）》2003 年第 5 期。

　　彭南生：《论近代乡村手工业的三种形态》，《华中师范大学学报（人文社会科学版）》2007 年第 1 期。

　　邱春林：《过渡期的政治嵌入与手工艺文化的意识形态化》，《民族艺术》2008 年第 1 期。

　　唐魁玉：《心、身体与互联网——一种虚拟世界心灵哲学的解释》，《自然辩证法研究》2007 年第 10 期。

　　［英］特纳：《霍曼斯的交换理论》，潘大谓、王洁译，《国外社会科学文摘》1987 年第 9 期。

　　万建中：《民俗文化与和谐社会》，《新视野》2005 年第 5 期。

　　万建中：《非物质文化遗产调查中的主体意识——以民间文学为例》，《北京师范大学学报（社会科学版）》2005 年第 6 期。

　　万建中：《不能片面理解非物质文化遗产的"非物质"》，《北京观察》2007 年第 10 期。

　　万建中：《"技术民俗"——民俗学视域的拓广》，《中国图书评论》2010 年第 6 期。

　　［英］威廉·莫里斯：《手工艺的复兴》，张琛译，《南京艺术学院学报（美术及设计版）》2002 年第 1 期。

王瑞章：《为了延续和发展——关于民间工艺的一点设想》，《装饰》1980 年第 5 期。

王文杰：《论手工艺操作中的手、工具与材料》，《艺术百家》2008 年第 6 期。

翁志飞：《书笔论》，《书法研究》2006 年第 3 期。

肖峰：《论技术的社会形成》，《中国社会科学》2002 年第 6 期。

徐艺乙、孙建君：《柳宗悦其文——〈民艺论〉中译本前言》，《装饰》2001 年第 4 期。

杨斌：《手工艺是文化，更是生产力》，《美术观察》2010 年第 4 期。

杨建军：《日本民艺》，《装饰》2001 年第 4 期。

杨利慧：《从"自然语境"到"实际语境"——反思民俗学的田野作业追求》，《民俗研究》2006 年第 2 期。

［美］亚伯拉罕：《交换理论》，陆国星、史宇航译，《国外社会科学文摘》1985 年第 7 期。

袁熙旸：《后工艺时代是否已经到来？——当代西方手工艺的概念嬗变与定位调整》，《装饰》2009 年第 1 期。

赵鼎新：《集体行动、搭便车理论与形式社会学方法》，《社会学研究》2006 年第 1 期。

邹广文：《当代中国的主流文化、精英文化与大众文化》，《文化研究》2003 年第 4 期。

诸葛铠：《适者生存：中国传统手工艺的蜕变与再生》，《装饰》2003 年第 4 期。

赵世瑜：《传说·历史·历史记忆——从 20 世纪的新史学到后现代史学》，《中国社会科学》2003 年第 2 期。

周乙陶：《经济转型时期的民族传统手工艺》，《中南民族大学学报（人文社会科学版）》2007 年第 3 期。

（六）其他文献

蔡磊：《手艺劳作模式与村落社会的建构——房山沿村编筐手艺的考察》，博士学位论文，北京师范大学，2009 年。

冯骥才：《抢救民间文化遗产到了紧急关头》，《人民政协报》2002

年 3 月 11 日第 D01 版。

冯骥才：《为什么做　做什么　怎么做》，《中国艺术报》2003 年 2 月 21 日。

冯骥才：《手工是一种遗产》，《解放日报》2004 年 7 月 26 日。

刘爱华：《现代毛笔老大的隐忧》，《中国文化报》2010 年 6 月 22 日第 5 版。

孟芳：《年画工艺知识及口头传统——以开封朱仙镇木版年画为个案》，博士学位论文，北京师范大学，2010 年。

苏丽萍：《毛笔有了研究机构》，《光明日报》2010 年 8 月 23 日第 1 版。

吴国华：《周虎臣及周虎臣笔庄》，《美术报》2009 年 5 月 2 日第 44 版。

文先国：《笔王周鹏程》，《天津日报》2009 年 3 月 10 日第 12 版。

杨丽琼：《云南白族新华工匠村调查研究》，博士学位论文，中央民族大学，2009 年。

诸葛铠：《裂变中的传承》，《美术报》2007 年 8 月 11 日。

邹农耕：《笔之道》，《书法报》2006 年 1 月 18 日第 4 版。

后 记

博士毕业已经三年了，论文电子稿一直存放在电脑里，几乎没有翻看过。因为自己感觉论文还很不成熟，还有很多问题，不敢面对，每每朋友问起我的论文，我都是支支吾吾蒙混过去，至于问到论文的结论是什么，更是不知如何回答。

直到今天，因为出版，我才不得不面对自己的论文，重新把论文翻看、修改了一遍，尽管如此，还是心怀惴惴。当翻看到最后一页时，才略感一丝轻松，一丝无法言说的逃避的轻松。同时，在这暂告一段落的时刻，与论文纠结的记忆，也渐渐从心头泛起。

无法忘记决定更换选题的那几个辗转难眠的焦灼夜晚，无法忘记在大雨滂沱的日子第一次挎着背包行走在空荡荡的文港街头，无法忘记仲夏调查时睡在热浪袭人的房间里数次突然断电汗流浃背的煎熬，无法忘记写论文和找工作交织一块而进展甚微的茫然……

感谢我的导师万建中教授。感谢万老师多年来对我学业、生活的关心和帮助。感谢万老师对我论文的悉心指导，论文选题、谋篇布局、田野调查及论文定稿，万老师都倾注了不少心血。在论文写作处于胶着状态的时候，万老师常常用鼓励的话语诸如"你觉得怎么好写就怎么写"、"你是怎么想的就怎么写"等为我解压，使我能够放开思想包袱，坚持自己的论文写作。还要感谢研究所的刘铁梁教授、杨利慧教授、康丽副教授、岳永逸副教授和彭牧博士，他们都对我的论文提出了宝贵建议，让我在写作中少走了不少弯路。

感谢江西师范大学历史文化与旅游学院对论文出版的支持，感谢万振凡院长长期以来对我的关心和帮助！感谢学院其他同事三年来的相互关照和帮助。

感谢在北师大认识的双金、高忠严、孟凡行、杜谆、张钧、卫才华、刘同彪、孟和、谭忠国、周小兵等朋友，我们一起读书论辩，畅谈世事，饮酒放歌。感谢黄旭涛师姐、郜冬萍师姐、巴特师兄对我学习、工作的关心和鼓励。感谢 才旦曲珍 、郭俊红、汪青梅、王均霞，感谢远在新加坡的林明珠师姐，感谢韦仁忠、黄清喜、王素珍、王静波、贡觉、赵莲、牛菁菁、金晓燕、刘晓春、张荣、朱清蓉、李向振等师弟师妹们，也感谢远在广东的李荣清、于战明、朱怀远、唐洪志、包国滔、邹伟新等朋友，认识他们是我一生的荣幸。

感谢文港镇政府对我调研的大力支持，感谢进贤县文化馆吴慧琴馆长的热心帮助，感谢在调查时给予我无私帮助的周英仁、周英发、周鹏程、桂根水、李秋明、吴国华、周苏雁、周四和、周茂水、文先国、李小平、朱细胜、周岗山等诸多亲戚朋友。

最后，特别将本书献给我的家人！感谢他们多年来对我默默地关心、支持和鼓励。很难想象，没有他们的无私付出，我怎么能够一次次克服困难，坚持完成我的学业。

岁月依然葱茏，远方依然美丽，带着梦想和感动，我仍将风雨兼程！

刘爱华

2014 年 5 月于江西师范大学